工学・物理のための

基礎ベクトル解析

工学博士　畑山　明聖
博士(工学)　櫻林　　徹
共著

コロナ社

ま え が き

ベクトル解析の知識や手法は，電磁気学，力学などの基礎物理学の分野はもちろん，幅広い工学分野において活用されている。物理系，工学系の学生にとって必須の科目である。

私の所属する慶應義塾大学理工学部物理情報工学科では，「電磁気学」が2年次必修科目になっている。その際，「電磁気学の理解が容易」になるように，最初の3週分を「基礎ベクトル解析の習得」にあてている。本書は，この基礎ベクトル解析の講義ノートをもとに，加筆修正してまとめたものである。

著者（畑山）の所属する上記学科は，応用物理をキーワードに，物性工学，制御工学，システム工学，医療工学など，幅広い分野を研究対象としている。著者（畑山）自身も，現在はプラズマ，特に核融合プラズマを専門としており，数学をその生業とはしていない。したがって，本書をまとめるにあたって，厳密な数学的理解よりは，むしろ本書で学んだ基礎知識や手法が，将来，電磁気学，力学，流体力学などの基礎科目の学習に役立つこと，さらには，大学の学部3，4年で学ぶ様々な工学分野における応用科目の学習に役立つことを最優先させた。

そのため，身近な日常生活や電磁気学，力学，流体力学など物理分野，さらには幅広い工学分野における，ベクトル解析の応用例，具体例を数多く挙げている。これをもとに，ベクトルの「発散」，「回転」など，応用上，重要なベクトル解析の知識や手法が，自然に身につくよう工夫した。物理や工学では様々な場面で「保存則」に出会う。その理解に重要と考えられる「流束の概念」，「ガウスの定理」については，具体例をいくつか挙げ，かなりのページ数を割いて丁寧に説明している。この点は，本書の特長の一つではないかと思われる。

また，著者の一人（櫻林）は，現在，高等学校の数学科教員である。本書では，高等学校の数学を前提に無理なく，ベクトル解析の基礎が学習できるように配慮した。例えば，2章では，「ベクトルの微分」を学習する前に，高等学校で学んだ普通の「微分」を復習する（冗長と思われる読者は読み飛ばしても一向に構わない）。また，「偏微分」について，まだ学習していない読者もいることに配慮し，4章では「偏微分」の概念を，最初にまとめた。5章では，同様に「重積分」を学習していない読者のために，「太陽光パネル」に入射するエネルギーの例を用いてその概念をやさしく説明している。

以上のように，本書では読者の理解が容易であるように，いくつか工夫をしたつもりである。しかしながら，本書が真に読者に役立つためには，ある程度，理屈抜きの問題練習も不可欠であろう。九九を学んだときのことを思い出すと，私自身，必ずしも理屈を完全に理解して演算を行っていたわけでない。多くの問題を解いてみることによって，掛け算の意味をだんだんに身体で感じ，理解していったように思う。そこで，項目の区切りごとに，できる限り多くの問題を用意した。ぜひ，自分でできる限り多くの問題を解いてみることをお勧めする。また，各章末には，「まとめのQuiz」を用意した。基本知識のチェック，さらに，チェック後は基本事項のまとめとして，役立てていただければ幸いである。

最後に，本書をまとめるのにあたり，原稿に目を通していただき，内容に関して多くのご助言をいただいた慶應義塾大学の植田利久 教授，本多 敏 教授，伊藤公平 教授，石榑崇明 准教授に心から感謝を申し上げたい。著者（畑山）が担当する「電磁気学」関連の科目でティーチングアシスタントを勤めてくれた博士課程学生の星野一生 君，水野貴敏 君（現：日本原子力研究開発機構），修士課程学生の江原 毅 君（現：シャープ（株）），山口翔太 君（現：キヤノン（株）），藤野郁朗 君，松下大介 君，藤間光徳 君らには，問題解答作成などで協力を得た。彼らの協力に深く感謝する。

2009年1月

畑山明聖
櫻林 徹

目　　次

1. ベクトルに関する基本事項

2. ベクトルの微分

3. 場の考え方と流束の概念

4. 場　の　微　分

5. ベクトルの積分

6. 曲線座標系

7. 基本事項のまとめと主な公式

1. ベクトルに関する基本事項

1.1 ベクトルとスカラー

単に大きさのみが意味を持つ物理量を**スカラー量**と呼ぶ。これに対して，大きさだけではなく向きを持っている物理量を**ベクトル量**と呼ぶ。ベクトル量とスカラー量とを区別するために，ベクトル量に対しては

$$\boldsymbol{A},\ \vec{A} \tag{1.1}$$

などの表記を用いる。また，以下，ベクトルの大きさを

$$A=|\boldsymbol{A}| \tag{1.2}$$

で表すことにする。

問 1.1 これまで学んできた物理量の中から，スカラー量およびベクトル量の例をできる限り多く挙げよ。

1.2 座標系とベクトルの成分表示

ここでは，主として 3 次元直交座標系におけるベクトルを考える。

まず，**図 1.1** に示した簡単な直角座標系において，ベクトルに関する基本事項，ベクトル解析を学ぶうえで重要となる概念や言葉の定義を行う。

〔1〕 右手座標系

図 1.1（a）に示すような座標系を右手座標系あるいは単に右手系と呼ぶ。右手系では，図（b）に示したように，x 軸を y 軸のほうに回転すると

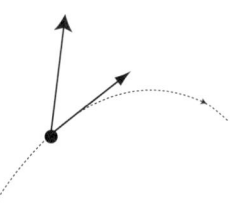

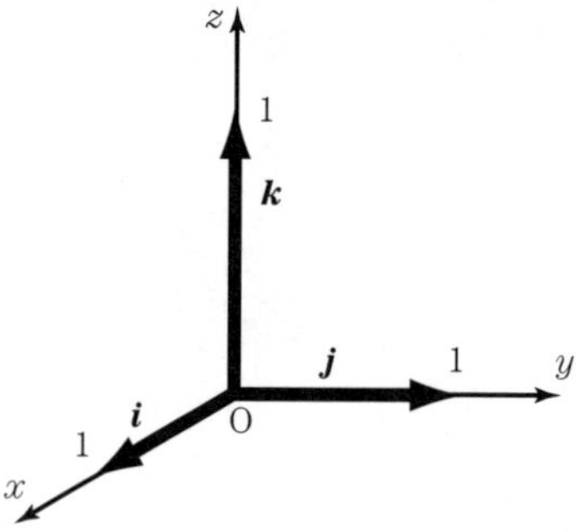

（a）　基本単位ベクトル

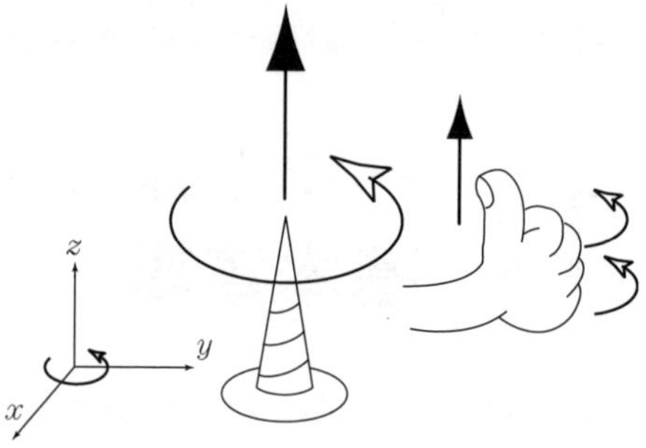

（b）　右手座標系（右手系）

図 1.1　3 次元ユークリッド空間における直角座標系

き，右ねじの進む方向を z 軸の正の方向にとる。

〔2〕　基本単位ベクトル

図 1.1（a）に示した x 軸，y 軸，z 軸の正の方向に向かう大きさが 1 である三つのベクトル，$\boldsymbol{i}$，$\boldsymbol{j}$，$\boldsymbol{k}$ を基本単位ベクトルと呼ぶ。

〔3〕　ベクトルの成分表示

〔2〕に定義した基本単位ベクトルを用いて，3 次元空間における任意のベクトル量は

$$\boxed{\boldsymbol{A}=A_x\boldsymbol{i}+A_y\boldsymbol{j}+A_z\boldsymbol{k}} \tag{1.3}$$

と表される。**図 1.2** で $\boldsymbol{A}$ の始点を原点 O に平行移動すれば理解できる。このとき，A_x，A_y，A_z を，各々，ベクトルの x 成分，y 成分，z 成分と呼ぶ。このときベクトル $\boldsymbol{A}$ の大きさは式（1.4）で与えられる。

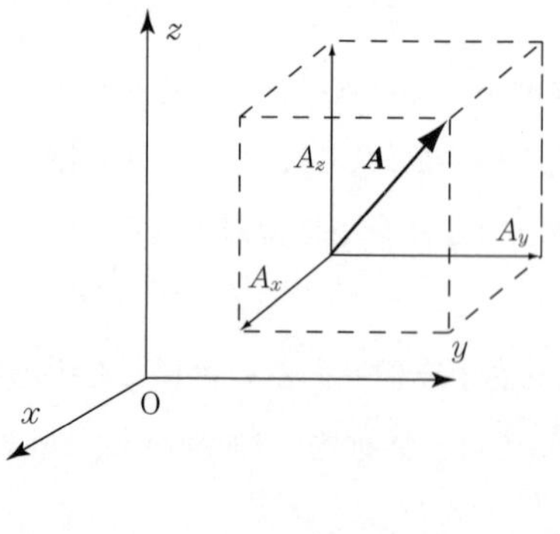

図 1.2　ベクトルの成分表示

$$A \equiv |\boldsymbol{A}| = \sqrt{A_x{}^2 + A_y{}^2 + A_z{}^2} \tag{1.4}$$

問 1.2 ベクトル $\boldsymbol{A}$ を，その大きさ $|\boldsymbol{A}|$ で割ることによって得られる

$$\frac{\boldsymbol{A}}{|\boldsymbol{A}|}$$

の意味を考えよ。

〔4〕 **位置ベクトル**

空間の点 P を考え，原点 O から点 P に向かうベクトル

$$\boldsymbol{r} = \overrightarrow{\mathrm{OP}} \tag{1.5}$$

を位置ベクトルと呼ぶ（**図 1.3**）。点 P の座標を (x, y, z) とするとき，位置ベクトルは

$$\boldsymbol{r} = x\boldsymbol{i} + y\boldsymbol{j} + z\boldsymbol{k} \tag{1.6}$$

と表すことができる。

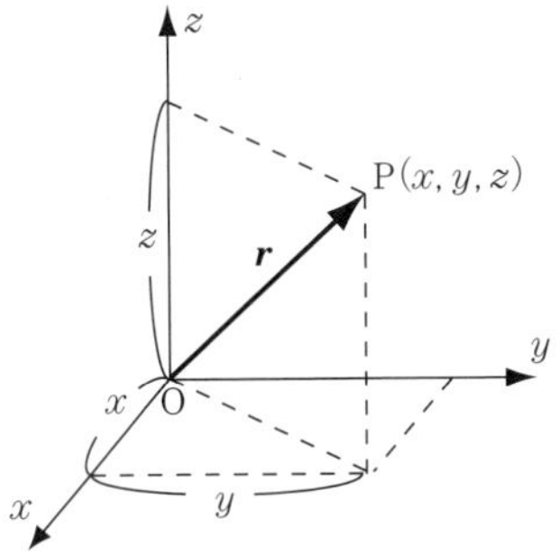

図 1.3 位置ベクトル

問 1.3 3 次元空間に点 $\mathrm{P}(x, y, z)$ が与えられたとき，点 P の位置ベクトル $\boldsymbol{r}$ の方向を向く基本単位ベクトル（大きさ 1 のベクトル）は

$$\frac{\boldsymbol{r}}{r} \quad ただし， \quad r = |\boldsymbol{r}| = \sqrt{x^2 + y^2 + z^2} \tag{1.7}$$

で与えられることを確かめよ。

問 1.4 3 次元空間に点 $\mathrm{P}(x, y, z)$ が与えられたとき，原点 O と点 P を結ぶ直線の方向を向き，大きさが A のベクトルは，次式で表現できることを確かめよ。

$$\boldsymbol{A}=A\left(\frac{\boldsymbol{r}}{r}\right)$$

問 1.5　3 次元空間の点 P(x, y, z) において，ベクトル $\boldsymbol{A}$ が与えられている。その方向は，点 P の位置ベクトルの向き，その大きさは，原点 O から点 P までの距離 r の 2 乗に逆比例（$A=K/r^2$，$K=const.$）するとき，ベクトル $\boldsymbol{A}$ を，$\boldsymbol{r}$，r および K を用いて表現せよ。

問 1.6　空間の点 P(x_1, y_1, z_1) および点 Q(x_2, y_2, z_2) の位置ベクトルを，各々

$$\begin{aligned}\boldsymbol{r}_1&=\overrightarrow{\mathrm{OP}}=x_1\boldsymbol{i}+y_1\boldsymbol{j}+z_1\boldsymbol{k}\\ \boldsymbol{r}_2&=\overrightarrow{\mathrm{OQ}}=x_2\boldsymbol{i}+y_2\boldsymbol{j}+z_2\boldsymbol{k}\end{aligned} \tag{1.8}$$

とするとき，次の問に答えよ。

（1）　点 P から点 Q へ向かうベクトルは，式 (1.9) で与えられることを確かめよ。

$$\overrightarrow{\mathrm{PQ}}=\boldsymbol{r}_2-\boldsymbol{r}_1 \tag{1.9}$$

（2）　2 点間の距離は，式（1.10）で与えられることを確かめよ。

$$|\overrightarrow{\mathrm{PQ}}|=|\boldsymbol{r}_2-\boldsymbol{r}_1|=\sqrt{(x_2-x_1)^2+(y_2-y_1)^2+(z_2-z_1)^2} \tag{1.10}$$

（3）　点 Q において，ベクトル $\boldsymbol{A}$ が与えられている。その方向は，ベクトル $\overrightarrow{\mathrm{PQ}}$ と同じ向き，大きさは，2 点間の距離の 2 乗に逆比例する。比例定数を K とするとき，ベクトル $\boldsymbol{A}$ は，式（1.11）で与えられることを確かめよ。

$$\boldsymbol{A}=\frac{K}{|\boldsymbol{r}_2-\boldsymbol{r}_1|^2}\frac{(\boldsymbol{r}_2-\boldsymbol{r}_1)}{|\boldsymbol{r}_2-\boldsymbol{r}_1|}=K\frac{(x_2-x_1)\,\boldsymbol{i}+(y_2-y_1)\,\boldsymbol{j}+(z_2-z_1)\,\boldsymbol{k}}{[(x_2-x_1)^2+(y_2-y_1)^2+(z_2-z_1)^2]^{3/2}} \tag{1.11}$$

1.3　ベクトルの内積

〔1〕 内 積 の 定 義

ベクトルの内積（スカラー積）は，式（1.12）で定義される。

$$\boldsymbol{A}\cdot\boldsymbol{B}=|\boldsymbol{A}||\boldsymbol{B}|\cos\theta \tag{1.12}$$

ここで，$|\boldsymbol{A}|$，$|\boldsymbol{B}|$ は，各々，ベクトル $\boldsymbol{A}$ および $\boldsymbol{B}$ の大きさ，θ はベクトル $\boldsymbol{A}$ と $\boldsymbol{B}$ とのなす角である（図 1.4）。

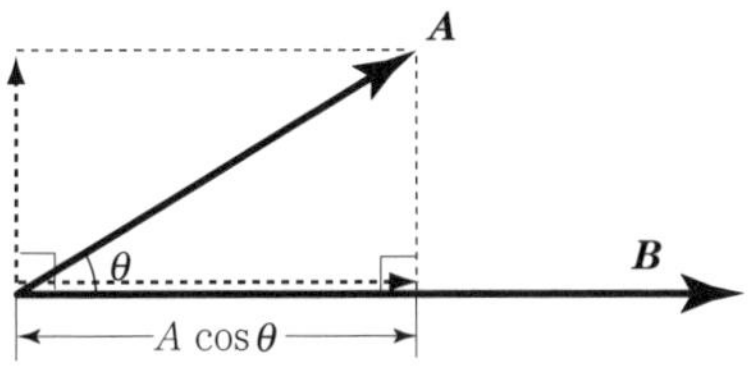

図 1.4　ベクトルの内積

〔2〕 **交換法則，分配法則**

ベクトルの内積については，以下の交換法則および分配法則が成り立つ。

$$\boldsymbol{A}\cdot\boldsymbol{B}=\boldsymbol{B}\cdot\boldsymbol{A}\ \text{（交換法則）} \tag{1.13}$$

$$\boldsymbol{A}\cdot(\boldsymbol{B}+\boldsymbol{C})=\boldsymbol{A}\cdot\boldsymbol{B}+\boldsymbol{A}\cdot\boldsymbol{C}\ \text{（分配法則）} \tag{1.14}$$

ただし，1.4 節で定義するベクトルの外積については，交換法則は成立しない。

〔3〕 **内積に関する重要な性質**

内積の定義から

$$\boldsymbol{A}\cdot\boldsymbol{A}=|\boldsymbol{A}|^2=\boldsymbol{A}^2 \tag{1.15}$$

$$\boldsymbol{A}\perp\boldsymbol{B}\ \rightarrow\ \boldsymbol{A}\cdot\boldsymbol{B}=0 \tag{1.16}$$

〔4〕 **基本単位ベクトルについての内積**

$$\boldsymbol{i}\cdot\boldsymbol{i}=\boldsymbol{j}\cdot\boldsymbol{j}=\boldsymbol{k}\cdot\boldsymbol{k}=1 \tag{1.17}$$

$$\boldsymbol{i}\cdot\boldsymbol{j}=\boldsymbol{j}\cdot\boldsymbol{k}=\boldsymbol{k}\cdot\boldsymbol{i}=0 \tag{1.18}$$

〔5〕 **ベクトルの成分による内積の表現**

$$\boldsymbol{A}=A_x\boldsymbol{i}+A_y\boldsymbol{j}+A_z\boldsymbol{k} \tag{1.19}$$

$$\boldsymbol{B}=B_x\boldsymbol{i}+B_y\boldsymbol{j}+B_z\boldsymbol{k} \tag{1.20}$$

$$\boldsymbol{A}\cdot\boldsymbol{B}=A_xB_x+A_yB_y+A_zB_z \tag{1.21}$$

$$\begin{aligned}\boldsymbol{A}\cdot\boldsymbol{B}&=(A_x\boldsymbol{i}+A_y\boldsymbol{j}+A_z\boldsymbol{k})\cdot(B_x\boldsymbol{i}+B_y\boldsymbol{j}+B_z\boldsymbol{k})\\&=A_xB_x(\boldsymbol{i}\cdot\boldsymbol{i})+A_xB_y(\boldsymbol{i}\cdot\boldsymbol{j})+A_xB_z(\boldsymbol{i}\cdot\boldsymbol{k})\\&\quad+A_yB_x(\boldsymbol{j}\cdot\boldsymbol{i})+A_yB_y(\boldsymbol{j}\cdot\boldsymbol{j})+A_yB_z(\boldsymbol{j}\cdot\boldsymbol{k})\\&\quad+A_zB_x(\boldsymbol{k}\cdot\boldsymbol{i})+A_zB_y(\boldsymbol{k}\cdot\boldsymbol{j})+A_zB_z(\boldsymbol{k}\cdot\boldsymbol{k})\end{aligned}$$

問 1.7　次の二つのベクトルについて，その内積を求めよ。

（1）　$\boldsymbol{A}=3\boldsymbol{i}+(-1)\boldsymbol{j}+2\boldsymbol{k}$,　　$\boldsymbol{B}=(-2)\boldsymbol{i}+(-5)\boldsymbol{j}+6\boldsymbol{k}$

（2）　$\boldsymbol{A}=2\boldsymbol{i}+\boldsymbol{j}+(-3)\boldsymbol{k}$,　　$\boldsymbol{B}=5\boldsymbol{i}+\boldsymbol{j}+2\boldsymbol{k}$

問 1.8　次の二つベクトルについて，そのなす角 θ の余弦（cosine）を求めよ。

（1）　$\boldsymbol{A}=\boldsymbol{i}+\boldsymbol{j}$,　　$\boldsymbol{B}=\boldsymbol{i}$

（2）　$\boldsymbol{A}=\boldsymbol{i}+\boldsymbol{j}+\boldsymbol{k}$,　　$\boldsymbol{B}=\boldsymbol{i}+\boldsymbol{j}+(-1)\boldsymbol{k}$

問 1.9　次の二つのベクトルは，たがいに直交することを示せ。

$\boldsymbol{A}=4\boldsymbol{i}+(-2)\boldsymbol{j}+\boldsymbol{k}$,　　$\boldsymbol{B}=3\boldsymbol{i}+3\boldsymbol{j}+(-6)\boldsymbol{k}$

問 1.10　ベクトルの成分表示を用いて，内積について交換法則（式（1.13）），分配法則（式（1.14））が成り立つことを確かめよ。

問 1.11　質点が力 $\boldsymbol{F}=F_x\boldsymbol{i}+F_y\boldsymbol{j}+F_z\boldsymbol{k}$ の作用のもとで，$\Delta\boldsymbol{r}=\Delta x\boldsymbol{i}+\Delta y\boldsymbol{j}+\Delta z\boldsymbol{k}$ だけ変位した。このとき，この力がした仕事 ΔW をベクトルの内積を用いて表せ。

〔6〕 内積と有効成分の概念

ベクトル $\boldsymbol{A}$ の x 方向の成分は，$\boldsymbol{A}$ と x 方向の単位ベクトル $\boldsymbol{i}$ との内積を用いて

$$A_x=\boldsymbol{A}\cdot\boldsymbol{i}$$

と表すことができる。

二つのベクトル $\boldsymbol{A}$，$\boldsymbol{B}$ がある。図 1.4 に示したように，ベクトル $\boldsymbol{A}$ をベクトル $\boldsymbol{B}$ の方向の成分と $\boldsymbol{B}$ に垂直な方向の成分の二つに分けて考える。このとき，ベクトル $\boldsymbol{A}$ の $\boldsymbol{B}$ 方向成分は

$$\boxed{(\text{ベクトル}\ \boldsymbol{A}\ \text{の}\ \boldsymbol{B}\ \text{方向成分})=|\boldsymbol{A}|\cos\theta=A\cos\theta} \tag{1.22}$$

となる。これを，ベクトル $\boldsymbol{A}$ のベクトル $\boldsymbol{B}$ への**投影**（projection）と呼ぶ。これは，$\boldsymbol{A}$ と $\boldsymbol{B}$ との内積を用いて簡単に

$$\boxed{\frac{\boldsymbol{A}\cdot\boldsymbol{B}}{|\boldsymbol{B}|}\quad\text{あるいは}\quad\frac{\boldsymbol{A}\cdot\boldsymbol{B}}{B}} \tag{1.23}$$

と表現することができる。また $\cos\theta$ のことを**方向余弦**と呼ぶ。さらに，

$\boldsymbol{B}/|\boldsymbol{B}|$ は，ベクトル $\boldsymbol{B}$ の方向の単位ベクトルであるから

$$\begin{aligned}&(\text{ベクトル } \boldsymbol{A} \text{ の } \boldsymbol{B} \text{ 方向成分}) = \boldsymbol{A}\cdot\boldsymbol{e}_B \\ &\boldsymbol{e}_B \equiv \frac{\boldsymbol{B}}{|\boldsymbol{B}|} : \text{ベクトル } \boldsymbol{B} \text{ の方向の単位ベクトル}\end{aligned} \tag{1.24}$$

と表すことができる。

式 (1.24) で定義したベクトルの投影は，ベクトル $\boldsymbol{A}$ が，$\boldsymbol{B}$ の方向に対してどれだけの大きさを持ちうるかという意味を持つ。したがって，ベクトル $\boldsymbol{A}$ の $\boldsymbol{B}$ 方向への**有効成分**という言い方をすることもある。有効成分の概念は，非常に重要であり，今後，しばしば用いる。

問 1.12 次の二つベクトルについて，ベクトル $\boldsymbol{A}$ の $\boldsymbol{B}$ に対する投影を求めよ。

（1） $\boldsymbol{A}=\boldsymbol{i}+\boldsymbol{j}+2\boldsymbol{k}$,　　$\boldsymbol{B}=\boldsymbol{i}+\boldsymbol{j}$

（2） $\boldsymbol{A}=2\boldsymbol{i}+\boldsymbol{j}-2\boldsymbol{k}$,　　$\boldsymbol{B}=2\boldsymbol{k}$

問 1.13 ベクトル $\boldsymbol{A}$ と $\boldsymbol{B}$ がある。このとき，$\boldsymbol{A}$ の $\boldsymbol{B}$ に垂直な方向の成分を表すベクトルは，次式で表されることを説明せよ。

$$\boldsymbol{A}-(\boldsymbol{A}\cdot\boldsymbol{e}_B)\boldsymbol{e}_B \quad \text{ただし，} \quad \boldsymbol{e}_B=\frac{\boldsymbol{B}}{|\boldsymbol{B}|}$$

問 1.14 質点が**図 1.5** に示すような軌道を運動する。点 P において質点に働く力を $\boldsymbol{F}$ とし，接線方向の単位ベクトルを $\boldsymbol{t}$ で表す。

（1） 力 $\boldsymbol{F}$ の接線方向の成分 F_t をベクトルの内積を用いて表せ。

（2） 接線に垂直な方向の成分を表すベクトル $\boldsymbol{F}_n$ を求めよ。

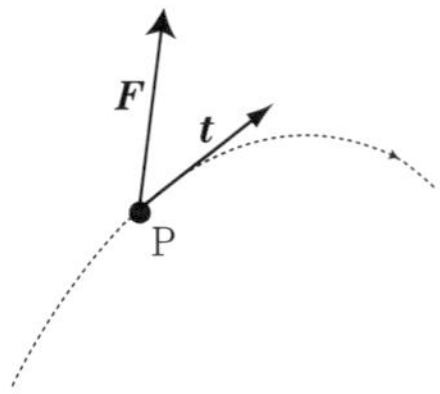

図 1.5

問 1.15 質点が**図 1.6** に示すような軌道を運動する。点 P において質点に働く力を $\boldsymbol{F}=F_x\boldsymbol{i}+F_y\boldsymbol{j}+F_z\boldsymbol{k}$ とし，点 P の位置ベクトルを $\boldsymbol{r}=x\boldsymbol{i}+y\boldsymbol{j}+z\boldsymbol{k}$ とする。このとき，この力 $\boldsymbol{F}$ に関して，その位置ベクトルの方向の成分が

$$F_x\left(\frac{x}{r}\right)+F_y\left(\frac{y}{r}\right)+F_z\left(\frac{z}{r}\right) \quad \text{ただし，} \quad r=\sqrt{x^2+y^2+z^2}$$

で与えられることを示せ。

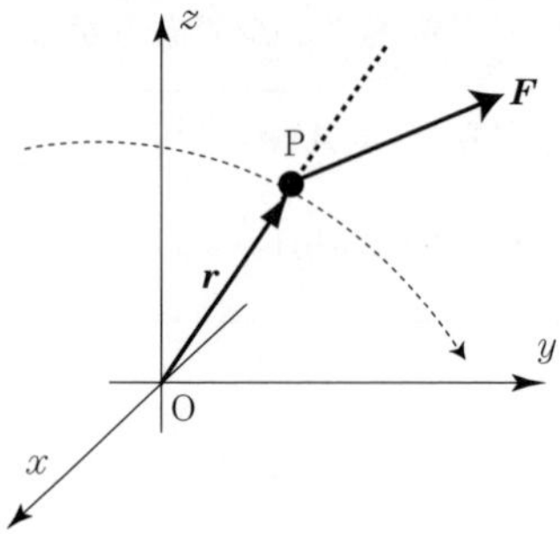

図 1.6

問 1.16　屋根に置かれた太陽光パネルに，**図 1.7**（a）に示すように太陽光線が入射している。図（a）に示すように，太陽光線の方向を向き，その大きさが光の強度に比例するようなベクトルを $\boldsymbol{h}$ とする。このとき，図（b）に示すようにベクトル $\boldsymbol{h}$ を屋根に垂直な成分 h_n と平行な成分 h_t に分けて考える。屋根の面に垂直な方向の単位ベクトルを $\boldsymbol{n}$ で表すとき，h_n を $\boldsymbol{h}$ と $\boldsymbol{n}$ との内積を用いて表せ。

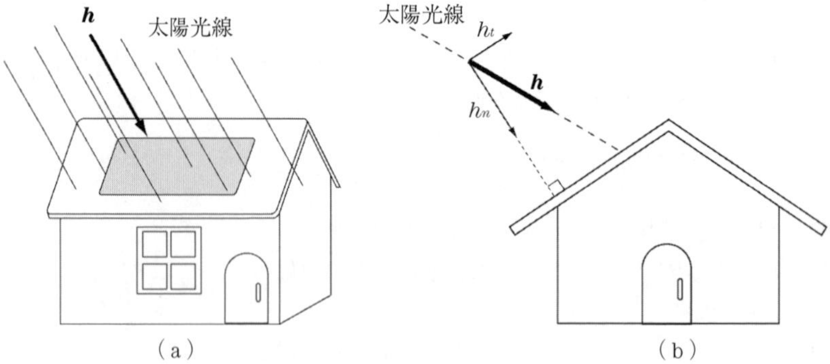

図 1.7

1.4　ベクトルの外積

式（1.12）で定義したベクトル $\boldsymbol{A}$ と $\boldsymbol{B}$ との内積（スカラー積）を $\boldsymbol{A}\cdot\boldsymbol{B}$ と表現した。これに対して，ベクトルの外積は

$$\boxed{\boldsymbol{C} \equiv \boldsymbol{A} \times \boldsymbol{B}} \tag{1.25}$$

と表現する。ベクトル $\boldsymbol{A}$ と $\boldsymbol{B}$ との内積（スカラー積）$\boldsymbol{A}\cdot\boldsymbol{B}$ の結果として得

られる量は，スカラー量であった。外積 $\boldsymbol{A}\times\boldsymbol{B}$ によって得られる量 $\boldsymbol{C}$ は，以下，定義するように，方向と大きさを持つベクトル量である。

〔1〕 外積の定義

図1.8 に示した二つのベクトル $\boldsymbol{A}$ と $\boldsymbol{B}$ を考える。この二つのベクトルの外積から得られる新たなベクトル $\boldsymbol{C}$ の方向および大きさは，以下，（1），（2）のように定義される。

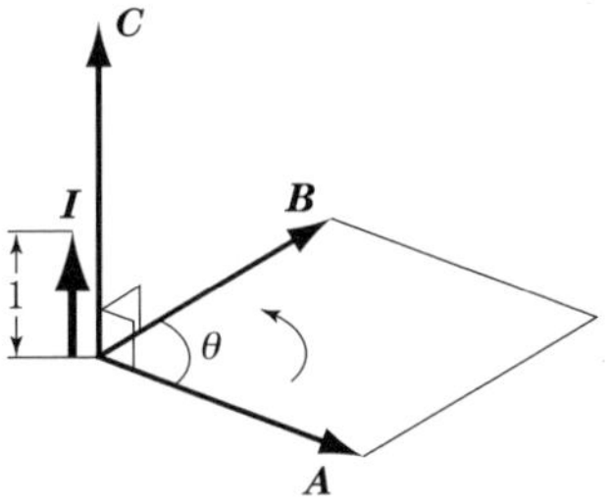

図1.8

（1） **$\boldsymbol{C}$ の方向**　$\boldsymbol{C}$ の方向は，図1.8に示したように，二つのベクトル $\boldsymbol{A}$ と $\boldsymbol{B}$ がつくる平面に垂直な方向で，かつ，ベクトル $\boldsymbol{A}$ をベクトル $\boldsymbol{B}$ に向かって回転するとき，右ねじの進む方向とする。ただし，回転角 θ は，180°（π ラジアン）より小さいほうをとる。

（2） **$\boldsymbol{C}$ の大きさ**　$\boldsymbol{C}$ の大きさは，図1.8に示したベクトル $\boldsymbol{A}$ と $\boldsymbol{B}$ によってつくられる平行四辺形の面積で定義する。**図1.9** に示すように，ベクトル $\boldsymbol{A}$ と $\boldsymbol{B}$ によってつくられる平行四辺形の高さ h は，$\boldsymbol{A}$ と $\boldsymbol{B}$ とのなす角を θ とすると，$h=|\boldsymbol{B}|\sin\theta$ である。一方，底辺の長さ L は，ベクトルの大きさ $L=|\boldsymbol{A}|$ に等しい。したがって，$\boldsymbol{A}$ と $\boldsymbol{B}$ によってつくられる平行四辺形の面積 S は，$S=Lh=|\boldsymbol{A}||\boldsymbol{B}|\sin\theta$ で与えられる。これからベクトル

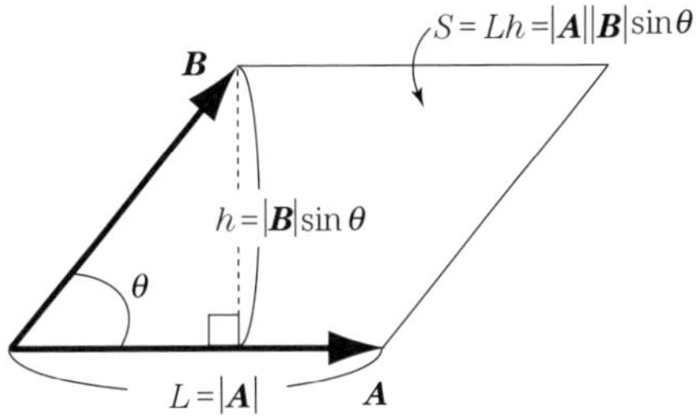

図1.9　外積によって得られるベクトル $\boldsymbol{C}$ の大きさ

$\boldsymbol{C}$ の大きさは

$$|\boldsymbol{C}| \equiv |\boldsymbol{A}||\boldsymbol{B}|\sin\theta$$

で与えられる。

このようにして定義されるベクトル $\boldsymbol{C}$ を $\boldsymbol{A}$ と $\boldsymbol{B}$ との外積（あるいは，ベクトル積）と呼ぶ。外積は，式（1.25）で述べたように，$\boldsymbol{A}\times\boldsymbol{B}$ と表す。定義（1），（2）からベクトルの外積は，ベクトル $\boldsymbol{A}$ と $\boldsymbol{B}$ の大きさ $|\boldsymbol{A}|$，$|\boldsymbol{B}|$ および $\boldsymbol{A}$ と $\boldsymbol{B}$ とのなす角 θ を用いて

$$\boxed{\boldsymbol{C} = \boldsymbol{A}\times\boldsymbol{B} = |\boldsymbol{A}||\boldsymbol{B}|\sin\theta \boldsymbol{I}} \tag{1.26}$$

と表すこともできる。ただし，式（1.26）で $\boldsymbol{I}$ は，ベクトル $\boldsymbol{A}$，$\boldsymbol{B}$ の両方に垂直な向きの単位ベクトル（$|\boldsymbol{I}|=1$）である。

〔2〕 **分 配 法 則**

ベクトルの外積については，次の分配法則が成り立つ。

$$\boldsymbol{A}\times(\boldsymbol{B}+\boldsymbol{C}) = \boldsymbol{A}\times\boldsymbol{B}+\boldsymbol{A}\times\boldsymbol{C} \tag{1.27}$$

〔3〕 **基本単位ベクトルについての外積**

$$\boldsymbol{i}\times\boldsymbol{i} = \boldsymbol{j}\times\boldsymbol{j} = \boldsymbol{k}\times\boldsymbol{k} = 0 \tag{1.28}$$

$$\boldsymbol{i}\times\boldsymbol{j} = \boldsymbol{k}, \qquad \boldsymbol{j}\times\boldsymbol{k} = \boldsymbol{i}, \qquad \boldsymbol{k}\times\boldsymbol{i} = \boldsymbol{j} \tag{1.29}$$

〔4〕 **ベクトルの成分による外積の表現**

$$\boldsymbol{A} = A_x\boldsymbol{i}+A_y\boldsymbol{j}+A_z\boldsymbol{k}$$

$$\boldsymbol{B} = B_x\boldsymbol{i}+B_y\boldsymbol{j}+B_z\boldsymbol{k}$$

$$\boxed{\boldsymbol{A}\times\boldsymbol{B} = (A_yB_z-A_zB_y)\,\boldsymbol{i}+(A_zB_x-A_xB_z)\,\boldsymbol{j}+(A_xB_y-A_yB_x)\,\boldsymbol{k}} \tag{1.30}$$

$$\begin{aligned}\boldsymbol{A}\times\boldsymbol{B} &= (A_x\boldsymbol{i}+A_y\boldsymbol{j}+A_z\boldsymbol{k})\times(B_x\boldsymbol{i}+B_y\boldsymbol{j}+B_z\boldsymbol{k})\\ &= A_xB_x(\boldsymbol{i}\times\boldsymbol{i})+A_xB_y(\boldsymbol{i}\times\boldsymbol{j})+A_xB_z(\boldsymbol{i}\times\boldsymbol{k})\\ &\qquad\qquad \to\ A_xB_y\boldsymbol{k}+A_xB_z(-\boldsymbol{j})\\ &\quad +A_yB_x(\boldsymbol{j}\times\boldsymbol{i})+A_yB_y(\boldsymbol{j}\times\boldsymbol{j})+A_yB_z(\boldsymbol{j}\times\boldsymbol{k})\\ &\qquad\qquad \to\ A_yB_x(-\boldsymbol{k})+A_yB_z(\boldsymbol{i})\end{aligned}$$

$$+A_zB_x(\boldsymbol{k}\times\boldsymbol{i})+A_zB_y(\boldsymbol{k}\times\boldsymbol{j})+A_zB_z(\boldsymbol{k}\times\boldsymbol{k})$$

$$\rightarrow\ A_zB_x(\boldsymbol{j})+A_zB_y(-\boldsymbol{i})$$

$$=(A_yB_z-A_zB_y)\boldsymbol{i}+(A_zB_x-A_xB_z)\boldsymbol{j}+(A_xB_y-A_yB_x)\boldsymbol{k}$$

外積の計算は，式（1.31）のように行列式を用い，簡単に計算することができる。

$$\boldsymbol{A}\times\boldsymbol{B}=\begin{vmatrix}\boldsymbol{i} & \boldsymbol{j} & \boldsymbol{k}\\ A_x & A_y & A_z\\ B_x & B_y & B_z\end{vmatrix} \tag{1.31}$$

$$=A_yB_z\boldsymbol{i}+A_zB_x\boldsymbol{j}+A_xB_y\boldsymbol{k}-A_zB_y\boldsymbol{i}-A_xB_z\boldsymbol{j}-A_yB_x\boldsymbol{k}$$

$$=(A_yB_z-A_zB_y)\boldsymbol{i}+(A_zB_x-A_xB_z)\boldsymbol{j}+(A_xB_y-A_yB_x)\boldsymbol{k}$$

〔5〕 外積に関する重要な性質

外積の定義から

$$\boldsymbol{A}\parallel\boldsymbol{B}\ \rightarrow\ \boldsymbol{A}\times\boldsymbol{B}=\boldsymbol{0} \tag{1.32}$$

$$\boldsymbol{A}\times\boldsymbol{A}=\boldsymbol{0} \tag{1.33}$$

$$\boldsymbol{A}\times\boldsymbol{B}=-\boldsymbol{B}\times\boldsymbol{A} \tag{1.34}$$

内積については交換法則が成り立つが，外積については交換法則は成立しない。ベクトル $\boldsymbol{B}\times\boldsymbol{A}$ の大きさは，ベクトルの $\boldsymbol{A}\times\boldsymbol{B}$ の大きさと等しいが，方向は逆向きになる。

問 1.17 次の二つベクトルについて，その外積を求めよ。

（1） $\boldsymbol{A}=3\boldsymbol{i}+(-1)\boldsymbol{j}+2\boldsymbol{k},\qquad \boldsymbol{B}=(-2)\boldsymbol{i}+(-5)\boldsymbol{j}+6\boldsymbol{k}$

（2） $\boldsymbol{A}=2\boldsymbol{i}+\boldsymbol{j}+(-3)\boldsymbol{k},\qquad \boldsymbol{B}=5\boldsymbol{i}+\boldsymbol{j}+2\boldsymbol{k}$

問 1.18 次の二つベクトルについて，そのなす角 θ の正弦（sine）を求めよ。

（1） $\boldsymbol{A}=\boldsymbol{i}+\boldsymbol{j},\qquad \boldsymbol{B}=\boldsymbol{k}$

（2） $\boldsymbol{A}=\boldsymbol{i}+\boldsymbol{j}+\boldsymbol{k},\qquad \boldsymbol{B}=\boldsymbol{i}+\boldsymbol{j}+(-1)\boldsymbol{k}$

問 1.19 次の二つのベクトルの両方に垂直な方向の単位ベクトルを求めよ。

$\boldsymbol{A}=3\boldsymbol{i}+(-1)\boldsymbol{j}+2\boldsymbol{k},\qquad \boldsymbol{B}=(-2)\boldsymbol{i}+(-5)\boldsymbol{j}+6\boldsymbol{k}$

問 1.20 屋根に設置された太陽光パネルについて，**図 1.10** に示すように各辺の

ベクトルが

$$\boldsymbol{A} = -\boldsymbol{i} + 2\boldsymbol{k}, \qquad \boldsymbol{B} = 3\boldsymbol{j}$$

で与えられるとき，次の問に答えよ。

（1） 太陽光パネルの面積を求めよ。

（2） この太陽光パネルの面に垂直で，かつ，屋内を向く単位ベクトルを求めよ。

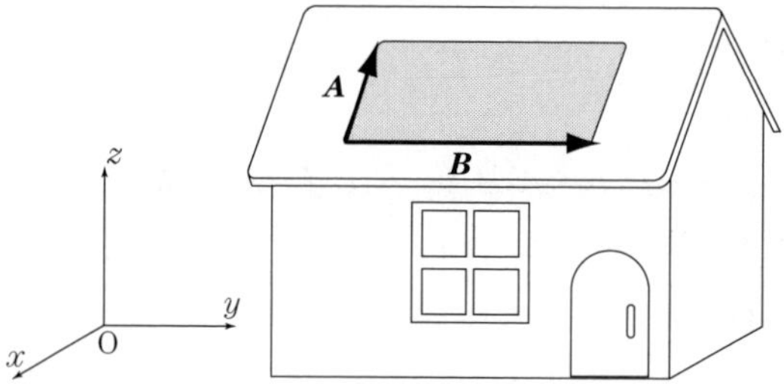

図 1.10

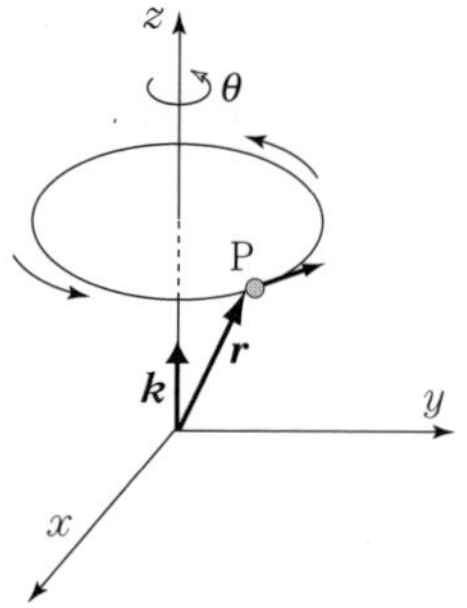

図 1.11

問 1.21　**図 1.11** のように粒子が円運動している。このとき，図の点 P における円の接線方向のベクトル（図の θ が増える向きを向く）を，この点の位置ベクトル $\boldsymbol{r}$ と z 方向の単位ベクトル $\boldsymbol{k}$ を用いて表せ。

問 1.22　等速円運動する粒子の速度ベクトル $\boldsymbol{v}$ の方向は，円軌道上の各点で，円の接線方向を向く。ここで，角速度ベクトル $\boldsymbol{\omega}$ を次のように定義する。

方　向：粒子の回転方向にねじを回すとき，右ねじが進む方向。

大きさ：単位時間当りの回転角 ω $(=d\theta/dt)$。

(例えば，回転方向が問 1.21 のような場合，$\boldsymbol{\omega} = \omega\boldsymbol{k}$ となる。回転の速さは同じで，向きが，問 1.21 とは反対であれば，$\boldsymbol{\omega} = \omega(-\boldsymbol{k})$ となる。)

この円軌道上の点 $\mathrm{P}(x, y, z)$ における粒子の速度ベクトルは

$$\boxed{\boldsymbol{v} = \boldsymbol{\omega} \times \boldsymbol{r}} \tag{1.35}$$

となることを確かめよ。ただし，$\boldsymbol{r}$ は点 P の位置ベクトルである。

問 1.23　問 1.22 では，円運動の速度ベクトルが角速度ベクトルと位置ベクトルの外積によって表現できることを示した。今まで，学んできた物理学や工学の中で，ほかにベクトルの外積を用いて表現することのできる物理量をできるだけたくさん挙げよ。

問 1.24 $\boldsymbol{A}=(A_x,A_y,A_z)$，$\boldsymbol{B}=(B_x,B_y,B_z)$，$\boldsymbol{C}=(C_x,C_y,C_z)$ とする。このとき，外積について式（1.27）の分配法則が成り立つことを，式の両辺を，各々計算し，比較することにより確かめよ。

1.5 ベクトルの三重積

1.5.1 スカラー三重積

ベクトル $\boldsymbol{A}$ とベクトル $\boldsymbol{B}\times\boldsymbol{C}$ との内積

$$\boxed{\boldsymbol{A}\cdot(\boldsymbol{B}\times\boldsymbol{C})} \tag{1.36}$$

を考える。式（1.36）の演算の結果から得られる量は，スカラー量であり，式（1.36）をスカラー三重積と呼ぶことがある。

スカラー三重積は，幾何学的には**図 1.12** に示すように，ベクトル $\boldsymbol{A}$，$\boldsymbol{B}$ および $\boldsymbol{C}$ によって囲まれる平行六面体の体積に等しい。

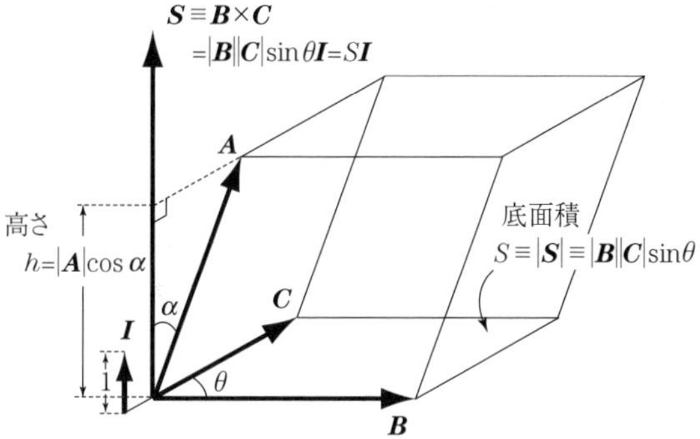

図 1.12 スカラー三重積

このことは，以下のようにして確かめることができる。

外積の定義から

$$\boldsymbol{S}\equiv\boldsymbol{B}\times\boldsymbol{C}=|\boldsymbol{B}||\boldsymbol{C}|\sin\theta\boldsymbol{I}=S\boldsymbol{I},\qquad S\equiv|\boldsymbol{S}|=|\boldsymbol{B}||\boldsymbol{C}|\sin\theta \tag{1.37}$$

先に 1.4 節〔1〕の外積の定義で述べたように，ベクトル $\boldsymbol{S}$ の大きさ S は，$\boldsymbol{B}$，$\boldsymbol{C}$ のつくる平行四辺形の面積，また，$\boldsymbol{I}$ は，この平行四辺形がつくる面に垂直な方向の単位ベクトルである。これと，内積の定義から式 (1.38) となる。

$$\boldsymbol{A}\cdot\boldsymbol{S}=|\boldsymbol{A}||\boldsymbol{S}|\cos\alpha=Sh,\qquad h=|\boldsymbol{A}|\cos\alpha \tag{1.38}$$

ただし，α は $\boldsymbol{A}$ と $\boldsymbol{S}$ とのなす角であり，したがって，図 1.12 からわかるように，$|\boldsymbol{A}|\cos\alpha$ は，平行六面体の高さに等しい。以上から，スカラー三重積は，図 1.12 の平行六面体の体積 V に等しく

$$\boldsymbol{A}\cdot(\boldsymbol{B}\times\boldsymbol{C})=Sh=V \tag{1.39}$$

であることがわかる。

この幾何学的説明から明らかなように，スカラー三重積について

$$\boldsymbol{A}\cdot(\boldsymbol{B}\times\boldsymbol{C})=(\boldsymbol{A}\times\boldsymbol{B})\cdot\boldsymbol{C}=V \tag{1.40}$$

が成立することが容易にわかる。

問 1.25　次の三つのベクトルに対して以下の問に答えよ。

$$\boldsymbol{A}=\boldsymbol{i}+5\boldsymbol{j},\qquad \boldsymbol{B}=-5\boldsymbol{i}+\boldsymbol{j},\qquad \boldsymbol{C}=\boldsymbol{i}+2\boldsymbol{j}+5\boldsymbol{k}$$

（1）三つのベクトルで囲まれる平行六面体を図示せよ。
（2）ベクトル $\boldsymbol{A}$，$\boldsymbol{B}$ がつくる平行四辺形の面積を求めよ。
（3）（2）の平行四辺形を底面とし，さらに，ベクトル $\boldsymbol{C}$ が囲む平行六面体の高さを求めよ。
（4）（2），（3）の結果から，この平行六面体の体積を求めよ。
（5）$(\boldsymbol{A}\times\boldsymbol{B})\cdot\boldsymbol{C}$ を計算し，（4）の結果と比較せよ。

1.5.2 ベクトル三重積

式 (1.41) で定義されるベクトルの三重積

$$\boxed{\boldsymbol{A}\times(\boldsymbol{B}\times\boldsymbol{C})} \tag{1.41}$$

は応用上重要であり，電磁気学などの計算でもしばしば用いる。式 (1.41) で定義される三重積はベクトル量であり，式 (1.36) のスカラー三重積と区別して，ベクトル三重積と呼ばれる。

ベクトル三重積は，式 (1.42) のように変形することができる。

$$\boxed{\boldsymbol{A}\times(\boldsymbol{B}\times\boldsymbol{C})=(\boldsymbol{A}\cdot\boldsymbol{C})\boldsymbol{B}-(\boldsymbol{A}\cdot\boldsymbol{B})\boldsymbol{C}} \tag{1.42}$$

外積の順序を入れ替えた次のベクトル三重積 $(\boldsymbol{A}\times\boldsymbol{B})\times\boldsymbol{C}$ の値は

$$\boxed{(\boldsymbol{A}\times\boldsymbol{B})\times\boldsymbol{C}=(\boldsymbol{A}\cdot\boldsymbol{C})\boldsymbol{B}-(\boldsymbol{B}\cdot\boldsymbol{C})\boldsymbol{A}} \tag{1.43}$$

となり

$$\boldsymbol{A}\times(\boldsymbol{B}\times\boldsymbol{C})\neq(\boldsymbol{A}\times\boldsymbol{B})\times\boldsymbol{C} \tag{1.44}$$

であることに注意する必要がある。

問 1.26　式 (1.42) が成立することを次の (1)～(4) の手順で確かめよ。ここで

$$\boldsymbol{A}=A_x\boldsymbol{i}+A_y\boldsymbol{j}+A_z\boldsymbol{k},\qquad \boldsymbol{B}=B_x\boldsymbol{i}+B_y\boldsymbol{j}+B_z\boldsymbol{k},\qquad \boldsymbol{C}=C_x\boldsymbol{i}+C_y\boldsymbol{j}+C_z\boldsymbol{k}$$

とする。

(1)　$\boldsymbol{P}=\boldsymbol{B}\times\boldsymbol{C}$ を求めよ。

(2)　$\boldsymbol{Q}=\boldsymbol{A}\times\boldsymbol{P}$ を求めよ。

(3)　$\boldsymbol{Q}$ に $(A_xB_xC_x-A_xB_xC_x)\boldsymbol{i}+(A_yB_yC_y-A_yB_yC_y)\boldsymbol{j}+(A_zB_zC_z-A_zB_zC_z)\boldsymbol{k}=\boldsymbol{0}$ を加え，$\alpha\boldsymbol{i}+\beta\boldsymbol{j}+\gamma\boldsymbol{k}$ の形にまとめよ。

(4)　(3) より $\boldsymbol{Q}=(\boldsymbol{A}\cdot\boldsymbol{C})\boldsymbol{B}-(\boldsymbol{A}\cdot\boldsymbol{B})\boldsymbol{C}$ を導け（各成分ごとに計算するとよい）。

問 1.27　三つのベクトル $\boldsymbol{E}$，$\boldsymbol{B}$，$\boldsymbol{v}$ の間に次の関係が成立するとき

$$\boldsymbol{E}+\boldsymbol{v}\times\boldsymbol{B}=\boldsymbol{0},\qquad ただし，\boldsymbol{v}\perp\boldsymbol{B},\ \boldsymbol{0}\ は零ベクトル$$

ベクトル三重積の公式を用いて，次式が成立することを確かめよ。

$$\boldsymbol{v}=\frac{\boldsymbol{E}\times\boldsymbol{B}}{B^2}$$

〈ヒント〉　$\boldsymbol{E}+\boldsymbol{v}\times\boldsymbol{B}=\boldsymbol{0}$ の両辺に $\boldsymbol{B}$ を外積する。このとき，$\boldsymbol{B}\times\boldsymbol{0}=\boldsymbol{0}$ から $\boldsymbol{B}\times(\boldsymbol{E}+\boldsymbol{v}\times\boldsymbol{B})=\boldsymbol{0}$ となる。

まとめの Quiz

1 ベクトルとスカラー

単に大きさのみが意味を持つ物理量をスカラー量と呼ぶ。これに対して，大きさだけではなく［　　　］を持っている物理量をベクトル量と呼ぶ。

2 座標系とベクトルの成分表示

(1)　右手座標系では，x 軸を y 軸のほうに回転するとき，右ねじの進む方向を z

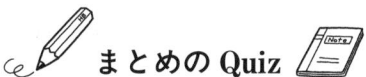

軸の $\boxed{}$ の方向にとる。

（2） 直角座標系における基本単位ベクトル $\boldsymbol{i}$，$\boldsymbol{j}$，$\boldsymbol{k}$ を用いて，3 次元空間における任意のベクトル量は

$$\boldsymbol{A}=\boxed{}\,\boldsymbol{i}+\boxed{}\,\boldsymbol{j}+\boxed{}\,\boldsymbol{k}$$

と表される。このとき，A_x，A_y，A_z を，各々，ベクトルの x 成分，y 成分，z 成分と呼ぶ。このときベクトル $\boldsymbol{A}$ の大きさは

$$A\equiv|\boldsymbol{A}|=\sqrt{\boxed{}}$$

（3） 点 P の座標を (x, y, z) とするとき，位置ベクトルは

$$\boldsymbol{r}=\boxed{}\,\boldsymbol{i}+\boxed{}\,\boldsymbol{j}+\boxed{}\,\boldsymbol{k}$$

と表すことができる。

（4） 点 P の位置ベクトル $\boldsymbol{r}$ の方向を向く基本単位ベクトルは

$$\frac{\boxed{}}{r}$$

である。ただし，r は原点 O から点 P までの距離を表す。

$$r=|\boldsymbol{r}|=\sqrt{\boxed{}}$$

（5） 空間の点 $\mathrm{P}(x_1, y_1, z_1)$ および点 $\mathrm{Q}(x_2, y_2, z_2)$ の位置ベクトルを各々

$$\boldsymbol{r}_1=\overrightarrow{\mathrm{OP}}=x_1\boldsymbol{i}+y_1\boldsymbol{j}+z_1\boldsymbol{k}$$
$$\boldsymbol{r}_2=\overrightarrow{\mathrm{OQ}}=x_2\boldsymbol{i}+y_2\boldsymbol{j}+z_2\boldsymbol{k}$$

とする。このとき，次の問に答えよ。点 P から点 Q へ向かうベクトルは

$$\overrightarrow{\mathrm{PQ}}=\boldsymbol{r}_{\boxed{}}-\boldsymbol{r}_{\boxed{}}$$

2 点間の距離は，次式で与えられることを確かめよ。

$$|\overrightarrow{\mathrm{PQ}}|=\sqrt{\boxed{}^{2}+\boxed{}^{2}+\boxed{}^{2}}$$

点 P から点 Q の方向へ向かう単位ベクトルは

$$\frac{\boxed{}}{\boxed{}}$$

3 ベクトルの内積

（1） ベクトルの内積（スカラー積）は

$$\boldsymbol{A}\cdot\boldsymbol{B}=\boxed{\qquad\qquad}$$

ここで，$|\boldsymbol{A}|$，$|\boldsymbol{B}|$は，各々，ベクトル $\boldsymbol{A}$ および $\boldsymbol{B}$ の大きさ，θ はベクトル $\boldsymbol{A}$ と $\boldsymbol{B}$ とのなす角である。

（2） ベクトルの内積について，以下の法則が成り立つ。

$$\boldsymbol{A}\cdot\boldsymbol{B}=\boxed{\qquad}\quad\text{（交換法則）}$$

$$\boldsymbol{A}\cdot(\boldsymbol{B}+\boldsymbol{C})=\boxed{\qquad\qquad}\quad\text{（分配法則）}$$

（3） ベクトル $\boldsymbol{A}$ の大きさは内積を用いて

$$|\boldsymbol{A}|^2=\boxed{\qquad}$$

また，ベクトル $\boldsymbol{A}$，$\boldsymbol{B}$ が垂直であるとき，$\boldsymbol{A}$，$\boldsymbol{B}$ の内積は

$$\boldsymbol{A}\cdot\boldsymbol{B}=\boxed{\qquad}$$

（4） ベクトル $\boldsymbol{A}$，$\boldsymbol{B}$ の成分が，各々，A_x，A_y，A_z および B_x，B_y，B_z で与えられるとき

$$\boldsymbol{A}\cdot\boldsymbol{B}=\boxed{\qquad\qquad}$$

（5） ベクトル $\boldsymbol{A}$ と $\boldsymbol{B}$ とのなす角を θ とするとき

$$(\text{ベクトル }\boldsymbol{A}\text{ の }\boldsymbol{B}\text{ 方向成分})=\frac{\boldsymbol{A}\cdot\boldsymbol{B}}{|\boldsymbol{B}|}=|\boldsymbol{A}|\boxed{\qquad}$$

4 ベクトルの外積

（1） ベクトル $\boldsymbol{A}$ と $\boldsymbol{B}$ との外積は，以下のように表記される。

$$\boldsymbol{C}=\boxed{\qquad}$$

（2） ベクトル $\boldsymbol{A}$ と $\boldsymbol{B}$ との外積によって得られる量 $\boldsymbol{C}$ も，また，ベクトル量であり，その大きさと方向は

大きさ：$|\boldsymbol{C}|=\boxed{\qquad\qquad}$

ただし，$|\boldsymbol{A}|$，$|\boldsymbol{B}|$ は，各々，ベクトル $\boldsymbol{A}$ および $\boldsymbol{B}$ の大きさ，θ はベクトル $\boldsymbol{A}$ と $\boldsymbol{B}$ とのなす角である。

方　向：ベクトル $\boldsymbol{A}$，$\boldsymbol{B}$，両方に $\square$ な方向を向く。

（3）　ベクトルの外積については，次の分配法則は成り立つが

$$\boldsymbol{A}\times(\boldsymbol{B}+\boldsymbol{C})=\square$$

$$\boldsymbol{A}\times\boldsymbol{B}=-\square$$

となり，交換法則は成り立たない。

（4）　ベクトル $\boldsymbol{A}$ と $\boldsymbol{B}$ とが平行なとき

$$\boldsymbol{A}\times\boldsymbol{B}=\square$$

（5）　ベクトル $\boldsymbol{A}$，$\boldsymbol{B}$ の成分が，各々，A_x，A_y，A_z および B_x，B_y，B_z で与えられるとき

$$\boldsymbol{A}\times\boldsymbol{B}=\square\,\boldsymbol{i}+\square\,\boldsymbol{j}+\square\,\boldsymbol{k}$$

（6）　ベクトル $\boldsymbol{A}$，$\boldsymbol{B}$ の成分が，各々，A_x，A_y，A_z および B_x，B_y，B_z で与えられるとき，外積は行列式を用いて

$$\boldsymbol{A}\times\boldsymbol{B}=\begin{vmatrix}\square & \square & \square\\ \square & \square & \square\\ \square & \square & \square\end{vmatrix}$$

5 ベクトルの三重積

（1）　ベクトル $\boldsymbol{A}$ とベクトル $\boldsymbol{B}\times\boldsymbol{C}$ との内積

$$\square$$

をスカラー三重積と呼ぶ。スカラー三重積は，幾何学的にはベクトル $\boldsymbol{A}$，$\boldsymbol{B}$ および $\boldsymbol{C}$ によって囲まれる平行六面体の $\square$ に等しい。

（2）　スカラー三重積について以下の公式が成り立つ。

$$\boldsymbol{A}\cdot(\boldsymbol{B}\times\boldsymbol{C})=\boxed{}\cdot\boldsymbol{C}$$

が成立する。

（3）以下の式で定義される三重積は，ベクトル量であり，（2）のスカラー三重積と区別して，ベクトル三重積と呼ばれる。

$$\boldsymbol{A}\,\square\,(\boldsymbol{B}\,\square\,\boldsymbol{C})$$

（4）ベクトル三重積について，以下の公式が成立する。

$$\boldsymbol{A}\times(\boldsymbol{B}\times\boldsymbol{C})=(\boxed{})\boldsymbol{B}-(\boxed{})\boldsymbol{C}$$

$$(\boldsymbol{A}\times\boldsymbol{B})\times\boldsymbol{C}=(\boxed{})\boldsymbol{B}-(\boxed{})\boldsymbol{A}$$

したがって，一般に $\boldsymbol{A}\times(\boldsymbol{B}\times\boldsymbol{C})=(\boldsymbol{A}\times\boldsymbol{B})\times\boldsymbol{C}$ は成立しない。

2. ベクトルの微分

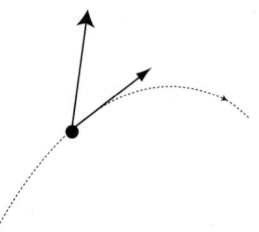

2.1 微分の復習

ベクトルの微分を説明する前に，通常の微分について復習する。微分に慣れている読者は，この節を飛ばして 2.2 節に進んでよい。

〔1〕 微分と微分係数

図 2.1 に示すような時間 t の関数 $f(t)$ を考える。$f(t)$ および $f(t+\Delta t)$ は，各々，時刻 t および時刻 $t+\Delta t$ における f の値を表す。したがって

$$\boxed{\Delta f = f(t+\Delta t) - f(t) = f(t_2) - f(t_1)} \tag{2.1}$$

は，時間が Δt だけ変化したときの f の変化分を表している。これを時間間隔 $\Delta t = t_2 - t_1$ で割った $\Delta f/\Delta t$

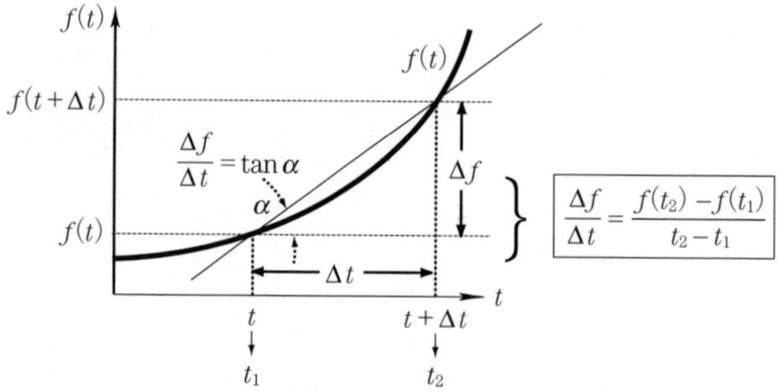

図 2.1　平均変化率

$$\boxed{\frac{f(t_2)-f(t_1)}{t_2-t_1}} \tag{2.2}$$

は，単位時間当りにならした平均的な f の変化を表していると考えることができる。これを関数 f の**平均変化率**と呼ぶ。

例えば，f として時間 t の間に進んだ距離 $s(t)$ を考えよう。このとき，式 (2.2) の分子 $\Delta s = s(t_2)-s(t_1)$ は，時刻 t_1 から t_2 までの移動距離に相当する。これに要した時間 $\Delta t = t_2 - t_1$ で，距離 Δs を割れば，この時間間隔での速さとなる。ただし，これはあくまでも，時間間隔 $\Delta t = t_2 - t_1$ の間での平均的な速さであって，時刻 $t=t_1$ での瞬間の速さではない。

そこで，時刻 $t=t_1$ における瞬間の値を表すために，時間間隔 Δt をどんどん小さくすることを考える。すなわち，$\Delta t \to 0$ の極限を考える。この極限値を df/dt と表し，$f(t)$ の時刻 t における**微分係数**，あるいは，**導関数**と呼ぶ。

$$\boxed{\frac{df}{dt}=\lim_{\Delta t\to 0}\frac{\Delta f}{\Delta t}=\lim_{\Delta t\to 0}\frac{f(t+\Delta t)-f(t)}{\Delta t}} \tag{2.3}$$

この極限値を求めること，すなわち，微分係数を求めることを微分するという。微分係数の記号として，df/dt のほかに，以下のような記号を用いることもある。

$$f'(t),\qquad \frac{d}{dt}f(t),\qquad \dot{f}(t),\qquad f',\qquad \dot{f}$$

式 (2.3) で，$t=t_1, t+\Delta t=t_2$ と書くことにする。このとき，$\Delta t\,(=t_2-t_1) \to 0$ の極限をとるということは，$t_2 \to t_1$ の極限をとることと同じであるから，微分係数の定義式 (2.3) は，次式のようにも書ける。

$$\boxed{\frac{df}{dt}=\lim_{t_2\to t_1}\frac{\Delta f}{\Delta t}=\lim_{t_2\to t_1}\frac{f(t_2)-f(t_1)}{t_2-t_1}} \tag{2.4}$$

速さの例でいえば，$t_2 \to t_1$ の極限をとった場合，移動距離 $\Delta s = s(t_2)-s(t_1)$ も小さくなるから，Δs を Δt で割ったものは，ある一定の値に近づく。すなわち，時刻 $t=t_1$ における瞬間の速さを，$\lim_{\Delta t\to 0}\Delta s/\Delta t$ の極限を考えることで，数学的に表現できる。この例では，微分係数 ds/dt は，時刻 t における瞬間の速さを意味する。

〔2〕 微分係数の幾何学的意味

$\Delta f/\Delta t$ は，幾何学的には図 2.1 から容易にわかるように，$f(t)$ と $f(t+\Delta t)$ とを結ぶ直線の傾き

$$\frac{\Delta f}{\Delta t}=\tan\alpha$$

を表している。このとき**図 2.2** のように，Δt をどんどん小さくしていく（t_2 をどんどん t_1 に近づけていく）ことを考える。このとき，$\Delta f/\Delta t$ は時刻 $t(=t_1)$ における $f(t)$ の接線の傾きに近づいていくことが，図から容易に理解できる。

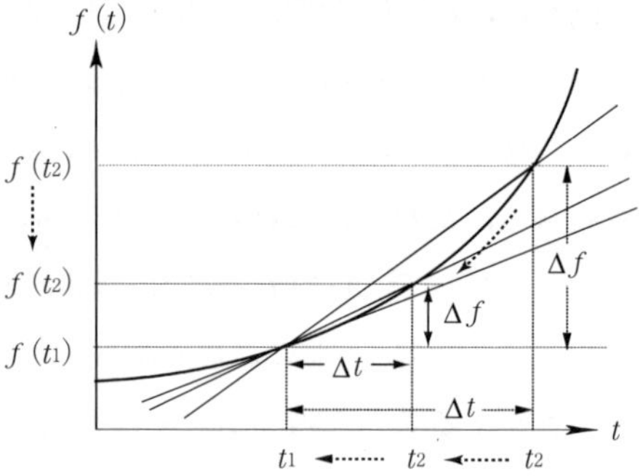

図 2.2　微分係数の幾何学的意味

すなわち，$f(t)$ の微分係数 $df/dt=\lim_{\Delta t\to 0}\Delta f/\Delta t$ は

時刻 t における関数 $f(t)$ の接線の傾きを表している

〔3〕 微分と差分

式 (2.5) で定義される df のことを，t における関数 $f(t)$ の**微分**と呼ぶ。

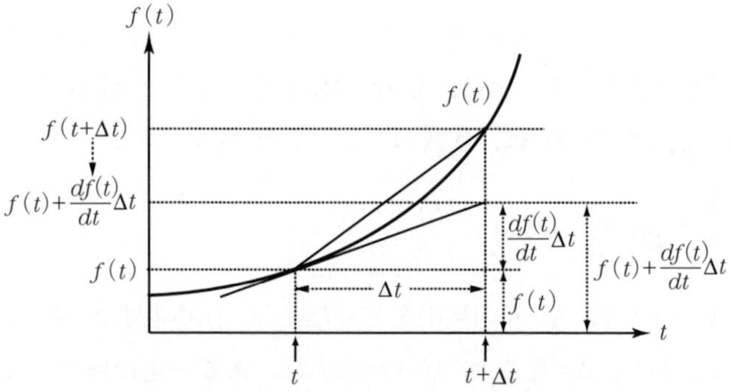

図 2.3　微分係数を用いた関数の近似

$$df = \frac{df}{dt}\Delta t = \frac{df}{dt}\,dt \tag{2.5}$$

ここで，$f(t)=t$ を考えると，$df/dt=1$ であるから $dt=\Delta t$ である。式（2.5）で定義される微分に対して，式（2.1）で定義される Δf を**差分**と呼ぶ。**図2.3**に示すように Δt が十分小さければ，$\Delta f \approx df$ と考えることができる。

〔4〕 微分係数を用いた関数の近似：一次のテイラー（Taylor）展開

図2.3からわかるように，Δt が十分小さいとき，式（2.6）の近似式が成り立つ。

$$f(t+\Delta t) \approx f(t) + \frac{df(t)}{dt}\Delta t \tag{2.6}$$

あるいは

$$f(t_2) \approx f(t_1) + \left(\frac{df}{dt}\right)_{t=t_1}(t_2 - t_1) \tag{2.7}$$

ただし，$df(t)/dt$ および $(df/dt)_{t=t_1}$ は，時刻 $t=t_1$ における微分係数を表す。

問2.1（**平均の速さ，瞬間の速さ**）　x 軸上を運動する質点の移動距離 $s(t)$（単位：m）を考える。$s(t)$ が，次式で与えられるとき，次の問に答えよ。

$$s(t) = \frac{1}{2}t^2$$

（1） $t_1=2\,\mathrm{s}$，$t_2=4\,\mathrm{s}$ とする。t_1 と t_2 との間の平均の速さを，式（2.2）より計算せよ。

（2） $s(t+\Delta t) = \frac{1}{2}(t+\Delta t)^2$ を展開し，$\Delta s = s(t+\Delta t) - s(t)$ が次式となることを示せ。

$$\Delta s = t\Delta t + \frac{1}{2}(\Delta t)^2$$

（3） （2）から，時刻 t における以下の極限値，すなわち瞬間の速さを求めよ。

$$\frac{ds}{dt} = \lim_{\Delta t \to 0}\frac{\Delta s}{\Delta t}$$

（4） （3）と微分の公式 $d(t^2)/dt = 2t$ から，ds/dt を計算した結果と比較せよ。

（5） $t=2$s および $t=4$s における瞬間の速さを，それぞれ計算せよ。また，各々の時刻における瞬間の速さを，（1）で求めた平均の速さと比較せよ。

問 2.2 **（微分係数を用いた関数の近似）**

（1） 図 2.3 から，t_2 が t_1 に十分近いとき，すなわち，Δt が十分小さいとき，近似的に式（2.6）が成立することを説明せよ。

（2） 角度 θ の関数 $f(\theta)=\sin\theta$ を考える。式（2.6）より θ が十分小さいとき，$f(\theta)$ は近似的に $f(\theta)\approx\theta$ となることを示せ。電卓を用いて，$\theta=5\pi/180$，$\theta=10\pi/180$，$\theta=20\pi/180$（単位：ラジアン，各々，5°，10°，20° に対応する）のときの近似値と，真の値を比較せよ。

2.2 ベクトルの微分

〔1〕 ベクトルの微分と微分係数

時間に依存するベクトル $\boldsymbol{A}(t)$ を考える。このとき，$\boldsymbol{A}(t)$ の時刻における微分係数は，式（2.3）と同様に次式のように定義される。

$$\frac{d\boldsymbol{A}}{dt}=\lim_{\Delta t\to 0}\frac{\Delta\boldsymbol{A}}{\Delta t}=\lim_{\Delta t\to 0}\frac{\boldsymbol{A}(t+\Delta t)-\boldsymbol{A}(t)}{\Delta t} \tag{2.8}$$

ここで，$\boldsymbol{A}(t)$ および $\boldsymbol{A}(t+\Delta t)$ は，各々，時刻 t および時刻 $t+\Delta t$ におけるベクトル $\boldsymbol{A}$ を表す。また，$\Delta\boldsymbol{A}$ は時間が Δt だけ変化したときのベクトル $\boldsymbol{A}$ の変化分

$$\Delta\boldsymbol{A}=\boldsymbol{A}(t+\Delta t)-\boldsymbol{A}(t) \tag{2.9}$$

を表す（**図 2.4**）。

直角座標系で，ベクトルの成分を A_x，A_y，A_z とすると

$$\boldsymbol{A}(t)=A_x(t)\,\boldsymbol{i}+A_y(t)\,\boldsymbol{j}+A_z(t)\,\boldsymbol{k} \tag{2.10}$$

と書ける。基本単位ベクトル $\boldsymbol{i}$，$\boldsymbol{j}$，$\boldsymbol{k}$ は時間的に変化しない。したがって，式（2.8）は，各成分を時間で微分して

$$\frac{d\boldsymbol{A}}{dt}=\frac{dA_x}{dt}\,\boldsymbol{i}+\frac{dA_y}{dt}\,\boldsymbol{j}+\frac{dA_z}{dt}\,\boldsymbol{k} \tag{2.11}$$

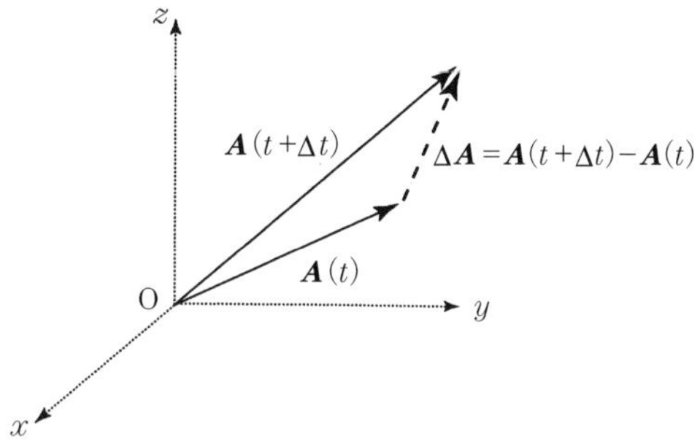

図 2.4　ベクトル $\boldsymbol{A}$ の変化分

と表すことができる（詳細は，2.3 節参照）。ここで，各成分 A_x, A_y, A_z はスカラーであり，その微分は 2.1 節で定義した通常の微分と同じである。例えば，$A_x(t)$ が $f(t)$ に対応していると考えると，式 (2.3) から

$$\frac{dA_x}{dt}=\lim_{\Delta t\to 0}\frac{A_x(t+\Delta t)-A_x(t)}{\Delta t} \tag{2.12}$$

〔2〕 ベクトルの微分の例 ①：速度ベクトル

問 2.1 では x 軸上を運動する質点の各時刻での瞬間の速さを，微分を用いて表すことができることを学んだ。より一般的な運動では，速さだけではなく，運動の方向も時々刻々変化する。〔1〕で定義したベクトルの微分を用いれば，より一般的に速度ベクトルを以下のように表現できる。

図 2.5 に示すような 2 次元平面内で円軌道を描く質点の運動を考える。時刻 t における軌道上の点 P の位置ベクトルを $\boldsymbol{r}(t)$，時間が Δt だけ進んだときの軌道上の点，すなわち点 Q の位置ベクトルを $\boldsymbol{r}(t+\Delta t)$ で表す。直角座標系

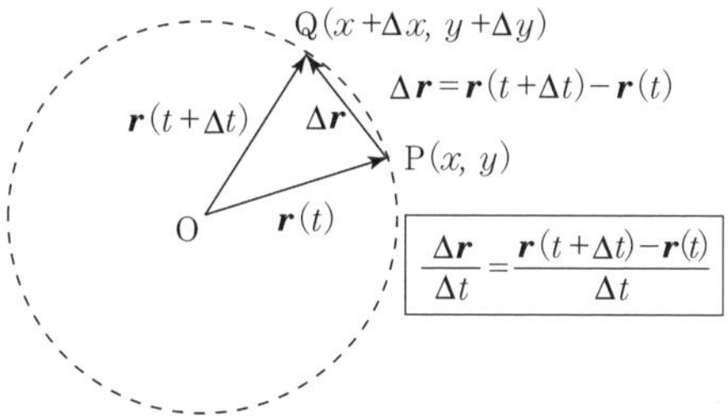

図 2.5　円運動する質点の位置ベクトル

における点P，点Qの座標を，各々，$P(x,y)$，$Q(x+\Delta x, y+\Delta y)$ とすると

$$\begin{aligned} &P: \boldsymbol{r}(t) = x\boldsymbol{i} + y\boldsymbol{j} \\ &Q: \boldsymbol{r}(t+\Delta t) = (x+\Delta x)\boldsymbol{i} + (y+\Delta y)\boldsymbol{j} \end{aligned} \tag{2.13}$$

質点が点Pから点Qに移動するとき，位置ベクトルの変化分は

$$\boxed{\Delta \boldsymbol{r} = \boldsymbol{r}(t+\Delta t) - \boldsymbol{r}(t)} \tag{2.14}$$

図2.5からわかるように，$\Delta \boldsymbol{r}$ は幾何学的には点Pから点Qに向かうベクトル $\Delta \boldsymbol{r} = \overrightarrow{PQ}$ を表している。直角座標系では，式（2.13），式（2.14）より

$$\Delta \boldsymbol{r} = \Delta x\boldsymbol{i} + \Delta y\boldsymbol{j} \tag{2.15}$$

位置ベクトルが，$\Delta \boldsymbol{r}$ 変化するには Δt の時間がかかっている。したがって，単位時間当りの位置ベクトルの変化，つまり速度ベクトルは，$\Delta \boldsymbol{r}$ を Δt で割ることにより，式（2.16）で与えられる。

$$\boxed{\frac{\Delta \boldsymbol{r}}{\Delta t} = \frac{\boldsymbol{r}(t+\Delta t) - \boldsymbol{r}(t)}{\Delta t}} \tag{2.16}$$

式（2.15）より式（2.16）は，直角座標系で式（2.17）のように表される。

$$\frac{\Delta \boldsymbol{r}}{\Delta t} = \frac{\Delta x}{\Delta t}\boldsymbol{i} + \frac{\Delta y}{\Delta t}\boldsymbol{j} \tag{2.17}$$

通常の関数の場合と同様，式（2.16）の $\Delta \boldsymbol{r}/\Delta t$ は，あくまでも，Δt 間の位置ベクトル $\boldsymbol{r}$ の平均的な時間変化，すなわち**平均の速度**を表している。ただし，$\Delta \boldsymbol{r}/\Delta t$ はベクトル量であり，その方向と大きさとは，各々，以下のようになる。

$\dfrac{\Delta \boldsymbol{r}}{\Delta t}$ の方向：$\Delta \boldsymbol{r}$ の方向，すなわち，前述のようにベクトル $\overrightarrow{PQ}$ の方向を向く

$$\frac{\Delta \boldsymbol{r}}{\Delta t} \text{の大きさ：} \left|\frac{\Delta \boldsymbol{r}}{\Delta t}\right| = \sqrt{\frac{\Delta \boldsymbol{r}}{\Delta t}\cdot\frac{\Delta \boldsymbol{r}}{\Delta t}} = \sqrt{\left(\frac{\Delta x}{\Delta t}\right)^2 + \left(\frac{\Delta y}{\Delta t}\right)^2} \tag{2.18}$$

さらに，点Pと点Qとの2点間の距離 Δs は

$$\Delta s = \sqrt{(\Delta x)^2 + (\Delta y)^2} \tag{2.19}$$

であるから

$$\frac{\Delta \boldsymbol{r}}{\Delta t} \text{ の大きさ}: \left|\frac{\Delta \boldsymbol{r}}{\Delta t}\right| = \frac{1}{\Delta t}\sqrt{(\Delta x)^2+(\Delta y)^2} = \frac{\Delta s}{\Delta t} \tag{2.20}$$

となる．ベクトル $\Delta \boldsymbol{r}/\Delta t$ の大きさは，距離を時間で割ったもの，すなわち，平均の速さに相当している．

ここで，2.1 節と同様に $\Delta t \to 0$ の極限をとることにより，時刻 t，すなわち点 P における**瞬間の速度**ベクトルを，次のように表すことができる．

$$\boxed{\boldsymbol{u} = \frac{d\boldsymbol{r}}{dt} = \lim_{\Delta t \to 0} \frac{\Delta \boldsymbol{r}}{\Delta t}} \tag{2.21}$$

$\Delta t \to 0$ の極限をとるということは，点 Q が点 P に限りなく近い場合を考えることを意味する．**図 2.6** から，式（2.21）で定義される時刻 t における瞬間の速度ベクトルは，点 P における軌道の接線方向を向いていることは，容易に理解できる（問 2.4 参照）．式（2.17）より，直角座標系において式（2.21）は，式（2.22）のようになる．

$$\boldsymbol{u} = \lim_{\Delta t \to 0}\left(\frac{\Delta x}{\Delta t}\right)\boldsymbol{i} + \lim_{\Delta t \to 0}\left(\frac{\Delta y}{\Delta t}\right)\boldsymbol{j} \tag{2.22}$$

すなわち

$$\boxed{\boldsymbol{u} = \frac{dx}{dt}\boldsymbol{i} + \frac{dy}{dt}\boldsymbol{j} = u_x \boldsymbol{i} + u_y \boldsymbol{j}} \tag{2.23}$$

ただし，u_x, u_y は速度ベクトルの x および y 成分を表し

$$u_x = \frac{dx}{dt} = \lim_{\Delta t \to 0}\frac{\Delta x}{\Delta t}, \qquad u_y = \frac{dy}{dt} = \lim_{\Delta t \to 0}\frac{\Delta y}{\Delta t} \tag{2.24}$$

速度ベクトルの大きさは

$$\boxed{\boldsymbol{u} = \lim_{\Delta t \to 0} \frac{\Delta \boldsymbol{r}}{\Delta t} = \lim_{\Delta t \to 0} \frac{\boldsymbol{r}(t+\Delta t)-\boldsymbol{r}(t)}{\Delta t}}$$

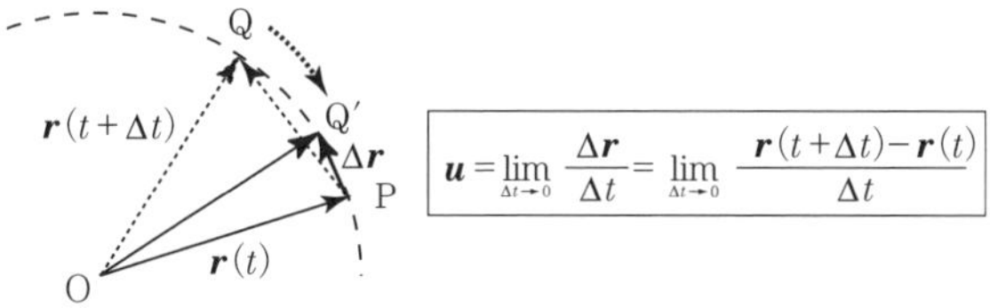

図 2.6　瞬間の速度ベクトル

$$u=|\boldsymbol{u}|=\sqrt{\left(\frac{dx}{dt}\right)^2+\left(\frac{dy}{dt}\right)^2} \tag{2.25}$$

これは，式（2.20）で$\Delta t\to 0$の極限をとったものに等しい。

より一般の3次元的な運動では，位置ベクトルは

$$\boldsymbol{r}(t)=x(t)\,\boldsymbol{i}+y(t)\,\boldsymbol{j}+z(t)\,\boldsymbol{k} \tag{2.26}$$

で表される。したがって，式（2.11）に対応して，式（2.23）の$\boldsymbol{u}$は，式（2.27）のように書ける。

$$\boldsymbol{u}=\frac{dx}{dt}\,\boldsymbol{i}+\frac{dy}{dt}\,\boldsymbol{j}+\frac{dz}{dt}\,\boldsymbol{k} \tag{2.27}$$

このとき，速度ベクトルのx，y，z方向成分u_x，u_y，u_zおよび，その大きさuは，各々，以下のようになる。

$$u_x=\frac{dx}{dt},\qquad u_y=\frac{dy}{dt},\qquad u_z=\frac{dz}{dt} \tag{2.28}$$

$$u=\sqrt{\left(\frac{dx}{dt}\right)^2+\left(\frac{dy}{dt}\right)^2+\left(\frac{dz}{dt}\right)^2} \tag{2.29}$$

〔3〕 ベクトルの微分の例②：加速度ベクトル

速度も時々刻々と変化する。時刻tにおける速度ベクトル$\boldsymbol{u}(t)$，時刻$t+\Delta t$における速度ベクトルを$\boldsymbol{u}(t+\Delta t)$とすると，$\Delta t$の間に速度ベクトルは

$$\Delta\boldsymbol{u}=\boldsymbol{u}(t+\Delta t)-\boldsymbol{u}(t) \tag{2.30}$$

だけ変化したことになる（**図2.7**）。したがって，単位時間当りの速度ベクトルの平均的な変化は，$\boldsymbol{r}(t)$の場合の式（2.16）と同様に

$$\frac{\Delta\boldsymbol{u}}{\Delta t}=\frac{\boldsymbol{u}(t+\Delta t)-\boldsymbol{u}(t)}{\Delta t} \tag{2.31}$$

ここで，$\Delta t\to 0$の極限をとる。すなわち，速度ベクトル$\boldsymbol{u}(t)$の時間微分

$$\boldsymbol{\alpha}=\frac{d\boldsymbol{u}}{dt}=\lim_{\Delta t\to 0}\frac{\Delta\boldsymbol{u}}{\Delta t} \tag{2.32}$$

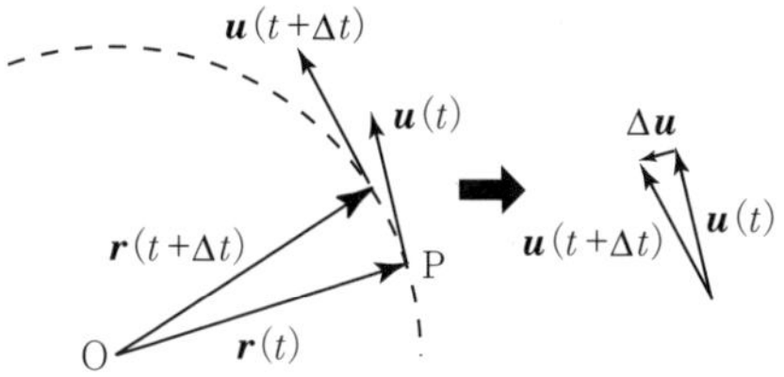

$$\alpha = \lim_{\Delta t \to 0} \frac{\Delta \boldsymbol{u}}{\Delta t} = \lim_{\Delta t \to 0} \frac{\boldsymbol{u}(t+\Delta t) - \boldsymbol{u}(t)}{\Delta t}$$

図 2.7　速度ベクトルの時間変化と加速度ベクトル

を加速度ベクトル，あるいは，単に加速度と呼ぶ。定義から加速度は，時刻 t における速度ベクトルの瞬間的な変化率（単位時間当りの速度ベクトルの変化）という物理的意味を持つ。質点に力 $\boldsymbol{F}$ が働くと，速度変化，すなわち，加速度が生じる。質点の質量を m とすると，加速度 $\boldsymbol{\alpha}$ と力 $\boldsymbol{F}$ との間には，式（2.33）の関係が成り立つ。

$$m\boldsymbol{\alpha} = \boldsymbol{F}, \quad \text{あるいは，} \quad m\frac{d\boldsymbol{u}}{dt} = \boldsymbol{F} \tag{2.33}$$

これを一般にニュートンの運動方程式と呼ぶ。すでに学んでいる読者も多いと思うが，古典力学の基本法則をベクトルの微分を用いて数学的に表現した代表例である。図 2.7 に示したような円運動の例では，加速度の方向は，位置ベクトル $\boldsymbol{r}$ に平行で原点 O の方向を向く（問 2.4 参照）。

速度ベクトルと位置ベクトルとの間には，式（2.21）の関係，$\boldsymbol{u} = d\boldsymbol{r}/dt$ があった。式（2.33）は，式（2.34）のようにも表現することもできる。

$$m\frac{d^2\boldsymbol{r}}{dt^2} = \boldsymbol{F} \tag{2.34}$$

問 2.3　ベクトル $\boldsymbol{A}(t), \boldsymbol{B}(t)$ が，各々，次式で与えられるとき，次の問に答えよ。

$\boldsymbol{A}(t) = A_x(t)\,\boldsymbol{i} + A_y(t)\,\boldsymbol{j}$　ただし，　$A_x(t) = t^2$，　$A_y(t) = a\sin\omega t$

$\boldsymbol{B}(t) = B_x(t)\,\boldsymbol{i} + B_y(t)\,\boldsymbol{j} + B_z(t)\,\boldsymbol{k}$

ただし，　$B_x(t) = t$，　$B_y(t) = b\exp(-t)$，　$B_z(t) = \cos\omega t$

ただし，a，b，ω は，一定であるとする。

（1）　$d\boldsymbol{A}/dt$，$d\boldsymbol{B}/dt$ および $d\boldsymbol{A}/dt+d\boldsymbol{B}/dt$ を，各々求めよ。また，$|d\boldsymbol{A}/dt|$ および $|d\boldsymbol{B}/dt|$ を求めよ。

（2）　ベクトル $\boldsymbol{C}=\boldsymbol{A}+\boldsymbol{B}$ を求めよ。また，ベクトル $\boldsymbol{C}$ を微分せよ。これと（1）の結果から，$d\boldsymbol{A}/dt+d\boldsymbol{B}/dt=d/dt(\boldsymbol{A}+\boldsymbol{B})$ が成り立つことを示せ。

（3）　$a=2$，$b=0$，$\omega=\pi$ とする。$t=1$ のとき，$d\boldsymbol{A}/dt$，$d\boldsymbol{B}/dt$ の値を計算せよ。

問 2.4　(x, y) 平面上において原点 O を中心とする半径 r の円周上を一定の角速度 $\omega(=d\theta/dt=\text{const.})$ で円運動する質点の軌道は次式で与えられる（**図 2.8**）。

$$\boldsymbol{r}(t)=r\cos\theta\boldsymbol{i}+r\sin\theta\boldsymbol{j},\quad ただし，\theta=\omega t$$

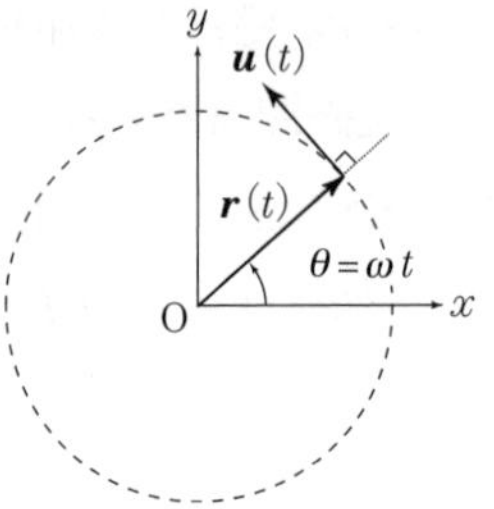

図 2.8　円運動の速度ベクトル

（1）　時刻 t における速度ベクトル $\boldsymbol{u}(t)$ が次式で与えられることを示せ。

$$\boldsymbol{u}(t)=(-r\sin\theta\boldsymbol{i}+r\cos\theta\boldsymbol{j})\frac{d\theta}{dt}$$
$$=r\omega(-\sin\theta\boldsymbol{i}+\cos\theta\boldsymbol{j})$$

（2）　任意の時刻において，位置ベクトル $\boldsymbol{r}(t)$ と速度ベクトル $\boldsymbol{u}(t)$ との内積はゼロになること，すなわち，両者は直交することを示せ。これから，速度ベクトル $\boldsymbol{u}(t)$ が円の接線の方向を向くことを説明せよ。

（3）　時刻 t における加速度ベクトル $\boldsymbol{\alpha}(t)$ を求め，$\boldsymbol{\alpha}(t)=-\omega^2\boldsymbol{r}(t)$ となることを示せ。

問 2.5　位置ベクトル $\boldsymbol{r}(t)=x(t)\boldsymbol{i}+y(t)\boldsymbol{j}$ が次式で与えられるとき次の問に答えよ。

$$x(t)=vt,\qquad y(t)=\frac{1}{2}gt^2$$

（1）　速度ベクトル $\boldsymbol{u}$ を求めよ。

（2）　加速度ベクトル $\boldsymbol{\alpha}$ を求めよ。

（3）　$v=1\,\text{m/s}$，$g=9.8\,\text{m/s}^2$ とするとき，$t=1\,\text{s}$ における速さ u および加速度の大きさ α を，各々，求めよ。

（4）　軌道の式が，$y=(1/2v^2)gx^2$ となることを示せ。

2.3 ベクトルの積の微分

2.3.1 スカラー f とベクトル A との積の微分

$$\frac{d(f\boldsymbol{A})}{dt}=\frac{df}{dt}\boldsymbol{A}+f\frac{d\boldsymbol{A}}{dt} \tag{2.35}$$

〈式 (2.35) の略証〉

式 (2.1) および式 (2.9) より

$$f(t+\Delta t)=f(t)+\Delta f, \qquad \boldsymbol{A}(t+\Delta t)=\boldsymbol{A}(t)+\Delta\boldsymbol{A} \tag{2.36}$$

したがって

$$f(t+\Delta t)\boldsymbol{A}(t+\Delta t)=f(t)\boldsymbol{A}(t)+\Delta f\boldsymbol{A}(t)+f\Delta\boldsymbol{A}+\Delta f\Delta\boldsymbol{A} \tag{2.37}$$

式 (2.36)，式 (2.37) より

$$\begin{aligned}\Delta(f\boldsymbol{A})&=f(t+\Delta t)\boldsymbol{A}(t+\Delta t)-f(t)\boldsymbol{A}(t)\\&=\Delta f\boldsymbol{A}(t)+f(t)\Delta\boldsymbol{A}+\Delta f\Delta\boldsymbol{A}\end{aligned} \tag{2.38}$$

両辺を Δt で割ると

$$\begin{aligned}\frac{\Delta(f\boldsymbol{A})}{\Delta t}&=\frac{f(t+\Delta t)\boldsymbol{A}(t+\Delta t)-f(t)\boldsymbol{A}(\boldsymbol{t})}{\Delta t}\\&=\frac{\Delta f}{\Delta t}\boldsymbol{A}(t)+f(t)\frac{\Delta\boldsymbol{A}}{\Delta t}+\frac{\Delta f}{\Delta t}\Delta\boldsymbol{A}\end{aligned} \tag{2.39}$$

ここで，$\Delta t\to 0$ の極限をとると，式 (2.36) より $\Delta\boldsymbol{A}\to 0$，よって最後の項はゼロになる。ゆえに式 (2.35) が成り立つことは容易にわかる。

ベクトル $\boldsymbol{A}$ が，一定で時間変化しなければ，式 (2.35) の右辺は第一項目だけが残る。例えば，直角座標系では単位ベクトルが時間変化しない（$d\boldsymbol{i}/dt=d\boldsymbol{j}/dt=d\boldsymbol{k}/dt=0$）。すでに，式 (2.11) などを導く際に，じつは，証明なしに式 (2.35) の性質を用いていた。以下，問 2.7，問 2.8 などで見るように極座標系の単位ベクトルは時々刻々変化する。このような場合には，単位ベクトルについても時間微分が必要であることに注意する。

問 2.6　$f(t)=\exp(-at)$, $\boldsymbol{A}(t)=\sin\omega t\boldsymbol{i}+\cos\omega t\boldsymbol{j}$ のとき，$d(f\boldsymbol{A})/dt$ を求めよ。

問 2.7　**（極座標系における速度の表現）　図 2.9** に示す極座標系を用いて質点の運動を考える。極座標系では，点 P の位置を指定するのに，直角座標（x, y）の代わりに図の（r, θ）座標を用いる。図からわかるように，r および θ は，各々，原点 O から点 P までの距離（$r=\sqrt{x^2+y^2}$），および，線分 OP と x 軸とのなす角度を表す。次の問に答えよ。

（1）　極座標系で，点 P の位置ベクトル $\boldsymbol{r}$ は簡単に次式で与えられる。

$$\boxed{\boldsymbol{r}(t)=r(t)\boldsymbol{e}_r} \qquad (2.40)$$

ただし，$\boldsymbol{e}_r$ は $\boldsymbol{r}$ の方向を向く単位ベクトル $\boldsymbol{e}_r(=\boldsymbol{r}/r)$ を表す。このとき，速度ベクトル $\boldsymbol{u}$ は，式（2.35）の微分の公式から次式となることを示せ。

$$\boldsymbol{u}=\frac{dr}{dt}\boldsymbol{e}_r+r\frac{d\boldsymbol{e}_r}{dt}$$

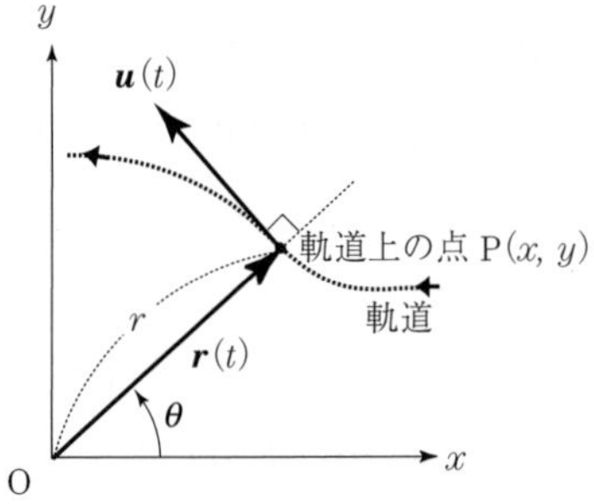

図 2.9　極座標系

（2）　ここで，（1）の右辺第 2 項目 $d\boldsymbol{e}_r/dt$ について，さらに深く考える。その準備として，$\boldsymbol{e}_r(=\boldsymbol{r}/r)$ は，式（2.41）で与えられることを説明せよ。

$$\boxed{\boldsymbol{e}_r=\cos\theta\boldsymbol{i}+\sin\theta\boldsymbol{j}} \qquad (2.41)$$

（3）　点 P の位置が変化すると，角度 θ も時々刻々と変化する。このとき，次式が成り立つことを確かめよ。

$$\frac{d\boldsymbol{e}_r}{dt}=-\sin\theta\cdot\left(\frac{d\theta}{dt}\right)\boldsymbol{i}+\cos\theta\cdot\left(\frac{d\theta}{dt}\right)\boldsymbol{j}$$

（4）　（3）から，式（2.42）が成り立つことを示せ。

$$\boxed{\frac{d\boldsymbol{e}_r}{dt}=\frac{d\theta}{dt}\boldsymbol{e}_\theta} \qquad (2.42)$$

ただし，$\boldsymbol{e}_\theta$ は式（2.43）で与えられる。

$$\boxed{\boldsymbol{e}_\theta=-\sin\theta\boldsymbol{i}+\cos\theta\boldsymbol{j}} \qquad (2.43)$$

さらに，$\boldsymbol{e}_\theta$ は $\boldsymbol{e}_r$ と直交する単位ベクトルであることを示せ。

〈注〉　$\boldsymbol{e}_r$，$\boldsymbol{e}_\theta$ は，たがいに直交する大きさ 1 のベクトルである。極座標系では，$\boldsymbol{i}$，$\boldsymbol{j}$ の代わりに，$\boldsymbol{e}_r$，$\boldsymbol{e}_\theta$ が基本単位ベクトルとなる。$\boldsymbol{i}$，$\boldsymbol{j}$ と異なり

$\boldsymbol{e}_r$, $\boldsymbol{e}_\theta$ は，点 P の位置変化に伴い，変化する

ことに注意する必要がある（**図 2.10**）。

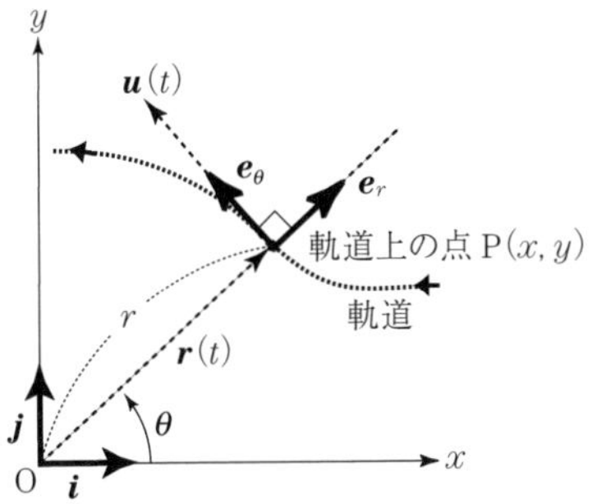

図 2.10 基本単位ベクトル

（5）（4）から，（1）の $\boldsymbol{u}$ は式 (2.44) で与えられることを確かめよ。

$$\boldsymbol{u}=\frac{dr}{dt}\,\boldsymbol{e}_r+r\,\frac{d\theta}{dt}\,\boldsymbol{e}_\theta \tag{2.44}$$

これより，速度 $\boldsymbol{u}$ は，たがいに直交する二つの方向（r 方向，θ 方向）の成分の和として表される。

$$\boldsymbol{u}=u_r\boldsymbol{e}_r+u_\theta\boldsymbol{e}_\theta \quad ただし， \quad u_r=\frac{dr}{dt}, \ u_\theta=r\,\frac{d\theta}{dt} \tag{2.45}$$

（6）（5）から点 P が，一定の角速度 $\omega=d\theta/dt$ で，一定半径（r=const.）を持つ円運動を行う場合，$\boldsymbol{u}$ は次式で与えられることを確かめよ（問 2.4 参照）。

$$\boldsymbol{u}=r\omega\boldsymbol{e}_\theta$$

問 2.8　**（極座標系における加速度の表現）**

（1）問 2.7（5）をさらに微分することにより，点 P の加速度が次式で与えられることを確かめよ。

$$\boldsymbol{\alpha}=\frac{d\boldsymbol{u}}{dt}=\frac{d^2r}{dt^2}\,\boldsymbol{e}_r+\frac{dr}{dt}\,\frac{d\boldsymbol{e}_r}{dt}+\frac{dr}{dt}\,\frac{d\theta}{dt}\,\boldsymbol{e}_\theta+r\,\frac{d^2\theta}{dt^2}\,\boldsymbol{e}_\theta+r\,\frac{d\theta}{dt}\,\frac{d\boldsymbol{e}_\theta}{dt}$$

（2）問 2.7（4）より，上の式を整理すると，次式になることを示せ。

$$\boldsymbol{\alpha}=\frac{d\boldsymbol{u}}{dt}=\frac{d^2r}{dt^2}\,\boldsymbol{e}_r+2\,\frac{dr}{dt}\,\frac{d\theta}{dt}\,\boldsymbol{e}_\theta+r\,\frac{d^2\theta}{dt^2}\,\boldsymbol{e}_\theta+r\,\frac{d\theta}{dt}\,\frac{d\boldsymbol{e}_\theta}{dt}$$

（3）ここで，問 2.7（2），（4）を参考にして，$d\boldsymbol{e}_\theta/dt$ は式 (2.46) のようになることを示せ。

$$\frac{d\boldsymbol{e}_\theta}{dt}=-\frac{d\theta}{dt}\boldsymbol{e}_r \tag{2.46}$$

（4）（3）から（2）は，次式のようにまとめられることを示せ。

$$\boldsymbol{\alpha}=\frac{d\boldsymbol{u}}{dt}=\left[\frac{d^2r}{dt^2}-r\left(\frac{d\theta}{dt}\right)^2\right]\boldsymbol{e}_r+\left[2\frac{dr}{dt}\frac{d\theta}{dt}+r\frac{d^2\theta}{dt^2}\right]\boldsymbol{e}_\theta$$

さらに，これを整理すると，式（2.47）が得られることを示せ。

$$\boldsymbol{\alpha}=\frac{d\boldsymbol{u}}{dt}=\left[\frac{d^2r}{dt^2}-r\left(\frac{d\theta}{dt}\right)^2\right]\boldsymbol{e}_r+\frac{1}{r}\frac{d}{dt}\left(r^2\frac{d\theta}{dt}\right)\boldsymbol{e}_\theta \tag{2.47}$$

したがって，質点に働く力 $\boldsymbol{F}$ を r 方向，θ 方向の成分に分けて考えると

$$\boldsymbol{F}=F_r\boldsymbol{e}_r+F_\theta\boldsymbol{e}_\theta \tag{2.48}$$

運動方程式（2.33）の極座標における各成分は次のように書ける。

$$m\left[\frac{d^2r}{dt^2}-r\left(\frac{d\theta}{dt}\right)^2\right]=F_r \tag{2.49}$$

$$m\frac{1}{r}\frac{d}{dt}\left(r^2\frac{d\theta}{dt}\right)=F_\theta \tag{2.50}$$

（5）式（2.50）の左辺の（ ）内に着目する。$r^2d\theta/dt$ を2で割った $(1/2)r^2d\theta/dt$ は，単位時間に軌道が描く面積（面積速度 $dS/dt=(1/2)r^2d\theta/dt$）に相当することを**図2.11**を参考に説明せよ。これから，$F_\theta=0$ のとき，面積速度 dS/dt は一定に保たれることを説明せよ。

$$\frac{dS}{dt}=\frac{1}{2}\left(r^2\frac{d\theta}{dt}\right)=\text{const.}$$

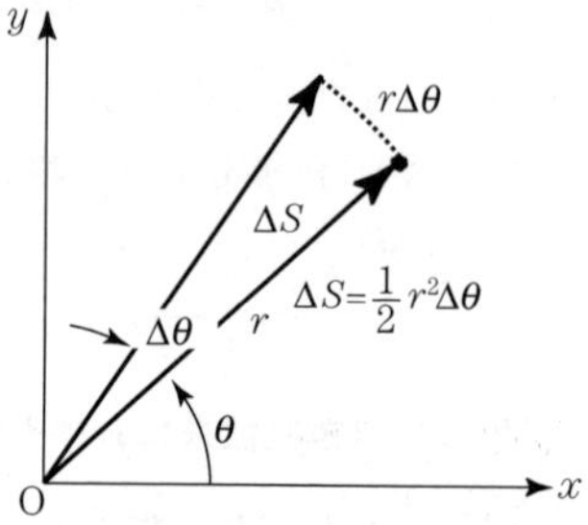

図2.11　面積速度

（6）問2.4の（3）で考えた等速円運動の場合の加速度ベクトルが，以下のようになることを説明せよ。

$$\boldsymbol{a}=-r\omega^2\boldsymbol{e}_r=-\omega^2\boldsymbol{r}$$

2.3.2 内積の微分

$$\frac{d(\boldsymbol{A}\cdot\boldsymbol{B})}{dt}=\frac{d\boldsymbol{A}}{dt}\cdot\boldsymbol{B}+\boldsymbol{A}\cdot\frac{d\boldsymbol{B}}{dt} \tag{2.51}$$

〈**式（2.51）の略証**〉

ベクトルの内積はスカラーである。そこで

$$f(t)=\boldsymbol{A}(t)\cdot\boldsymbol{B}(t) \tag{2.52}$$

と置くと

$$f(t+\Delta t)-f(t)=\boldsymbol{A}(t+\Delta t)\cdot\boldsymbol{B}(t+\Delta t)-\boldsymbol{A}(t)\cdot\boldsymbol{B}(t) \tag{2.53}$$

ここで

$$\boldsymbol{A}(t+\Delta t)=\boldsymbol{A}(t)+\Delta\boldsymbol{A},\quad \boldsymbol{B}(t+\Delta t)=\boldsymbol{B}(t)+\Delta\boldsymbol{B} \tag{2.54}$$

より

$$\boldsymbol{A}(t+\Delta t)\cdot\boldsymbol{B}(t+\Delta t)=\boldsymbol{A}(t)\cdot\boldsymbol{B}(t)+\Delta\boldsymbol{A}\cdot\boldsymbol{B}(t)+\boldsymbol{A}(t)\cdot\Delta\boldsymbol{B}+\Delta\boldsymbol{A}\cdot\Delta\boldsymbol{B} \tag{2.55}$$

したがって

$$\frac{f(t+\Delta t)-f(t)}{\Delta t}=\frac{\Delta\boldsymbol{A}}{\Delta t}\cdot\boldsymbol{B}(t)+\boldsymbol{A}(t)\cdot\frac{\Delta\boldsymbol{B}}{\Delta t}+\frac{\Delta\boldsymbol{A}}{\Delta t}\cdot\Delta\boldsymbol{B} \tag{2.56}$$

ここで，$\Delta t\to 0$ の極限をとると

$$\frac{d(\boldsymbol{A}\cdot\boldsymbol{B})}{dt}=\frac{df}{dt}=\lim_{\Delta t\to 0}\frac{f(t+\Delta t)-f(t)}{\Delta t}$$

$$=\lim_{\Delta t\to 0}\left[\frac{\Delta\boldsymbol{A}}{\Delta t}\cdot\boldsymbol{B}(t)+\boldsymbol{A}(t)\cdot\frac{\Delta\boldsymbol{B}}{\Delta t}+\frac{\Delta\boldsymbol{A}}{\Delta t}\cdot\Delta\boldsymbol{B}\right]$$

これから，式（2.51）が成り立つことが容易に理解できる。

問 2.9　$\boldsymbol{A}(t)=\exp(-t)\boldsymbol{i}+t^2\boldsymbol{j}$，$\boldsymbol{B}(t)=t\boldsymbol{i}+(1/3)t^3\boldsymbol{j}$ であるとき

（1）　$\boldsymbol{A}(t)\cdot\boldsymbol{B}(t)$ および $d[\boldsymbol{A}(t)\cdot\boldsymbol{B}(t)]/dt$ を計算せよ。

（2）　$d\boldsymbol{A}(t)/dt$，$d\boldsymbol{B}(t)/dt$ および式（2.51）の右辺を計算せよ。

（3）　（1），（2）から，式（2.51）が成り立つことを示せ。

問 2.10　ベクトル $\boldsymbol{u}(t)$ の大きさ u が時間的に変化しないとき（$u^2=$const. のとき）式（2.57）が成立することを示せ。

$$\boxed{\boldsymbol{u}\cdot\frac{d\boldsymbol{u}}{dt}=0} \tag{2.57}$$

これから，速さが一定の運動では，速度ベクトル $\boldsymbol{u}$ と力 $\boldsymbol{F}$ とがつねに垂直であることを説明せよ。

問 2.11　運動方程式の両辺に，$\boldsymbol{u}$ を内積することにより，式（2.58）が成り立つことを示せ。

$$\boxed{\frac{d}{dt}\left(\frac{1}{2}mu^2\right)=\boldsymbol{F}\cdot\boldsymbol{u}} \tag{2.58}$$

もし，力 $\boldsymbol{F}$ と速度 $\boldsymbol{u}$ とがつねに垂直な場合，運動エネルギー $(1/2)mu^2$ はどうなるか？　例えば，電磁気学で学ぶ磁場中で運動する荷電粒子には，ローレンツ力 $\boldsymbol{F}=q\boldsymbol{u}\times\boldsymbol{B}$（$q$：電荷，$\boldsymbol{B}$：磁束密度）が働く。この場合，$\boldsymbol{F}$ と $\boldsymbol{u}$ とは，つねに垂直となる。

2.3.3 外積の微分

$$\boxed{\frac{d(\boldsymbol{A}\times\boldsymbol{B})}{dt}=\frac{d\boldsymbol{A}}{dt}\times\boldsymbol{B}+\boldsymbol{A}\times\frac{d\boldsymbol{B}}{dt}} \tag{2.59}$$

〈式（2.59）の略証〉

ベクトルの外積も，またベクトルであるから

$$\boldsymbol{C}(t)=\boldsymbol{A}(t)\times\boldsymbol{B}(t) \tag{2.60}$$

と置くと

$$\boldsymbol{C}(t+\Delta t)-\boldsymbol{C}(t)=\boldsymbol{A}(t+\Delta t)\times\boldsymbol{B}(t+\Delta t)-\boldsymbol{A}(t)\times\boldsymbol{B}(t) \tag{2.61}$$

ここで，式（2.9）より $\boldsymbol{A}(t+\Delta t)$，$\boldsymbol{B}(t+\Delta t)$ を $\boldsymbol{A}(t)$，$\Delta\boldsymbol{A}$, $\boldsymbol{B}(t)$，$\Delta\boldsymbol{B}$ を用いて表す。このとき

$$\boldsymbol{A}(t+\Delta t)\times\boldsymbol{B}(t+\Delta t)=\boldsymbol{A}(t)\times\boldsymbol{B}(t)+\Delta\boldsymbol{A}\times\boldsymbol{B}(t)+\boldsymbol{A}(t)\times\Delta\boldsymbol{B}+\Delta\boldsymbol{A}\times\Delta\boldsymbol{B} \tag{2.62}$$

したがって

$$\frac{\boldsymbol{C}(t+\Delta t)-\boldsymbol{C}(t)}{\Delta t}=\frac{\Delta\boldsymbol{A}}{\Delta t}\times\boldsymbol{B}(t)+\boldsymbol{A}(t)\times\frac{\Delta\boldsymbol{B}}{\Delta t}+\frac{\Delta\boldsymbol{A}}{\Delta t}\times\Delta\boldsymbol{B} \tag{2.63}$$

ここで，$\Delta t\to 0$ の極限をとると，式（2.59）が得られる。

問 2.12　$\boldsymbol{A}(t)=t\boldsymbol{i}+(1/2)t^2\boldsymbol{k}$，$\boldsymbol{B}(t)=\sin t\boldsymbol{i}+\cos t\boldsymbol{j}+\exp(t)\boldsymbol{k}$ であるとき

（1）　$\boldsymbol{C}(t)=\boldsymbol{A}(t)\times\boldsymbol{B}(t)$ および $d\boldsymbol{C}(t)/dt$ を計算せよ。

（2）　$d\boldsymbol{A}(t)/dt$，$d\boldsymbol{B}(t)/dt$ および式（2.59）の右辺を計算せよ。

（3）　（1），（2）から，式（2.59）が成り立つことを示せ。

問 2.13 ベクトル $\boldsymbol{A}$，$\boldsymbol{B}$，および $\boldsymbol{C}$ が時間の関数であるとき，$\boldsymbol{A}\times(\boldsymbol{B}\times\boldsymbol{C})$ の時間に関する微分

$$\frac{d}{dt}[\boldsymbol{A}\times(\boldsymbol{B}\times\boldsymbol{C})]$$

を，式（2.59）の右辺のように展開せよ。

問 2.14 力学では式（2.64）で定義される角運動量ベクトルは，非常に重要な物理量の一つである。

$$\boxed{\boldsymbol{L}=\boldsymbol{r}\times\boldsymbol{p}} \tag{2.64}$$

ただし，$\boldsymbol{r}$ は位置ベクトル，$\boldsymbol{p}$ は以下の運動量ベクトルを表す。

$\boldsymbol{p}=m\boldsymbol{u}$（$m$：質量，$\boldsymbol{u}$：速度ベクトル）

（1）$d\boldsymbol{L}/dt$ を計算し，以下となることを確かめよ。

$$\frac{d\boldsymbol{L}}{dt}=\boldsymbol{N} \quad ただし，\quad \boldsymbol{N}=\boldsymbol{r}\times m\frac{d\boldsymbol{u}}{dt}=\boldsymbol{r}\times\boldsymbol{F}$$

（2）（1）から，力 $\boldsymbol{F}$ が位置ベクトル $\boldsymbol{r}$ につねに平行であるとき，角運動量 $\boldsymbol{L}$ は保存されること（$\boldsymbol{L}$＝一定）を説明せよ。

（3）問 2.4 の等速円運動の場合，$\boldsymbol{L}$ は時間とともに変化しないことを説明せよ。また，$\boldsymbol{L}$ を計算すると

$$\boldsymbol{L}=mr^2\omega\boldsymbol{k}$$

となることを示せ。ただし，$\boldsymbol{k}$ は z 方向，すなわち，(x,y) 平面に垂直な方向を向く単位ベクトルである。

まとめのQuiz

1 微分の復習

（1）**微分係数の定義**

時間 t の関数 $f(t)$ を考える。時刻 t における $f(t)$ の微分係数は，次式で定義される。

$$\frac{df}{dt}=\lim_{\Delta t\to 0}\frac{\Delta f}{\Delta t} \quad ただし，\quad \Delta f=\boxed{}$$

（2）**平均の速さ，瞬間の速さ**

f として，時刻 t における移動距離 $s(t)$ を考える。このとき

$\dfrac{\Delta s}{\Delta t}=\dfrac{s(t_2)-s(t_1)}{t_2-t_1}$ は，$\boxed{}$ を意味する。

$\dfrac{ds}{dt}=\lim_{\Delta t\to 0}\dfrac{\Delta s}{\Delta t}$ は，$\boxed{}$ を意味する。

（3）**微分係数の幾何学的意味**

$f(t)$ の微分係数 df/dt は

時刻 t における関数 $f(t)$ の $\boxed{}$ を表している

（4）**微分係数を用いた関数の近似：一次のテイラー展開**

Δt が十分小さいとき，次の近似式が成り立つ。

$$f(t+\Delta t)\approx\boxed{}$$

2 ベクトルの微分

（1）時間とともに変化するベクトル $\boldsymbol{A}(t)$ を時間で微分することは，次の極限をとることを意味する。

$$\frac{d\boldsymbol{A}}{dt}=\lim_{\Delta t\to 0}\frac{\Delta\boldsymbol{A}}{\Delta t}\quad ただし，\quad \Delta\boldsymbol{A}=\boxed{}$$

（2）ベクトル $\boldsymbol{A}(t)$ の (x,y,z) 成分を，A_x，A_y，A_z とすると

$$\frac{d\boldsymbol{A}}{dt}=\boxed{}\,\boldsymbol{i}+\boxed{}\,\boldsymbol{j}+\boxed{}\,\boldsymbol{k}$$

（3）(x,y) 平面内における質点の運動を考える。時刻 t における点Pの位置ベクトルを $\boldsymbol{r}(t)=x\boldsymbol{i}+y\boldsymbol{j}$，時間が t から Δt だけ進んだときの軌道上の点Qの位置ベクトルを $\boldsymbol{r}(t+\Delta t)=(x+\Delta x)\,\boldsymbol{i}+(y+\Delta y)\,\boldsymbol{j}$ で表す。このとき，点Pにおける瞬間の速度ベクトル $\boldsymbol{u}$ は，次の極限で定義される。

$$\boldsymbol{u}=\frac{d\boldsymbol{r}}{dt}=\lim_{\Delta t\to 0}\frac{\Delta\boldsymbol{r}}{\Delta t}$$

ただし，$\Delta\boldsymbol{r}=\boxed{}$

ここで，ベクトル $\Delta\boldsymbol{r}/\Delta t$ の方向と大きさは

方　向：$\boxed{}$

大きさ：$\left|\dfrac{\Delta\boldsymbol{r}}{\Delta t}\right|=\sqrt{\left(\boxed{}\right)^2+\left(\boxed{}\right)^2}=\dfrac{\Delta s}{\Delta t}$

ただし，Δs は，点Pと点Qとの距離であり，次式で与えられる。

$$\Delta s=\sqrt{\left(\boxed{}\right)^2+\left(\boxed{}\right)^2}$$

（4）位置ベクトルが，$\boldsymbol{r}(t)=x(t)\,\boldsymbol{i}+y(t)\,\boldsymbol{j}+z(t)\,\boldsymbol{k}$ のとき，速度ベクトル

$\boldsymbol{u}(t)$ は

$$\boldsymbol{u}(t)=\square\,\boldsymbol{i}+\square\,\boldsymbol{j}+\square\,\boldsymbol{k}$$

速度ベクトルの大きさ，すなわち，速さは

$$u=|\boldsymbol{u}|=\sqrt{(\square)^2+(\square)^2+(\square)^2}$$

（5）　加速度ベクトルは，速度ベクトルについて，次の極限をとることにより定義される。

$$\boldsymbol{\alpha}=\frac{d\boldsymbol{u}}{dt}=\lim_{\Delta t\to 0}\frac{\Delta\boldsymbol{u}}{\Delta t}$$

ただし，速度ベクトルの変化分は，$\Delta\boldsymbol{u}=\square$

（6）　ニュートンの運動方程式は，速度ベクトルの微分を用いて

$$\square=\boldsymbol{F}$$

3 ベクトルの積の微分

［1］　スカラーとベクトルとの積の微分

（1）　$\dfrac{d(f\boldsymbol{A})}{dt}=\square\,\boldsymbol{A}+f\,\square$

（2）　極座標系（r,θ）で，点Pの位置ベクトル $\boldsymbol{r}$ は次式で与えられる。

$$\boldsymbol{r}(t)=\square\,\boldsymbol{e}_r$$

ただし，$\boldsymbol{e}_r$ は

$$\boldsymbol{e}_r=\square\,\boldsymbol{i}+\square\,\boldsymbol{j}$$

これと垂直な θ 方向の単位ベクトルは

$$\boldsymbol{e}_\theta=\square\,\boldsymbol{i}+\square\,\boldsymbol{j}$$

（3）　$\boldsymbol{e}_r,\boldsymbol{e}_\theta$ の時間微分は

$$\frac{d\boldsymbol{e}_r}{dt}=\square\,\boldsymbol{e}_\theta,\quad \frac{d\boldsymbol{e}_\theta}{dt}=\square\,\boldsymbol{e}_r$$

直角座標系の基本単位ベクトル $\boldsymbol{i}$，$\boldsymbol{j}$ と異なり，$\boldsymbol{e}_r$，$\boldsymbol{e}_\theta$ は，点Pの位置変化に伴い，時間的に変化する。

（4）　極座標系で，速度ベクトル $\boldsymbol{u}$ は

$$\boldsymbol{u}=\frac{dr}{dt}\,\boldsymbol{e}_r+\square\,\boldsymbol{e}_\theta$$

(5) 極座標系で，加速度ベクトルは

$$\boldsymbol{\alpha}=\frac{d\boldsymbol{u}}{dt}=\left[\frac{d^2r}{dt^2}-r\left(\boxed{}\right)^2\right]\boldsymbol{e}_r+\frac{1}{r}\frac{d}{dt}\left(\boxed{}\right)\boldsymbol{e}_\theta$$

(6) したがって，運動方程式の r 方向および θ 方向の成分は

$$m\left[\frac{d^2r}{dt^2}-r\left(\frac{d\theta}{dt}\right)^2\right]=F_r$$

$$m\frac{1}{r}\frac{d}{dt}\left(r^2\frac{d\theta}{dt}\right)=F_\theta$$

と書ける。ただし，F_r，F_θ は各々，$\boxed{}$ を表す。

［2］ ベクトルの内積の微分

(1) $\dfrac{d(\boldsymbol{A}\boldsymbol{\cdot}\boldsymbol{B})}{dt}=\boxed{}\boldsymbol{\cdot}\boldsymbol{B}+\boldsymbol{A}\boldsymbol{\cdot}\boxed{}$

(2) 速度ベクトル $\boldsymbol{u}(t)$ の大きさ u が時間的に変化しないとき

$$\frac{du^2}{dt}=\frac{d}{dt}(\boldsymbol{u}\boldsymbol{\cdot}\boldsymbol{u})=\boxed{}$$

したがって，この場合，速度ベクトルと力とは $\boxed{}$ になる。

［3］ ベクトルの外積の微分

(1) $\dfrac{d(\boldsymbol{A}\times\boldsymbol{B})}{dt}=\boxed{}\times\boldsymbol{B}+\boldsymbol{A}\times\boxed{}$

(2) 角運動量ベクトルは次式で定義される物理量である。

$$\boldsymbol{L}=\boldsymbol{r}\times\boldsymbol{p}$$

ただし，$\boldsymbol{r}$ は位置ベクトル，$\boldsymbol{p}$ は以下の運動量ベクトルを表す。

$$\boldsymbol{p}=\boxed{}$$

角運動量ベクトルの時間微分は

$$\frac{d\boldsymbol{L}}{dt}=\boldsymbol{N}\quad ただし，\boldsymbol{N}=\boldsymbol{r}\times\boxed{}=\boldsymbol{r}\times\boxed{}$$

(3) したがって，$\boldsymbol{r}/\!/\boldsymbol{F}$ のとき

$\dfrac{d\boldsymbol{L}}{dt}=\boxed{}$ つまり，$\boldsymbol{L}=\boxed{}$ となり，角運動量は保存される。

3. 場の考え方と流束の概念

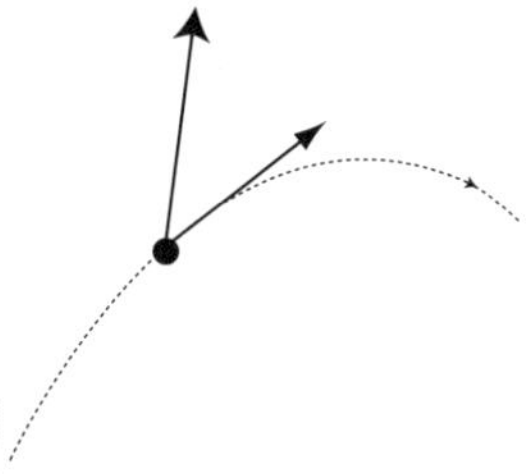

3.1　スカラー場とベクトル場

例えば，今，われわれがいる部屋の温度 T を考える。部屋の温度は，一般に場所によって異なる。冬であればストーブの近くでは暖かく，離れたところでは寒い。部屋の温度は，空間の各点 (x, y, z) によって異なり，分布

$$T(x, y, z)$$

を持っている。このように，物理量が空間の各点ごとに決まり，空間分布を持っているものを**場**と呼ぶ。

温度は方向を持たないスカラー量であり，温度場はスカラー場の典型的な例である。一般的に考えるためにスカラー量を φ で表すことにする。φ が，空間の位置ごとに定まり，空間分布している場を**スカラー場**と呼ぶ。すなわち，スカラー場は，空間の座標の関数として

$$\varphi(x, y, z)$$

と表すことができる。

物理量がベクトルの場合でも，同様に，空間の各点ごとにベクトルが

$$\boldsymbol{A}(x, y, z)$$

のように定まり，空間にベクトルが分布しているような場合，**ベクトル場**と呼ぶ。

〔1〕　定常場と非定常場

上の例では，スカラー量，ベクトル量が時間に依存しない場合を考えた。こ

のような時間に依存しない場のことを，**定常場**と呼ぶ。先ほどの部屋の温度場の例では，ストーブをつけた後，十分時間が経てば，温度分布は時間に依存せず定常的な分布となる。しかし，ストーブをつけた直後は，部屋の温度分布は時々刻々変化していく。このように，物理量が空間座標だけではなく，時刻 t にも依存し

$$\varphi(x, y, z, t),\ \boldsymbol{A}(x, y, z, t)$$

と表されるような場合を，**非定常場**と呼ぶ。

問 3.1　スカラー場の例をできる限り多く挙げよ。

問 3.2　ベクトル場の例をできる限り多く挙げよ。

〔2〕 ベクトル場の例

（1） 電　磁　場　電磁気学で大切な物理量である電場，磁場も方向と大きさを持つベクトル量であり，ベクトル場の典型的な例である。

（2） 流　れ　場　最も身近なベクトル場の例として，流れ場が考えられる（**図 3.1**）。例えば，テレビの天気予報で見られる風速 $\boldsymbol{v}(x, y, z)$ は，日本各地の空気の流速を表すベクトル場である。天候が時事刻々変化する場合，風速の場は場所のみではなく時間にも依存する非定常場 $\boldsymbol{v}(x, y, z, t)$ と考えることができる。さらに，海流なども大きなスケールでの流れ場の例である（図(b)）。

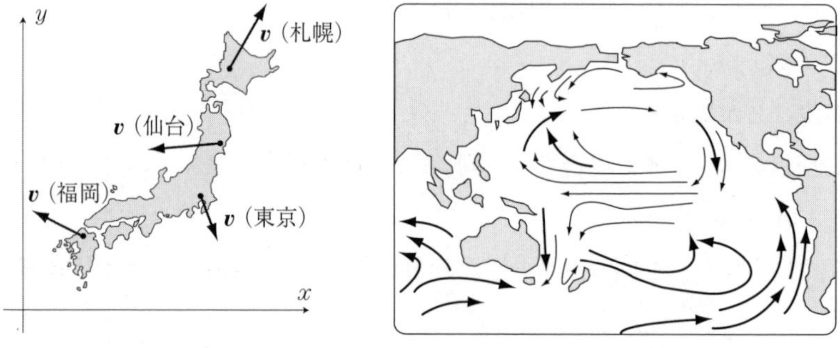

（a） 日本各地における風速の場　　（b） 太平洋の海流の場

図 3.1　流れ場の例

ミクロなスケールで考えると，血管中の血流もベクトル場の例である（**図 3.2**）。血管の断面で考えると，血管壁の近傍では流速は遅く，中心付近に向かって流速は速くなる。

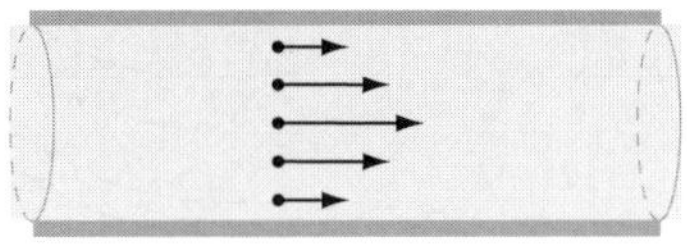

図 3.2　血管中の血流

力学で扱った質点の運動では，質点の位置（x, y, z）は時間の従属変数であり，質点の位置は，時間の関数として，（$x(t), y(t), z(t)$）で与えられた。すなわち，質点の運動では，位置（x, y, z）は特定の軌道を表していた。

流れ場の例でわかるように，流れの速度を場としてみるとき，位置（x, y, z）と時間 t は独立変数である。すなわち，位置（x, y, z）は，あくまでも時間 t から独立して空間の点を指定するものである。ゆえに質点の運動の場合のように，特定の軌道上の点を意味するものではない。場の考え方では，空間全体にわたって速度場が与えられており，時刻 t とは独立に位置（x, y, z）を指定でき，そして，その位置で速度 $\boldsymbol{v}$ がどうなっているかを問題にする。日常的ないい方をすると，流れの速度を空間全体にわたるパターンとして認識する考え方であると理解できる。

〔3〕 場 の 可 視 化

（1） スカラー場の可視化　スカラー場を直感的にわかりやすく表現するために，2 次元の場では考えている物理量が等しい値をとる点を結んでできる，いわゆる等高線図がよく用いられる。温度場の例では，等温線図ということになる。また，天気図の等圧線なども身近な例である。

3 次元空間の場合には，等高面となる。例えば，点光源から等方的に発せられる光の強度分布は，点光源を中心とする球面になることが直感的に推測できる（図 3.20 参照）。

（2） ベクトル場の可視化　一方，ベクトル場の場合には，すでに図 3.1 および図 3.2 に示したように空間の各点でのベクトルの方向と大きさを矢印を用いて表すことが多い。この場合，矢印の長さをベクトルの大きさに対応させる。

このような矢印による方法以外に，例えば，流れの場の例では，**図 3.3** のよ

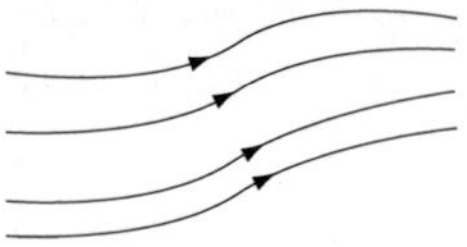

図 3.3　流線によるベクトル場の可視化

うに流線と呼ばれる線を用いて表すこともある。流線上の各点において，その接線の方向は速度ベクトルの向きを向く。非定常場では，各点における速度ベクトルは，時々刻々と変化するから，流線のパターンも時々刻々と変化する。流線による方法では，各点におけるベクトルの大きさを示すことは，なかなか容易ではない。しかし，流れの全体の様子を把握するにはきわめて有効である。

このような流れ場に対する流線とのアナロジーから，電磁気学では，電場，磁場の様子を直感的に表すのに，電気力線，磁力線などがしばしば用いられる。力線の本数によって，ベクトルの大きさを表すような工夫もなされている。

スカラー場やベクトル場の様子を理解するためには，式だけではなく，等高線図や矢印図などを自分自身で描いてみることが大切である。

問 3.3　2 次元のスカラー場

$$\varphi(x, y, z) = 16 - (x^2 + y^2)$$

が与えられている。このとき

$$\varphi(x, y, z) = C = \text{const.}$$

は，空間中の曲線（等高線）の式を与える。$\varphi = 0$，$\varphi = 7$，$\varphi = 12$ の三つの場合について，上のスカラー場の等高線を描け。

問 3.4　3 次元のスカラー場

$$\varphi(x, y, z) = \exp[-(x^2 + y^2 + z^2)]$$

について，$z = 0$ の平面上で，等高線の概略を図示せよ。

問 3.5　2 次元のベクトル場

$$\boldsymbol{A}(x, y) = A_x(x, y)\,\boldsymbol{i} + A_y(x, y)\,\boldsymbol{j}$$

について，以下の二つの場合を考える。

（1）　$A_x(x, y) = x$,　　$A_y(x, y) = y$

（2）　$A_x(x, y) = -y$,　　$A_y(x, y) = x$

各々の場合について，ベクトル場の様子を (x, y) 平面上で直感的にわかりやすく，示せ。

〈**注**〉 次の各点で，矢印を用いてベクトルの様子を表すこと。

$$(x,y)=(1,0),\left(\frac{1}{\sqrt{2}},\frac{1}{\sqrt{2}}\right),(0,1),\left(-\frac{1}{\sqrt{2}},\frac{1}{\sqrt{2}}\right),$$
$$(-1,0),\left(-\frac{1}{\sqrt{2}},-\frac{1}{\sqrt{2}}\right),(0,-1),\left(\frac{1}{\sqrt{2}},-\frac{1}{\sqrt{2}}\right)$$
$$(x,y)=(2,0),\left(\frac{2}{\sqrt{2}},\frac{2}{\sqrt{2}}\right),(0,2),\left(-\frac{2}{\sqrt{2}},\frac{2}{\sqrt{2}}\right),$$
$$(-2,0),\left(-\frac{2}{\sqrt{2}},-\frac{2}{\sqrt{2}}\right),(0,-2),\left(\frac{2}{\sqrt{2}},-\frac{2}{\sqrt{2}}\right)$$

3.2 流束と流束密度

ベクトル場に関連して重要な概念として，**流束**（flux）および**流束密度**（flux density）がある。**図 3.4** のように，流体，例えば水の流れの場を考え，仮想的な領域を考える。この領域中に水の湧出しや吸込みがなければ，この領域中の水量は，この領域の表面を通して流入する水量と，表面を通して流出する水量との差によって決まる。

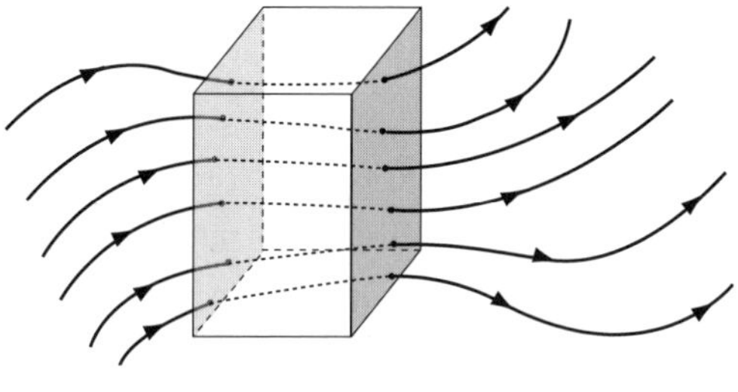

図 3.4 流れ場における流束の概念

このようにある領域中に含まれる水量を評価するためには，考える領域の表面を通しての水の流入，流出を計算する必要がある。後で具体的な例で詳しく説明するが，簡単にいってしまうと，考えている物理量に対して，流束は，この表面**全体**を通過する物理量の値であり，流束密度は，**単位面積当り**に通過する物理量の値である。上の例のように，考えている物理量が表面を通過する水量の場合には，もちろん，考える時間の長さによっても異なってくる。このような場合，**単位時間当り**に考えている面を通過する水量で，流束および流束密度を定義する。

流束および流束密度の概念は，もともと水のような流体の流れ場について考えられてきた。しかし，一般のベクトル場，例えば，エネルギーの流れ，電場，磁場などについても，同じような考え方が適用できる。

ここで述べた流束の概念は，**物理量の保存則**を考えるうえできわめて重要な概念であり，4章のベクトル場の発散，あるいは，5章のベクトル場の面積分やガウスの定理などと密接な関係がある。

3.2.1　太陽からのエネルギー流

身近な例として，太陽から地面に向かうエネルギーの流れの例を用い，流束および流束密度の概念を説明する。

〔1〕 **エネルギー流束**

図3.5に示すように，地面に置かれた太陽光パネルを考える。このパネルの面全体に単位時間当りに入射するエネルギーを，太陽光のエネルギーの流束と呼ぶ。これを，W_f で表すことにすると，W_f の単位はJ/s，すなわち，ワット〔W〕である。

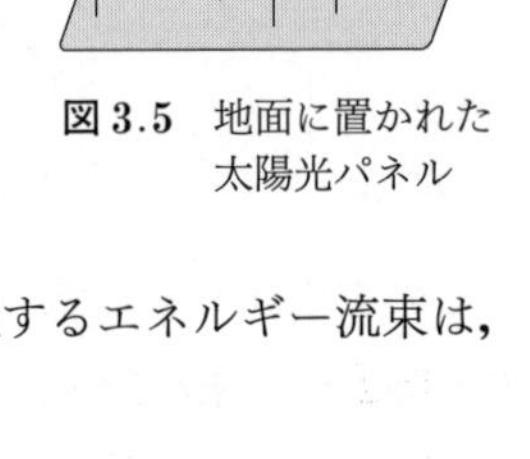

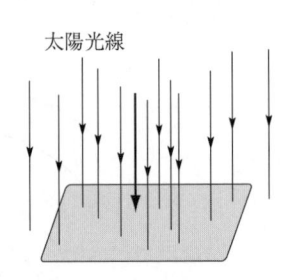

図3.5　地面に置かれた太陽光パネル

エネルギー流束 W_f は，太陽からのエネルギーの流れの方向によって違ってくる。**図3.6**（a）のように，エネルギーの流れ（入射光）の方向が，パネルの面に垂直な場合にエネルギー流束は最も大きい。図（b）のように傾きを持つ場合には，面を通過するエネルギー流束は，明らかに小さくなる。

このことは，次のように理解することができる。今，このパネルの面積が S であるとする。図（b）の場合に，点線で示すように入射光の方向に垂直な仮想的な面Aを考える。この入射光に垂直な面Aを通過する光のみが，パネルに到達する。点線で示したエネルギー流に垂直な面Aの面積，すなわち，

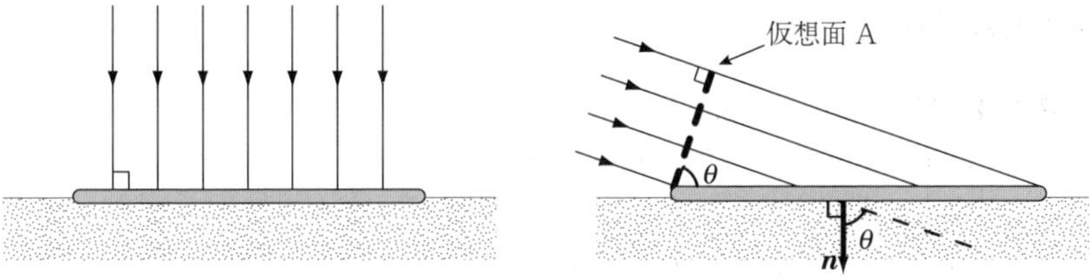

（a） 垂直入射　　（b） 斜め入射

図 3.6 エネルギーの流れの方向とエネルギー流束の大きさ

実効的な受光面積 S' は，パネルの実際の面積 S よりも小さく

$$S' = S\cos\theta \tag{3.1}$$

となる。ここで，θ は面に立てた法線ベクトル $\boldsymbol{n}$（面に垂直な方向の単位ベクトル）とエネルギー流の方向とのなす角である。

式 (3.1) から，エネルギー流の方向に対して，パネルの面が傾いている場合には，パネルの受光面積が，$\cos\theta$ の分だけ実効的に減少したと考えることができる。結果として，この場合のエネルギーの流束 W_f' は，垂直な場合の流束 W_f に対して，$\cos\theta$ の分だけ減少し

$$W_f' = W_f\cos\theta \tag{3.2}$$

で与えられる。

〔2〕 **エネルギー流束密度**

（1） エネルギーの流れが空間的に一様な場合　エネルギーの流れの方向に垂直な面を，単位時間，単位面積当り通過するエネルギーの大きさを，エネルギーの流束密度という。上の例のように，流れが一様の場合には，流束密度 h は流束 W_f を面積 S で割って

$$\boxed{h = \frac{W_f}{S}} \tag{3.3}$$

で与えられる。単位は，W/m² である。逆に，流束密度 h が与えられれば，流束は

$$\boxed{W_f = hS} \tag{3.4}$$

から計算できる。

問 3.6 受光面積 $S=5\ \mathrm{m}^2$ の太陽光パネルを考える。次の問に答えよ。

（1） エネルギー流束密度 $h=10\ \mathrm{W/m^2}$ のとき，エネルギー流束を求めよ。ただし，光は面に対して垂直に入射しているものとする。

（2） エネルギー流束 $W_f=100\ \mathrm{W}$ のとき，エネルギー流束密度を求めよ。

（2） エネルギーの流れに分布がある場合　一般に，空間の各点におけるエネルギーの流れの向きや大きさは，同じとは限らない。そこで，空間のある点において，この点を囲み，流れの方向に垂直な微小面積を考える。その面積 ΔS は十分小さく，面上でエネルギーの流れは，ほぼ一様とみなすことができるものとする（**図 3.7**）。

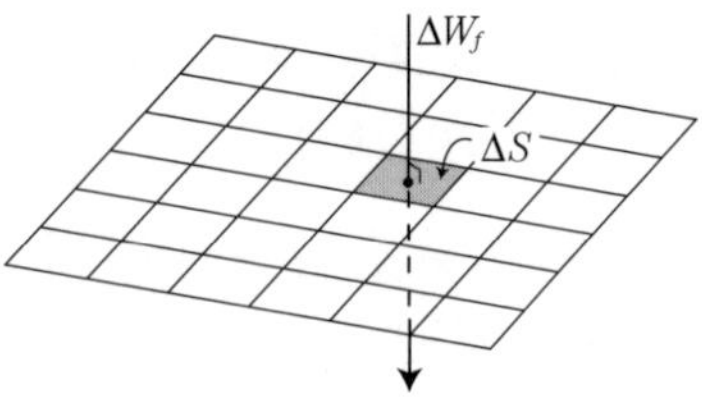

図 3.7　エネルギーの流れのベクトル場と空間の各点における微小面積要素 ΔS

このとき，この微小面に対する流束を ΔW_f とすると，流束密度は式（3.3）と同様にして，図 3.7 のように

$$\boxed{h=\frac{\Delta W_f}{\Delta S}} \tag{3.5}$$

で与えることができる。

また，逆にエネルギー流束密度 h が与えられれば，ΔW_f は式（3.4）と同様にして

$$\boxed{\Delta W_f=h\Delta S} \tag{3.6}$$

から計算できる。

さらに，式（3.1），式（3.2）で議論したように，流れの方向が面の法線ベクトルに対して，θ だけ傾いている場合に面を横切る流束 $\Delta W_f{}'$ は

$$\boxed{\Delta W_f{}'=\Delta W_f\cos\theta=h\Delta S\cos\theta} \tag{3.7}$$

となる（**図 3.8**）。

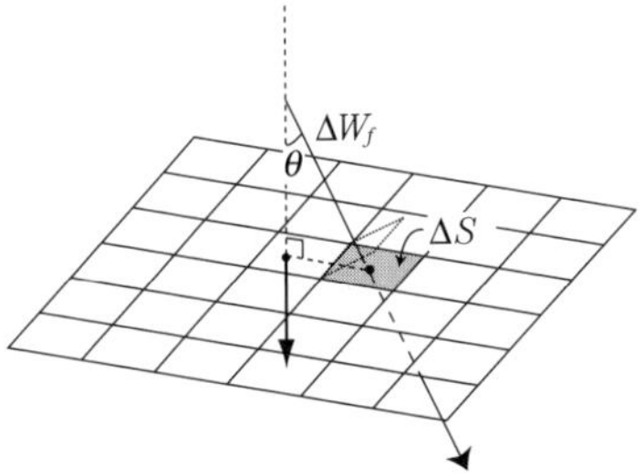

図 3.8 流れの方向が面の法線ベクトルに対して傾いている場合

〔3〕 エネルギー流束密度ベクトル

ここで，エネルギーの流束密度ベクトルを次式で定義する。

$$\boxed{\boldsymbol{h}=\frac{\Delta W_f}{\Delta S}\,\boldsymbol{e}_h} \tag{3.8}$$

ΔS：面積

ΔW_f：面積 ΔS を単位時間当り通過するエネルギー

$\boldsymbol{e}_h$：流れの方向の単位ベクトル

すなわち，エネルギー流束密度ベクトルは

方　向：流れの方向
大きさ：流れの方向に垂直な面を
　　　　単位時間，単位面積当り通過するエネルギー

で定義されるベクトル量と理解することができる。

〔4〕 エネルギー流束の内積による表現 ①

流束密度に流れの向きである $\boldsymbol{e}_h$ を持たせ，ベクトル $\boldsymbol{h}$ を定義すると，考えている面を通過する流束について，面が流れに垂直か否かを区別する必要はない。なぜなら $\boldsymbol{h}$ と面の法線ベクトル $\boldsymbol{n}$ の内積を用いて，エネルギー流束は次のように簡単に表現することができるからである。

$$\boxed{\Delta W_f=\boldsymbol{h}\cdot\boldsymbol{n}\Delta S} \tag{3.9}$$

$$=h\cos\theta\Delta S$$

〔5〕 面に対する有効成分の概念

先に，面が流れの方向に対して垂直でない場合の流束の減少は，エネルギー流を受ける実効的な面積の減少として理解した。ここで，別の見方をしてみる。**図3.9**に示すように，ベクトル$\boldsymbol{h}$を，面に垂直な成分と平行な成分に分けて考える。面に平行な流れの成分は面を通過することはできない。1.3節〔6〕の内積とベクトルの有効成分の項で考えたように，面に垂直な成分のみが流束に寄与する。式（3.9）の内積

$$\boxed{\boldsymbol{h}\cdot\boldsymbol{n}} \tag{3.10}$$

は，このことを数学的に表現していると考えることができる。

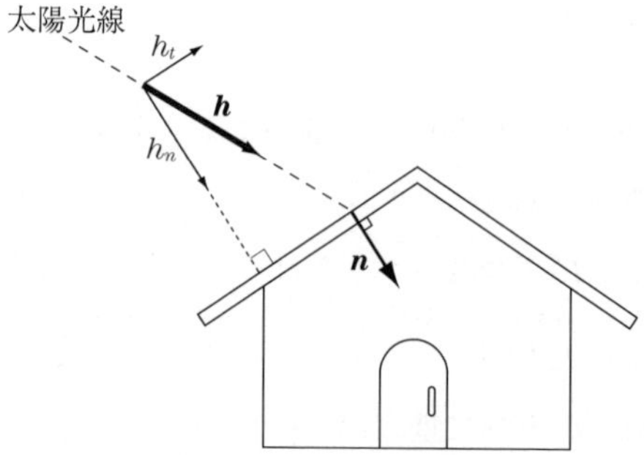

図3.9　面に対する有効成分

〔6〕 面積ベクトル

式(3.9)で，$\boldsymbol{n}\Delta S$をひとかたまりと考え，**面積ベクトル**と呼ぶ(**図3.10**)。すなわち，空間のある点のまわりの面積要素ΔSに，その法線ベクトル$\boldsymbol{n}$の方向を持たせ，新たにベクトル量$\boldsymbol{\Delta S}$を定義する。これを面積ベクトルと呼ぶ。

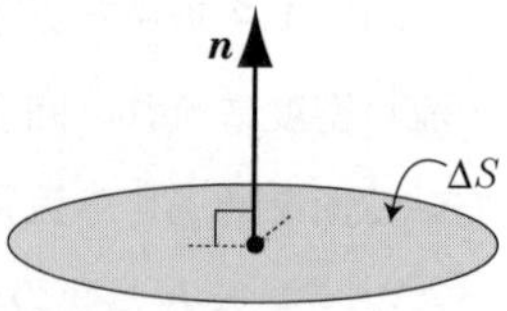

図3.10　面積ベクトル

$$\boxed{\boldsymbol{\Delta S}=\Delta S\boldsymbol{n}} \tag{3.11}$$

大きさ：考える面の面積ΔS 方　向：その面に対する法線ベクトル $\boldsymbol{n}$ の方向

〔7〕 **エネルギー流束の内積による表現②**

エネルギー流束密度ベクトル $\boldsymbol{h}$ および面積ベクトル $\Delta\boldsymbol{S}$ を，各々，式(3.8)，式(3.11)のように定義すると，面を横切るエネルギー流束は，$\boldsymbol{h}$ と $\Delta\boldsymbol{S}$ との内積として

$$\boxed{\Delta W_f = \boldsymbol{h}\cdot\Delta\boldsymbol{S}} \tag{3.12}$$

のように簡単に表現できる。

〔8〕 **法線ベクトルの選び方**

これまで面に対する法線ベクトルの向きを，あいまいに扱ってきた。ここで，法線ベクトルの向きの選び方を整理しておく。

（1） **閉曲面の場合**　選択肢は二つある。

①閉曲面の内側から外側に向かうように選ぶ（**外向き法線**）

②閉曲面の外側から内側に向かうように選ぶ（**内向き法線**）

一般には，①，すなわち，**図3.11**のように閉曲面の内側から外側に向かう $\boldsymbol{n}$ のように，法線ベクトルの向きを選ぶ。

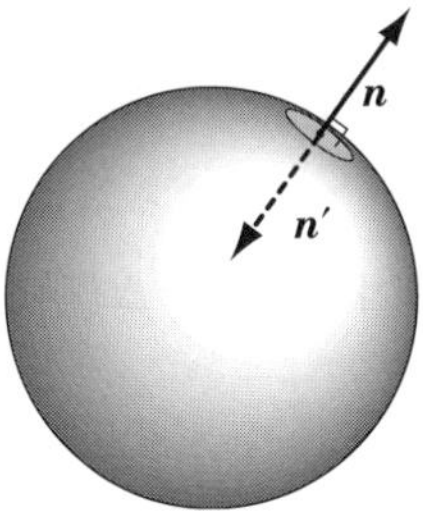

図3.11　外向き法線（実線）と内向き法線（破線）

外向き法線ベクトルを $\boldsymbol{n}$，内向き法線ベクトルを $\boldsymbol{n}'$ とする。両者は単位ベクトルであり，大きさは変わらず，向きが逆なだけである（$\boldsymbol{n}'=-\boldsymbol{n}$）。したがって，内向きに法線ベクトルを選んだとしても，ベクトル $\boldsymbol{h}$ との内積は

$$\boldsymbol{h}\cdot\boldsymbol{n}'=\boldsymbol{h}\cdot(-\boldsymbol{n})=-\boldsymbol{h}\cdot\boldsymbol{n} \tag{3.13}$$

となり，内積の値（絶対値）は変わらず，その符号が変わるだけである。

以下，図3.11の外向き法線ベクトル $\boldsymbol{n}$ を，法線ベクトルとして選ぶことにする。ベクトル $\boldsymbol{h}$ の方向が，**図3.12**（a）のように閉曲面の内側から外側に向かう場合，すなわち，$\boldsymbol{h}$ の方向が閉曲面に対して流出する方向であれば

$$\text{内積 } \boldsymbol{h}\cdot\boldsymbol{n} \text{ は正} \qquad (\boldsymbol{h}\cdot\boldsymbol{n}>0) \tag{3.14}$$

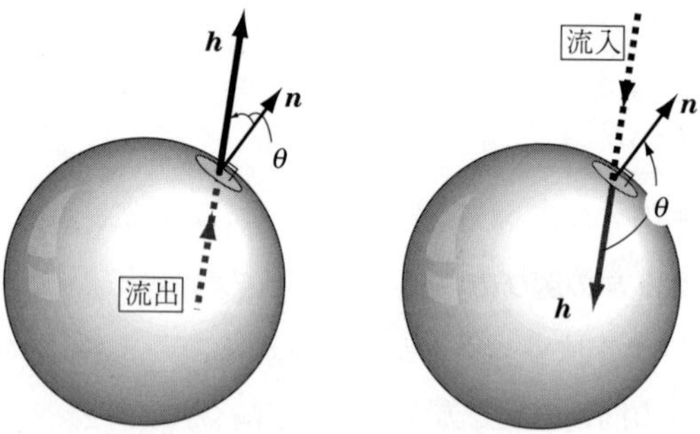

（a） 閉曲面からの流出　　（b） 閉曲面への流入

図3.12　外向き法線と流出，流入の場合の内積の符号

一方，図3.12（b）のようにベクトル $\boldsymbol{h}$ の方向が閉曲面の外側から内側に向かう場合，すなわち，$\boldsymbol{h}$ の方向が閉曲面に対して流入する方向であれば

$$\text{内積 } \boldsymbol{h}\cdot\boldsymbol{n} \text{ は負} \qquad (\boldsymbol{h}\cdot\boldsymbol{n}<0) \tag{3.15}$$

ここで示したとおり，一般には外向きに法線ベクトルを選ぶ。しかしながら，もし，内向き法線ベクトルを選んだ場合でも，上で述べたように，内積の絶対値は同じで，その符号が外向き法線の場合と逆転するだけである。

外向き法線を選んだ場合，エネルギーの流出，流入と ΔW_f の符号との関係をまとめると以下のようになる。

面を横切ってエネルギーが流出する【図3.12（a）】
$\Leftrightarrow \quad \Delta W_f = \boldsymbol{h}\cdot\boldsymbol{n}\Delta S > 0 \rightarrow$ 正
面を横切ってエネルギーが流入する【図3.12（b）】
$\Leftrightarrow \quad \Delta W_f = \boldsymbol{h}\cdot\boldsymbol{n}\Delta S < 0 \rightarrow$ 負

$\boldsymbol{h}$ の流出，流入は ΔW_f の正負，すなわち $\boldsymbol{h}$ と $\boldsymbol{n}$ との内積結果によって判

断できる。後の問 3.8，問 3.9 でみるように，領域内のエネルギーの増減を考える場合には，流出か流入かは重要な問題になる。

（2） **開曲面の場合**　開いた曲面の場合，閉曲面の場合のように内向き，外向きの区別をつけることはできない。一般に，**図 3.13**（a）に示すように，ベクトル $\boldsymbol{h}$ の向きと法線ベクトル $\boldsymbol{n}$ のなす角が鋭角になるように選ぶ。このように選べば，$\boldsymbol{h}\cdot\boldsymbol{n}>0$ となる。

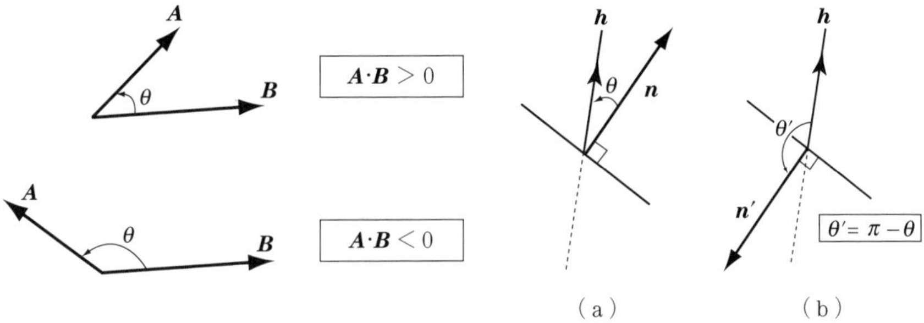

図 3.13　開曲面に対する法線ベクトル

〈**注**〉 5 章で学ぶストークスの定理の場合，閉曲線 C が囲む曲面（**図 3.14**）の向きを考えるときには，閉曲線の向きに沿って巡回するときに，右ねじの進む方向に法線ベクトルを選ぶ。

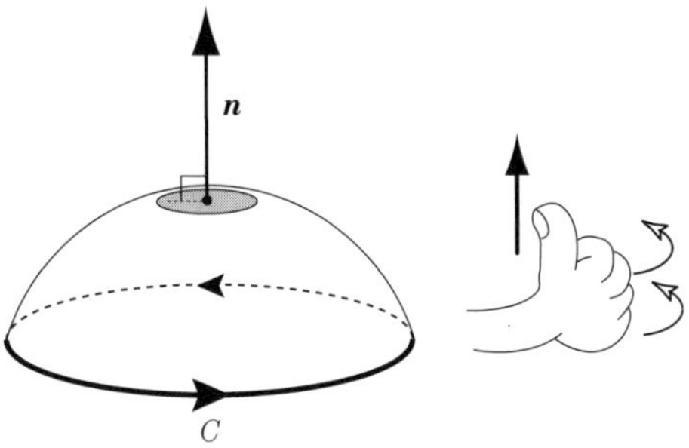

図 3.14　閉曲線 C が囲む曲面に対する法線ベクトル

問 3.7　**図 3.15** に示す各場合について，面積ベクトルを求めよ（括弧内を埋めよ）。

（1） $\Delta\boldsymbol{S}=\Delta S\boldsymbol{n}$，$\Delta S=(\quad)$，$\boldsymbol{n}=(\quad)\boldsymbol{i}+(\quad)\boldsymbol{j}+(\quad)\boldsymbol{k}$

（2） $\Delta\boldsymbol{S}=\Delta S\boldsymbol{n}$，$\Delta S=(\quad)$，$\boldsymbol{n}=(\quad)\boldsymbol{i}+(\quad)\boldsymbol{j}+(\quad)\boldsymbol{k}$

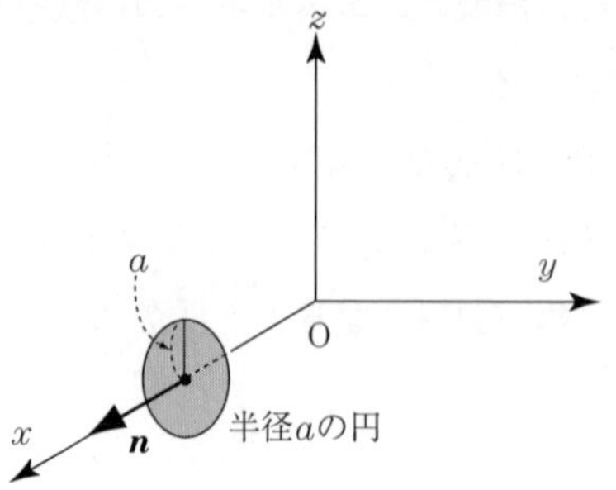

（a）

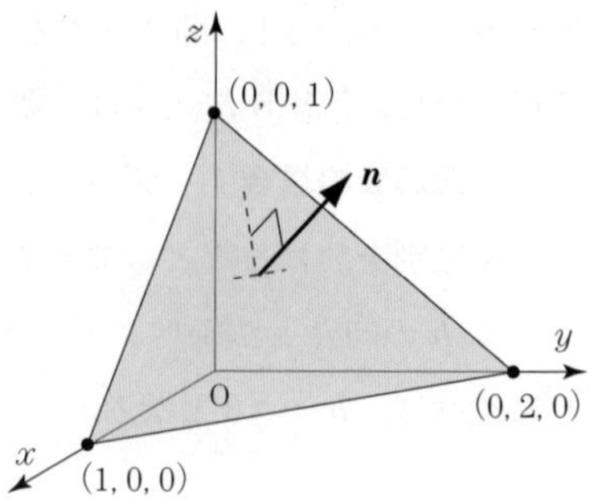

（b）

図 3.15

問 3.8　流束の概念は，物理量の保存を考える場合に重要な概念であることを，本章のはじめに述べた。空間に**図 3.16** のような直方体の形をした閉曲面がある。

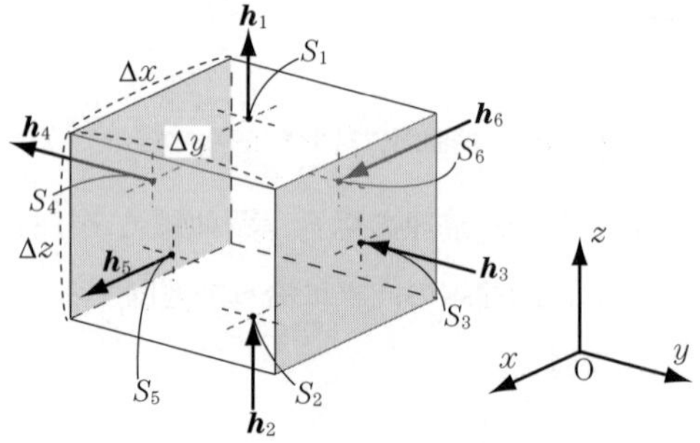

図 3.16

（1）　各々の面 S_1，S_2，…，S_6 に対する面積ベクトルを求めよ。

例）　$\Delta \boldsymbol{S}_1 = \Delta x \Delta y \boldsymbol{k}$

〈**ヒント**〉外向き法線を考えること（図 3.12 参照）。

（2）　この直方体の各面を通して，エネルギーが流入，流出している。時刻 t において，各々の面に対するエネルギー流束密度ベクトルは，各面上では，一様で次のように与えられる（単位：$\mathrm{W/m^2}$）。

$$\boldsymbol{h}_1 = 2\boldsymbol{k},\quad \boldsymbol{h}_2 = 5\boldsymbol{k},\quad \boldsymbol{h}_3 = 10(-\boldsymbol{j}),\quad \boldsymbol{h}_4 = 10(-\boldsymbol{j}),\quad \boldsymbol{h}_5 = 10\boldsymbol{i},\quad \boldsymbol{h}_6 = 20\boldsymbol{i}$$

このとき，各面に対する流束

$$\Delta W_f{}^1 = \boldsymbol{h}_1 \cdot \Delta \boldsymbol{S}_1,\quad \Delta W_f{}^2 = \boldsymbol{h}_2 \cdot \Delta \boldsymbol{S}_2,\quad \cdots,\quad W_f{}^6 = \boldsymbol{h}_6 \cdot \Delta \boldsymbol{S}_6$$

を求めよ。ただし，$\Delta x = \Delta y = \Delta z = 1\,\mathrm{m}$ とする。

（3）　（2）の場合について，この直方体の表面全体にわたる流束を求めよ。

$$\Delta W_f = \Delta W_f{}^1 + \Delta W_f{}^2 + \Delta W_f{}^3 + \Delta W_f{}^4 + \Delta W_f{}^5 + \Delta W_f{}^6$$

（4） （2）の場合について，この直方体の中に含まれるエネルギーは，増えるか？　減るか？　それとも変化しないか？
ただし，この直方体の領域内部におけるエネルギーの発生や消滅はなく，表面からのエネルギーの流入，流出のみによって内部のエネルギーの量は決まるものとする。

〈**ヒント**〉 領域内に，エネルギーの発生源，および，吸収源がなければ，領域内のエネルギーの総量は，表面からのエネルギーの流入と流出のバランスによって決まる（**図 3.17**）。

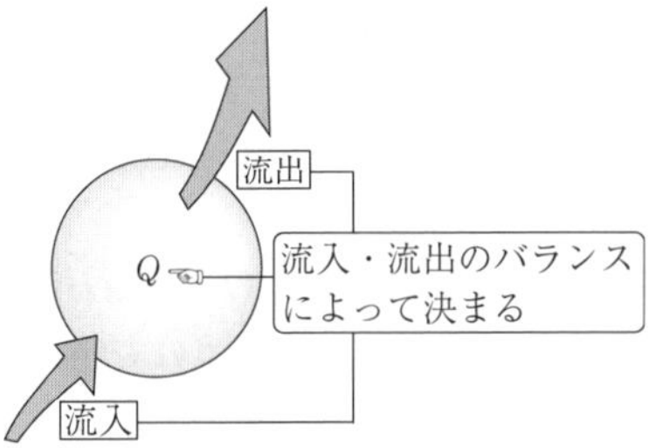

図 3.17

（3）で求めた ΔW_f は，単位時間当りに表面からこの領域から正味流出するエネルギーの量である（外向き法線を選択しているので，$\Delta W_f>0$ なら流出，$\Delta W_f<0$ なら流入であることを思い出す）。

領域内のエネルギーを Q〔J〕とする。Δt 時間当り表面を通して，この領域に流入するエネルギー ΔQ は

$$\boxed{\Delta Q = -\Delta W_f \Delta t}$$

したがって，単位時間当りの Q の変化は，次式で与えられる。

$$\boxed{\therefore \quad \frac{\Delta Q}{\Delta t} = -\Delta W_f}$$

ただし，ΔW_f の前の負号は，流束 ΔW_f の符号の定義を流出を正に選んでいるためで，流出すると領域内のエネルギーは減少する（$\Delta Q<0$）。このため，負号をつけておく必要がある。

問 3.9 （**領域内に発生・消滅がある場合**） **図 3.18** のような円筒形をしたガラス容器のなかに，光吸収セルを置く。このセルが単位時間当りに吸収する光エネルギーの大きさを

$$\left(\frac{\Delta Q}{\Delta t}\right)_{cell}$$

で表すことにする。ただし，セルに吸収された光のエネルギーは，セルにおける化学反応に使われ，すべて消費されてしまう。また，ガラス表面における光の反射，光の吸収はない。次の問に答えよ。

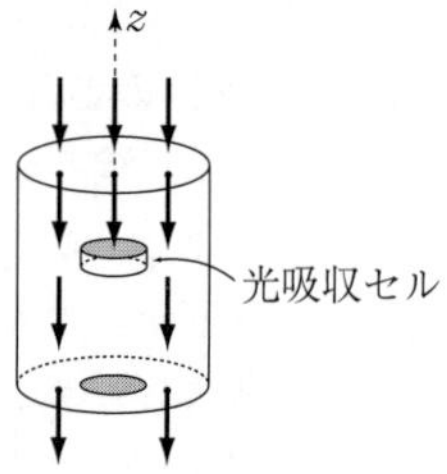

図 3.18

（1） このガラス容器表面全体にわたる正味の流束 ΔW_f で表す。このとき，この円筒形の容器内に含まれる光のエネルギーの時間変化

$$\frac{\Delta Q}{\Delta t}$$

を，ΔW_f，および，$(\Delta Q/\Delta t)_{cell}$ を用いて表せ。

（2） ガラス容器の上面における光のエネルギー流束密度が次のように与えられる。

$$\boldsymbol{h}_T = h_T(-\boldsymbol{k}), \qquad h_T = 10\ \mathrm{W/m^2} \quad (\boldsymbol{k}: z \text{ 軸方向の単位ベクトル})$$

容器を通過する光は，光吸収セルの部分については，セルによってすべて吸収される。一方，セル以外の部分は，そのまま透過する。また，側面からの光エネルギーの流入，流出はない。このとき，上面および底面における流束 ΔW_f^{TOP}，ΔW_f^{BOTTOM} を求めよ。ただし，容器およびセルの半径を，各々，a_1，a_2 とし，上面，底面の法線ベクトルは外向き法線の方向に選ぶこと。

（3） （2）の条件のもとで，ガラス容器内部のエネルギーの総量の時間変化はなくなり，定常に落ち着いている。すなわち

$$\frac{\Delta Q}{\Delta t} = 0$$

このとき，$(\Delta Q/\Delta t)_{cell}$ を求めよ。

〈**ヒント**〉（1）で $\Delta W_f = \Delta W_f^{TOP} + \Delta W_f^{BOTTOM}$

問 3.10 地面に対して α の角度を持つ屋根に設置した太陽光パネルを考える。座標軸を図 **3.19** のように選ぶ。このとき次の問に答えよ。

（1） パネルの面の法線ベクトルを，基本単位ベクトル $\boldsymbol{i}$，$\boldsymbol{j}$，$\boldsymbol{k}$ および α で表せ。

〈**ヒント**〉問 1.20 のように各辺をベクトルで表現し，外積を用いると簡単に求まる。

（2） 太陽からのエネルギー流束密度が

$$\boldsymbol{h} = h_x\boldsymbol{i} + h_z(-\boldsymbol{k})$$

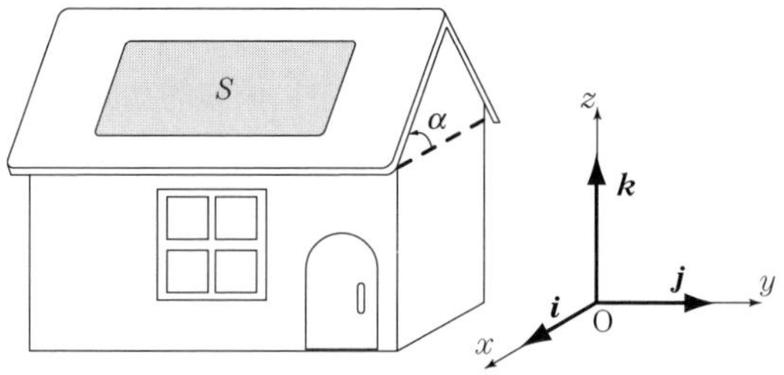

図 3.19

で与えられるとき，太陽光パネルの出力パワーを，h_x，h_z，S，α，η で表せ。ただし，η は光のエネルギーから電気への変換効率を表す。

（3） 太陽からのエネルギー流束密度ベクトルが

$$\boldsymbol{h}=h_0(-\boldsymbol{k}) \qquad h_0=5\ \mathrm{W/m^2}$$

で与えられるとき，パネル面上でのエネルギー流束を求めよ。このとき，太陽光パネルの出力は何ワットになるか。ただし，パネルの面積を $S=10$ m²，電気への変換効率 η を 20 %（$\eta=0.2$）とし，$\alpha=30°$ とする。

問 3.11 **（点源からの放射）** **図 3.20** に示すように，座標軸の原点にある点光源から，等方的かつ一様に，単位時間当り，W_f〔W〕の光のエネルギーが放射されている。次の問に答えよ。

（1） 原点から半径 r の球面上での光のエネルギー流束密度 h を，W_f，r を用いて表せ。

〈ヒント〉 等方的に放射されているから，面上でエネルギー流束密度は一様と考える。

（2）（1）の球面上の点（x, y, z）におけるエネルギー流束密度ベクトル $\boldsymbol{h}$ を，この点の位置ベクトル $\boldsymbol{r}$，および，W_f，r を用いて表せ。

〈ヒント〉 この点で球面に垂直な方向の単位ベクトル，すなわち，面の法線ベクトルは，$\boldsymbol{r}/r$ と表せる。

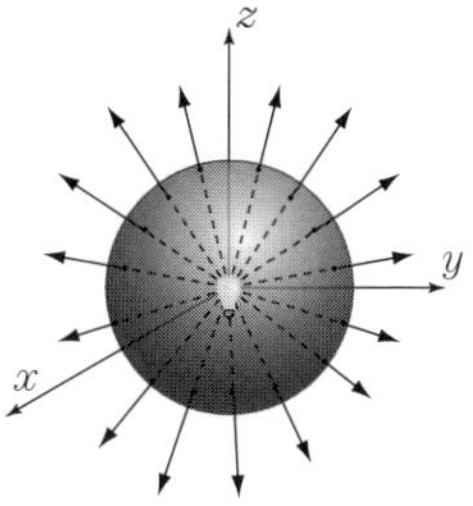

図 3.20

3.2.2 流 体 の 例

流体，例えば水の流れを考え，流束および流束密度ベクトルに対する理解をさらに確かなものとする。

〔1〕 **流束（質量流束）**

図 3.21 に示すような定常的な流れ場の中に仮想的な面を考える。3.2.1 項の太陽光の例では，考えている面に単位時間当りに入るエネルギーの量を問題にし，これをエネルギーの流束と呼んだ。

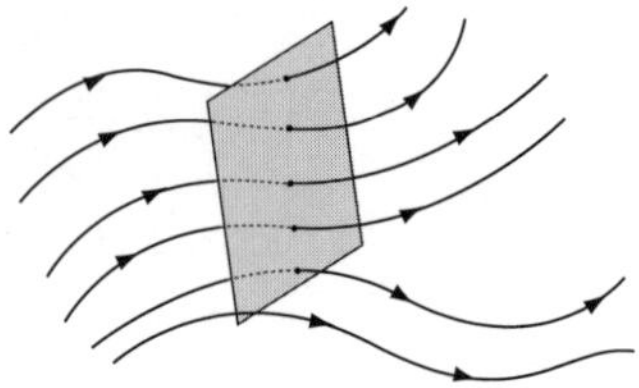

図 3.21　流体と質量流束

この例では，面を単位時間に通過する流体の量（質量）を問題にし，これを質量流束，あるいは，単に流束と呼ぶ。ここでは，（質量）流束を，記号 M_f を用いて表すことにする。M_f の単位は，kg/s である。

〔2〕 **流束密度ベクトル**

先のエネルギーに関する流束密度ベクトルは，式（3.8）のように与えられた。流体の流れ場における流束密度も，同様な考え方で定義できる。すなわち，空間の各点における流束密度ベクトルは，流体の流れに垂直な面を，単位時間，単位面積当りを横切る流体の質量として，式（3.16）のように表すことができる。

$$\boxed{\boldsymbol{f} = \frac{\Delta M_f}{\Delta S}\,\boldsymbol{e}_v} \tag{3.16}$$

ΔM_f：速度ベクトル $\boldsymbol{v}$ に垂直な微小面積 ΔS を通過する流束

$\boldsymbol{e}_v$：考えている点における流れの方向の単位ベクトル

この場合には，$\boldsymbol{e}_v$ は流れの速度ベクトル $\boldsymbol{v}$ の方向と考えることができる。また，流束密度ベクトル $\boldsymbol{f}$ の単位は，kg/(m² s) である。

じつは，後に詳しく述べるように，式（3.16）で定義した質量流束密度ベクトル $\boldsymbol{f}$ は，空間中の各点での流体の密度 ρ および速度 $\boldsymbol{v}$ を用いて

$$\boxed{\boldsymbol{f} = \rho\boldsymbol{v}} \tag{3.17}$$

ρ：流体の密度，$\boldsymbol{v}$：流速ベクトル

と表される。$\boldsymbol{f}$ は，空間の各位置での密度 $\rho(x, y, z)$ および速度 $\boldsymbol{v}(x, y, z)$ に依存するベクトル場 $\boldsymbol{f}(x, y, z)$ と考えることができる。

〔3〕 面と速度ベクトルが垂直な場合の流束

式（3.17）の関係は，式（3.16）の分子の ΔM_f，すなわち，速度ベクトル $\boldsymbol{v}$ と垂直な面を単位時間に横切る流体の質量について，さらに詳しく考察することによって導くことができる。そこで，空間のある位置に，**図3.22** に示すように，速度ベクトル $\boldsymbol{v}$ に垂直な微小面積 ΔS を考える。ただし，前と同様，面積 ΔS は十分小さく，考えている点の近傍およびこの面上で流れの速度 $\boldsymbol{v}$ は一様であるとする。

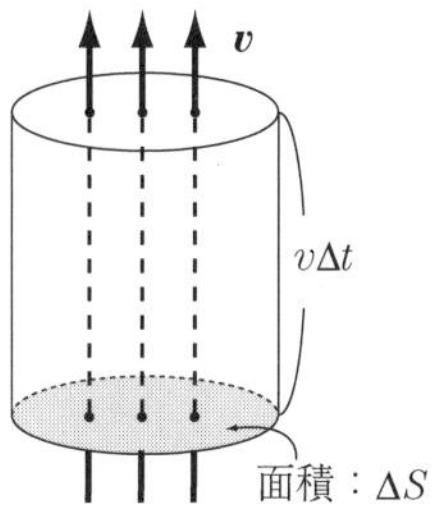

図3.22 速度ベクトルと垂直な面を横切る流束（ΔM_f）

流体の速さは v〔m/s〕であるから，微小時間 Δt の間に，流体は $v\Delta t$〔m〕だけ移動する。したがって，図3.22に示した底面積 ΔS〔m²〕，高さ $v\Delta t$〔m〕の円柱の領域（体積 $\Delta V=(\Delta S)(v\Delta t)=v\Delta S\Delta t$〔m³〕）に含まれる流体は，この面を通過することができる。ここで，流体の単位体積当りの質量，すなわち，密度を ρ〔kg/m³〕とすると，この面を Δt 時間当り，横切る流体の質量 ΔM は，密度に体積をかけて

$$\Delta M\ \text{〔kg〕}=\rho\text{〔kg/m}^3\text{〕}\times\Delta V\ \text{〔m}^3\text{〕}=\rho v\Delta S\Delta t\ \text{〔kg〕} \tag{3.18}$$

となる。

したがって，この面を単位時間に通過する流体の質量，すなわち，この面を通過する流束 ΔM_f〔kg/s〕は，式（3.18）の両辺を時間 Δt で割って

$$\Delta M_f=\frac{\Delta M}{\Delta t}=\rho v\Delta S\ \text{〔kg/s〕} \tag{3.19}$$

となることがわかる。これから，この面を通過する単位面積，単位時間当りの流体の質量は，ΔM_f を面積 ΔS で割って

$$\boxed{\frac{\Delta M_f}{\Delta S}=\rho v} \tag{3.20}$$

となる。式（3.17）で与えられる流束密度ベクトル $\boldsymbol{f}=\rho\boldsymbol{v}$ の大きさと一致することがわかる。

〔4〕 面と速度ベクトルとが垂直でない場合の流束

エネルギー流束の例，式 (3.9) で見たように，空間の各点で流束密度ベクトル $\boldsymbol{f}=\rho\boldsymbol{v}$ が与えられれば，面が速度ベクトルに対して傾きを持つ場合の流束は

$$\Delta M_f'=(\boldsymbol{f}\cdot\boldsymbol{n})\Delta S=f\cos\theta\Delta S \tag{3.21}$$

$$\therefore\quad \Delta M_f'=\rho v\cos\theta\Delta S \tag{3.22}$$

から計算することができる。

式 (3.21) は，次の直感的な考え方からも理解できる。流れの速度ベクトル $\boldsymbol{v}$ が面に対して傾きを持つ場合には，**図 3.23**（a）に示したように，側線の長さ $v\Delta t$ の斜めに傾いた円柱に含まれる流体が，Δt 時間当りこの面を通過する。図（b）に示すような等積変形の考え方を用いると，この斜めの円柱の体積は底面積が同じ ΔS で，高さが $v\Delta t\cos\theta$ の直円柱の体積

$$\Delta V=(\Delta S)\times(v\Delta t\cos\theta)=v\cos\theta\Delta S\Delta t \tag{3.23}$$

に等しいことがわかる。

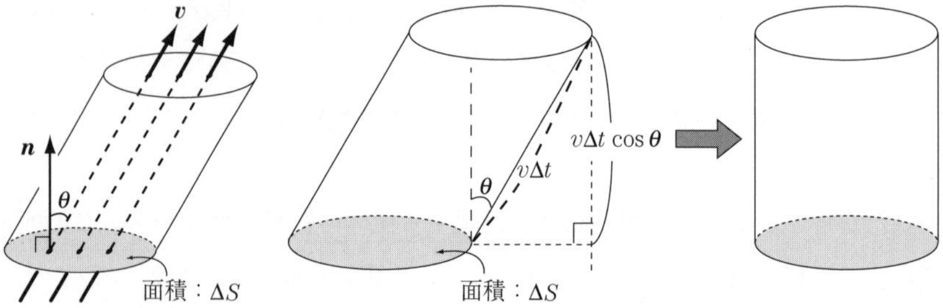

（a）流れの速度 $\boldsymbol{v}$ と面の法線ベクトル $\boldsymbol{n}$　　（b）等積変形

図 3.23　流体が面を斜めに横切る場合

したがって，Δt 時間当り，この面を通過する流体の質量 $\Delta M'$ は

$$\Delta M'=\rho\Delta V=\rho v\cos\theta\Delta S\Delta t \tag{3.24}$$

になる。単位時間当りに，この面を通過する流体の質量，すなわち，流束 $\Delta M_f'=\Delta M'/\Delta t$ は，式 (3.24) を Δt で割ることにより，この場合

$$\boxed{\Delta M_f'=\frac{\Delta M'}{\Delta t}=\rho v\Delta S\cos\theta} \tag{3.25}$$

で与えられる。$\theta=\pi/2$ の場合，すなわち，流れが面と垂直な場合には，$\Delta M_f{}'=\rho v\Delta S$ となり，式（3.19）に一致する。

〔5〕 流束の内積による表現

エネルギー流束の場合と同様，質量流束についても，流束密度ベクトル $\boldsymbol{f}$ と面積ベクトル $\Delta\boldsymbol{S}$ の内積を用いて，次のように表すことができる。

$$\boxed{\Delta M_f=\boldsymbol{f}\cdot\Delta\boldsymbol{S}=\rho\boldsymbol{v}\cdot\Delta\boldsymbol{S}} \tag{3.26}$$

問 3.12　密度が ρ，流れ場が $\boldsymbol{v}=v_x\boldsymbol{i}+v_y\boldsymbol{j}+v_z\boldsymbol{k}$ で与えられるとき，x 軸に垂直で，面積 $\Delta S=\Delta y\Delta z$ の長方形（ただし，Δy，Δz は，各々，y 方向および z 方向の辺の長さ）の面を横切る流束が

$$\boxed{\rho v_x\Delta y\Delta z}$$

で与えられることを示せ。ただし，流体の密度を ρ とする。

問 3.13　問 3.8 のエネルギー流束の例を参考に，水の流れの中に置かれた仮想的な直方体に含まれる水の質量の時間変化

$$\frac{\Delta M}{\Delta t}$$

を，各々の面における流束密度ベクトル $\rho_1\boldsymbol{v}_1,\rho_2\boldsymbol{v}_2,\cdots,\rho_6\boldsymbol{v}_6$ と面積ベクトル $\Delta\boldsymbol{S}_1,\Delta\boldsymbol{S}_2,\cdots,\Delta\boldsymbol{S}_6$ を用いて表せ。ただし，領域の中には，水の湧出し，水の吸込みはないものとする。

問 3.14　問 3.13 で考えている領域中に，水の湧出しがあり，単位時間当りの湧出し量を

$$\left(\frac{\Delta M}{\Delta t}\right)_{source}$$

で表すとき，領域内の水量の時間変化

$$\frac{\Delta M}{\Delta t}$$

はどうなるか？　問 3.9 のエネルギー流束の例を参考に考えよ。

問 3.15　**（線源からの湧出しと流束）**　密度 ρ（=const.）の流体について，点 (x,y,z) における速度場が

$$\boldsymbol{v}(x,y,z)=v_x(x,y,z)\,\boldsymbol{i}+v_y(x,y,z)\,\boldsymbol{j}+v_z(x,y,z)\,\boldsymbol{k}$$

$$v_x(x,y,z)=K(x/r^2),\ v_y(x,y,z)=K(y/r^2),\ v_z(x,y,z)=0 \qquad r=\sqrt{x^2+y^2}$$

で与えられるとき（**図 3.24**），次の問に答えよ。

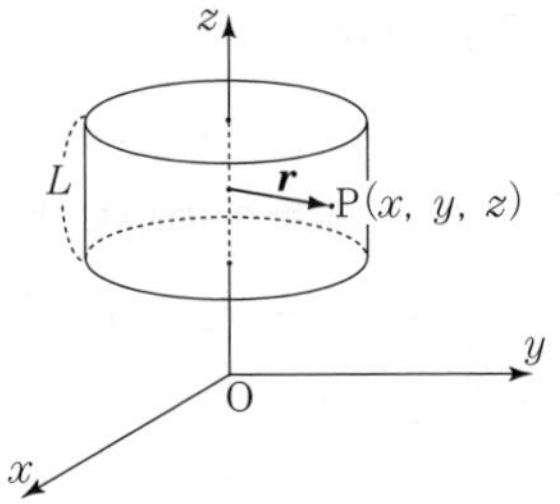

図 3.24

（1） z 軸に垂直な平面上で速度場の概略を，ベクトル図として図示せよ。この速度場は，z 軸上に一様に分布する湧出し（線源）から，(x, y) 平面上で放射状に流れ出る速度場であることを確かめよ。

（2） 点 P (x, y, z) における流速の大きさ $v = |\boldsymbol{v}|$ は，z 軸から考えている点までの距離 $r = \sqrt{x^2 + y^2}$ にのみ依存し，かつ，r に反比例して減少する

$$v = |\boldsymbol{v}| = K/r, \qquad K = \text{const.}$$

ことを示せ。

（3） （1），（2）から点 P (x, y, z) における速度が

$$\boldsymbol{v}(x, y, z) = \frac{K}{r}\left(\frac{\boldsymbol{r}}{r}\right)$$

で与えられることを示せ。ただし，ベクトル $\boldsymbol{r}$ は，z 軸から z 軸のまわりを囲む半径 r の円筒面までの距離を大きさとし，円筒面に垂直な方向を向く，次のベクトルを示す。

$$\boldsymbol{r} = x\boldsymbol{i} + y\boldsymbol{j}$$

（4） z 軸のまわりを囲む半径 r，高さ L の円筒の表面を，単位時間当り通過する水量（流束）は，r によらず一定であることを示せ。

（5） （4）から z 軸上の水の湧出し（単位長さ当り）から，単位時間当りに湧き出している水の量 M_f を求めよ（M_f を ρ，K を用いて表せ）。

問 3.16 **（点源からの湧出しと流束）** 密度 $\rho(=\text{const.})$ の流体について，速度場が

$$\boldsymbol{v}(x, y, z) = \frac{K}{r^2}\left(\frac{\boldsymbol{r}}{r}\right), \qquad \boldsymbol{r} = x\boldsymbol{i} + y\boldsymbol{j} + z\boldsymbol{k}$$

で与えられるとき，次の問に答えよ。

（1） 速度場の概略を図示し，この速度場は原点にある湧出し（点源）から，等方的に流れ出る速度場であることを確かめよ。

（2） 流速の大きさ $v = |\boldsymbol{v}|$ は，原点から考えている点 (x, y, z) までの距離 $r = \sqrt{x^2 + y^2 + z^2}$ にのみ依存し，かつ，r^2 に反比例して減少する。このとき次式が成り立つことを示せ。

$$v = |\boldsymbol{v}| = K/r^2, \qquad K = \text{const.}$$

（3） 原点を囲む半径 r の球の表面を，単位時間当り通過する水量（流束）は，r によらず一定であることを示せ。

（4） （3）から原点にある水の湧出しについて，単位時間に湧き出している水量 M_f を求めよ（M_f を ρ，K を用いて表せ）。

3.2.3 一般のベクトル場の場合

これまで，エネルギーおよび流体の質量の流れを表すベクトル場

$$\boldsymbol{h}(x,y,z), \qquad \boldsymbol{f}(x,y,z)$$

に対して，空間中の考える面を横切る流束が，ベクトル $\boldsymbol{h}$，あるいは，$\boldsymbol{f}$ と面積ベクトル $\Delta\boldsymbol{S}$ の内積によって表されることを学んできた。また，問 3.8，問 3.9 および問 3.13～問 3.16 などの具体例で述べたように，流束の概念は物理量の保存と密接な関係がある。

このような流束や流束密度の概念は，$\boldsymbol{h}$ や $\boldsymbol{f}$ に限らず一般のベクトル場に対して考えることができる。すなわち，ベクトル場

$$\boldsymbol{A}(x,y,z)$$

が与えられたとき，空間中にある面（面積 ΔS）についてベクトル $\boldsymbol{A}$ の流束を，この面の法線ベクトル $\boldsymbol{n}$ に対するベクトルの有効成分を考え

$$\boxed{\boldsymbol{A}\cdot\boldsymbol{n}\Delta S,\ \text{あるいは，}\ \boldsymbol{A}\cdot\Delta\boldsymbol{S}} \tag{3.27}$$

と定義する。

流束や流束密度の概念は，本節で説明したように流体やエネルギーの流れを考える際にきわめて重要となる。また，電磁気学における電束密度や磁束密度の概念も，本章で取り上げたエネルギーの流れや流体の流れとのアナロジー（類似性）を考えていくと，理解しやすいことが多い。

繰返しになるが，4 章のベクトル場の発散や 5 章の面積分，さらには，ガウスの定理の意味を考えていくうえで，本章で説明した流束の概念は大切な概念である。

まとめのQuiz

1 スカラー場とベクトル場

（1）スカラー場の典型的な例として，温度場 $T(x, y, z)$ や，［　　　］などが挙げられる。

（2）ベクトル場の典型的な例として，流れの速度場 $\boldsymbol{u}(x, y, z)$ や，［　　　］などが挙げられる。

（3）場が空間座標だけではなく，時間にも依存するとき，［　　　］場と呼ぶ。例えば，温度場の場合，$T(x, y, z, t)$ となる。

2 流束と流束密度

（1）**エネルギー流束**

太陽光パネルに入射するエネルギーの例で考える。

パネルの面全体に［　　　］を太陽光のエネルギーの流束，あるいは，エネルギー流束と呼ぶ。

（2）**エネルギー流束密度ベクトル**

$$\boldsymbol{h} = \frac{\Delta W_f}{\Delta S}\, \boldsymbol{e}_h$$

ただし，ΔS：面積，ΔW_f：面積 ΔS を［　　　］，$\boldsymbol{e}_h$：流れの方向の単位ベクトル，すなわち，エネルギー流束密度ベクトルは

方　向：［　　　］

大きさ：流れの方向に垂直な面を［　　　］当り通過するエネルギーで定義されるベクトル量と理解することができる。

（3）**面積ベクトル**

空間のある点のまわりの面積要素 ΔS に，その法線ベクトル $\boldsymbol{n}$ の方向を持たせ，新たにベクトル量 $\Delta \boldsymbol{S}$ を定義する。これを面積ベクトルと呼ぶ。すなわち，面積ベクトルは次式で定義される。

$\Delta \boldsymbol{S}=$ [　　　　]

方　向：その面に対する法線ベクトル $\boldsymbol{n}$ の方向

大きさ：考える面の面積　ΔS

（4）**エネルギー流束の内積による表現**

エネルギー流束密度ベクトル $\boldsymbol{h}$ および面積ベクトル $\Delta \boldsymbol{S}$ を用いて，面を横切るエネルギー流束 ΔW_f は，次のように表現できる。

$\Delta W_f=$ [　　　　]

（5）**閉曲面の場合における法線ベクトルの向き**

法線ベクトルを，閉曲面の内側から外側に向かうようにように選んだ場合（外向き法線），空間のある点で，流束密度ベクトルとの内積が正（$\boldsymbol{h} \cdot \boldsymbol{n} > 0$）ならば，エネルギーの流れは，この点で閉曲面の内側から外側に向かって [　　　　] している。

反対に，負（$\boldsymbol{h} \cdot \boldsymbol{n} < 0$）ならば，エネルギーは，[　　　　] していることになる。

（6）**流体の流束**

ある面を [　　　　] 当り通過する流体の量（質量）を質量流束，あるいは，単に流束と呼ぶ。

（7）**流体の流束密度ベクトル**

流体の流れに垂直な面を，単位時間，単位面積当り横切る流体の質量を，流束密度ベクトル $\boldsymbol{f}$ と呼ぶ。その単位は，kg/(m^2·s) である。$\boldsymbol{f}$ は

$\boldsymbol{f}=$ [　　　　]

ρ：流体の密度

$\boldsymbol{v}$：流速ベクトル

と表される。

（8）**流束の内積による表現**

ある面を通過する質量流束 ΔM_f は，エネルギー流束の場合と同様，流束密度ベクトル $\boldsymbol{f}$ と面積ベクトル $\Delta \boldsymbol{S}$ の内積を用いて，次のように表すことができる。

$\Delta M_f=$ [　　　　]

4. 場の微分

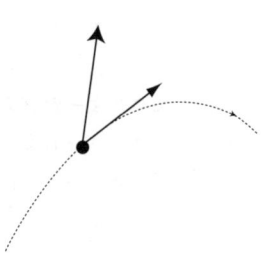

4.1 偏微分

ベクトル場，スカラー場の微分を考えていくには，偏微分の考え方が必要となる。本節では偏微分について，そのポイントをまとめる。すでに，偏微分を学習している読者は，本節を読み飛ばして次節に進んでもかまわない。

〔1〕 偏微分係数

x と y の 2 変数関数 $f(x,y)$ を考える（**図 4.1**）。このとき，以下の極限値を $\partial f/\partial x$ で表し，点 (x,y) における $f(x,y)$ の x に関する**偏微分係数**，あるいは，**偏導関数**と呼ぶ。

$$\frac{\partial f}{\partial x}=\lim_{\Delta x\to 0}\frac{f(x+\Delta x,y)-f(x,y)}{\Delta x} \tag{4.1}$$

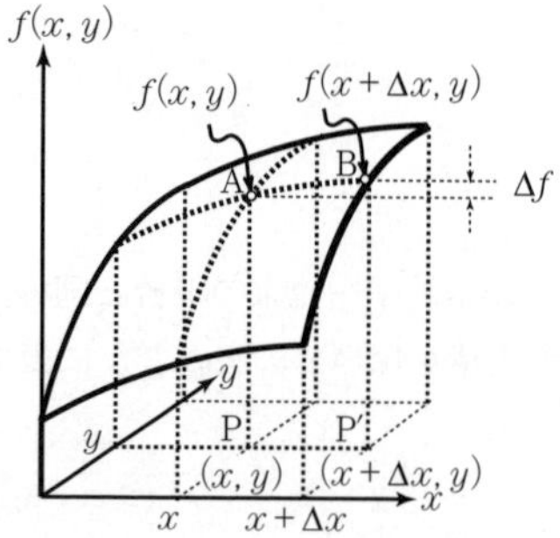

図 4.1　2 変数関数 $f(x,y)$ の x についての偏微分

式（4.1）の極限をとること，すなわち，偏微分係数を求めることを，$f(x,y)$ を x について偏微分するという。偏微分係数の記号としては，$\partial f/\partial x$ のほかに，$\partial f(x,y)/\partial x$，$f_x(x,y)$，$f_x$ などが用いられることもある。同様に，$f(x,y)$ を y について偏微分するとは，以下の極限を求めることを意味する。

$$\frac{\partial f}{\partial y}=\lim_{\Delta y\to 0}\frac{f(x,y+\Delta y)-f(x,y)}{\Delta y} \tag{4.2}$$

〔2〕 偏微分係数の意味

2.1 節で考えた 1 変数に関する微分係数の定義式（2.3）と，偏微分係数の定義式（4.1）とを比較して考えると偏微分係数の意味も，本質的には同様に考えることができる。図 4.1 に示したように，(x,y) 平面上で点 P(x,y) を考える。この点から y を固定して，x だけを変化させる。このとき，$f(x,y)$ は x だけの関数と考えることができ，1 変数の微分の場合と同様に，偏微分係数の意味を理解することができる。

このことを図 4.1 を用いて，さらに詳しく説明する。図 4.1 に示したように点 P(x,y) での f の値は $f(x,y)$ であり，点 P から y を固定して Δx だけ離れた点 P′ での f の値は，$f(x+\Delta x,y)$ で与えられる。したがって，式（4.1）の分子 $\Delta f=f(x+\Delta x,y)-f(x,y)$ は，y を固定して，x が x から Δx 変化するときの f の変化分を表している。これを Δx で割った $\Delta f/\Delta x$ は，$f(x,y)$ を表す曲面上の点 A と $f(x+\Delta x,y)$ を表す点 B とを結ぶ直線の傾きと考えることができる。さらに，$\Delta x\to 0$ の極限をとるということは，2.1 節〔2〕で考えたように，点 A と点 B とを結ぶ曲線の接線の傾きを求めることに相当する（図 2.1 および図 2.2 参照）。偏微分の練習のために本節の末尾に，練習問題をいくつか挙げる。偏微分になじみの薄い読者は，十分に練習することを勧める。

〔3〕 偏微分の具体例

〔2〕で述べた意味をふまえ，具体例を考える。以下の関数 $f(x,y)$

$$f(x,y)=x^2+2xy^2+e^{-y}$$

を x および y で偏微分する。〔2〕で述べたように，x についての偏微分は，y を一定として $f(x,y)$ が x だけの関数であるとみなして微分すればよい。また，y に関する偏微分でも同様に，x を一定として，y だけの関数とみなす。したがって，結果は次のようになる。

$$\frac{\partial f}{\partial x}=2x+2y^2, \qquad \frac{\partial f}{\partial y}=4xy-e^{-y}$$

〔4〕 高次偏微分係数

〔3〕の例で，$\partial f/\partial x, \partial f/\partial y$ を，各々，x および y で，もう一度偏微分すると

$$\frac{\partial}{\partial x}\left(\frac{\partial f}{\partial x}\right)=2, \qquad \frac{\partial}{\partial y}\left(\frac{\partial f}{\partial y}\right)=4x+e^{-y}$$

となる。これらを，以下のように表記し，第2次偏微分係数，あるいは，2階の偏微分係数と呼ぶ。

$$\frac{\partial}{\partial x}\left(\frac{\partial f}{\partial x}\right)=\frac{\partial^2 f}{\partial x^2}, \qquad \frac{\partial}{\partial y}\left(\frac{\partial f}{\partial y}\right)=\frac{\partial^2 f}{\partial y^2}$$

また，$\partial f/\partial x$ を y で偏微分する場合は，以下のように表記する。

$$\frac{\partial}{\partial y}\left(\frac{\partial f}{\partial x}\right)=\frac{\partial^2 f}{\partial y \partial x}=4y$$

同様にして

$$\frac{\partial}{\partial x}\left(\frac{\partial f}{\partial y}\right)=\frac{\partial^2 f}{\partial x \partial y}=4y$$

〔5〕 全微分とその意味

$$\boxed{df=\frac{\partial f}{\partial x}\,dx+\frac{\partial f}{\partial y}\,dy} \tag{4.3}$$

式（4.3）を，関数 $f(x,y)$ の全微分と呼ぶ。全微分の考え方は，次節でスカラー場の勾配について考えていく際など，今後，非常に重要となる。全微分の意味を考えるために，**図4.2** のような長方形の面積の例を考えよう。長方形の横の長さを x，縦の長さを y とするとき，その面積 S は x と y，二つの変数の積 xy の関数となる。

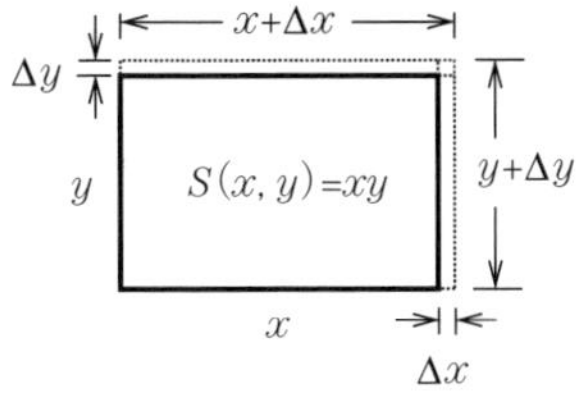

図 4.2　長方形の面積と全微分の意味

$$S(x, y) = xy \tag{4.4}$$

ここで，横の長さが x から $x+\Delta x$ に，縦の長さが y から $y+\Delta y$ になったときの面積 $S(x+\Delta x, y+\Delta y)$ は

$$S(x+\Delta x, y+\Delta y) = (x+\Delta x)(y+\Delta y) = xy + y\Delta x + x\Delta y + \Delta x\Delta y \tag{4.5}$$

となる。したがって，$S(x, y)$ と $S(x+\Delta x, y+\Delta y)$ との差 ΔS は，式 (4.4)，式 (4.5) から

$$\boxed{\Delta S = S(x+\Delta x, y+\Delta y) - S(x, y)} \tag{4.6}$$

$$= y\Delta x + x\Delta y + \Delta x\Delta y$$

したがって，Δx，Δy が十分小さければ，ΔS は近似的に

$$\Delta S \approx y\Delta x + x\Delta y \tag{4.7}$$

と表される。ところで，$S(x, y) = xy$ の x についての偏微分は，y を一定として x だけの関数とみなして微分すればよい。また，y についての偏微分も同様にして，x を一定と考え，y のみの関数とみなして，微分すればよいのであるから

$$\frac{\partial S}{\partial x} = y, \qquad \frac{\partial S}{\partial y} = x \tag{4.8}$$

したがって，式 (4.7) は，式 (4.8) の偏微分係数を用いて

$$\boxed{\Delta S = \frac{\partial S}{\partial x}\Delta x + \frac{\partial S}{\partial y}\Delta y} \tag{4.9}$$

になる。

式 (4.3) と式 (4.9) との比較から明らかなように，式 (4.3) で与えられ

る関数 $f(x,y)$ の全微分 df は，x，y を同時に微小変化 dx，dy だけ変化させたときの，関数 $f(x,y)$ 全体の変化分を近似的に表していることになる。すなわち

$$\boxed{df = f(x+dx, y+dy) - f(x,y)} \rightarrow \boxed{df = \frac{\partial f}{\partial x}dx + \frac{\partial f}{\partial y}dy} \tag{4.10}$$

と考えることができる。式 (4.9) の面積の例からも明らかなように，$(\partial f/\partial x)dx$ の項は，y を固定して x を dx だけ変化させたときの f の変化分であり，一方，$(\partial f/\partial y)dy$ は，x を固定して y を dy だけ変化させたときの f の変化分である。dx，dy が十分小さければ，x，y を同時に dx，dy だけ変化させたときの f 全体の変化分は，この二つの項の和で近似できる。

問 4.1　次の関数を，x および y について偏微分せよ。

（1）　$f(x,y) = 5x^2y^3 + 10xy + 2y^4$，　（2）　$f(x,y) = (x^2+y^2)^3$，

（3）　$f(x,y) = \log_x y$，　（4）　$f(x,y) = \sin^2 x \cos 2y$，

（5）　$f(x,y) = \dfrac{xy}{x^2+y^2}$

問 4.2　$f(r) = \log r$，$r = r(x,y) = \sqrt{x^2+y^2}$ について，次の問に答えよ。

（1）　$\dfrac{\partial r}{\partial x}$，$\dfrac{\partial r}{\partial y}$ を求めよ。

（2）　以下の関係を用いて，$\partial f/\partial x$，$\partial f/\partial y$ を求めよ。

$$\frac{\partial f}{\partial x} = f'(r)\frac{\partial r}{\partial x}, \qquad \frac{\partial f}{\partial y} = f'(r)\frac{\partial r}{\partial y}$$

ただし，$f'(r)$ は，$f'(r) = df/dr$ を表す。

（3）　$\partial^2 f/\partial x^2$，$\partial^2 f/\partial y^2$ を求めよ。

（4）　以下の式が成り立つことを示せ。

$$\frac{\partial^2 f}{\partial x^2} + \frac{\partial^2 f}{\partial y^2} = 0$$

問 4.3　x と t の関数 $u(x,t) = A\sin(kx - \omega t)$ について次の問に答えよ。ただし，A，k および ω は定数とする。

（1）　$X(x,t) = kx - \omega t$ とおくとき，$\partial X/\partial x$，$\partial X/\partial t$ を求めよ。

（2）　$\partial u/\partial x$，$\partial u/\partial t$，$\partial^2 u/\partial x^2$，$\partial^2 u/\partial t^2$ を求めよ。

（3） $u(x,t)$ は，次の偏微分方程式の解であることを示せ。

$$\frac{\partial^2 u}{\partial t^2}=V^2\frac{\partial^2 u}{\partial x^2} \quad ただし，\quad V=\frac{\omega}{k}$$

問 4.4 円柱の体積は，底面の半径 r と高さ h の関数，$V=V(r,h)=\pi r^2 h$ である。半径，高さが，各々，Δr，Δh だけ変化したときの体積の変化 ΔV を求めよ。

問 4.5 3 辺の長さが a，b，c の直方体の体積 $V=V(a,b,c)$ を考える。熱膨張により，各々の辺の長さが，Δa，Δb，Δc だけ微小変化したとする。次の問に答えよ。

（1） このとき，体積変化 ΔV は，以下のように表されることを，式（4.9）の面積の場合と同様にして導け。

$$\Delta V \approx bc\Delta a+ca\Delta b+ab\Delta c$$

（2） （1）で導いた式は，偏微分係数 $\partial V/\partial a$，$\partial V/\partial b$，$\partial V/\partial c$ を用いて

$$\Delta V=\frac{\partial V}{\partial a}\Delta a+\frac{\partial V}{\partial b}\Delta b+\frac{\partial f}{\partial c}\Delta c$$

と書けることを示せ。したがって，3 変数の場合，関数 $f(x,y,z)$ の全微分は，以下のように表現することができる。

$$df=f(x+dx,y+dy,z+dz)-f(x,y,z)$$

$$\rightarrow \boxed{df=\frac{\partial f}{\partial x}dx+\frac{\partial f}{\partial y}dy+\frac{\partial f}{\partial z}dz} \tag{4.11}$$

4.2 スカラー場の勾配

スカラー場に関連する重要な概念として**勾配**（gradient）の概念がある。

〔1〕 勾配ベクトル：2 次元の温度場の例

勾配の概念を，**図 4.3** に示す 2 次元の温度場 $T(x,y)$ の例を用いて説明する。図 4.3 で点 $\mathrm{P}(x,y)$ と点 P から少しだけ離れた点 $\mathrm{Q}(x+dx,y+dy)$ の位置ベクトルを，各々，$\boldsymbol{r}$，$\boldsymbol{r}'$ とする。

$$\boldsymbol{r}=x\boldsymbol{i}+y\boldsymbol{j} \tag{4.12}$$

$$\boldsymbol{r}'=(x+dx)\boldsymbol{i}+(y+dy)\boldsymbol{j} \tag{4.13}$$

ここで，点 P から点 Q まで移動するときの温度差 dT は，点 P の温度 $T(x,y)$

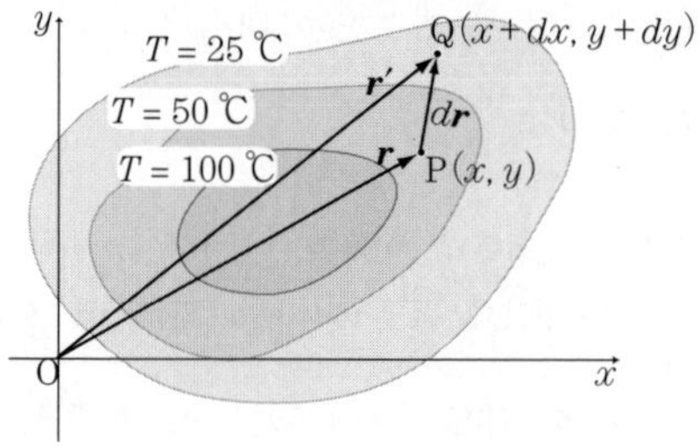

図 4.3　2 次元温度場と温度勾配

と点 Q の温度 $T(x+dx, y+dy)$ から

$$dT = T(x+dx, y+dy) - T(x, y) \tag{4.14}$$

で与えられる。ここで，4.1 節〔5〕で説明した全微分の考え方を用いる。このとき，式 (4.10) を参考にして温度差 dT は

$$dT = \frac{\partial T}{\partial x}dx + \frac{\partial T}{\partial y}dy \tag{4.15}$$

で与えられる。この式の右辺は，二つのベクトルの内積として

$$dT = \left(\frac{\partial T}{\partial x}\boldsymbol{i} + \frac{\partial T}{\partial y}\boldsymbol{j}\right)\cdot(dx\boldsymbol{i} + dy\boldsymbol{j}) \tag{4.16}$$

と考えることができる。

すなわち，点 P と点 Q の温度差は，次の式で定義される**勾配ベクトル**

$$\nabla T \equiv \frac{\partial T}{\partial x}\boldsymbol{i} + \frac{\partial T}{\partial y}\boldsymbol{j} \tag{4.17}$$

と点 P から点 Q への変位ベクトル（$d\boldsymbol{r} = \boldsymbol{r}' - \boldsymbol{r}$）

$$d\boldsymbol{r} = dx\boldsymbol{i} + dy\boldsymbol{j} \tag{4.18}$$

の内積として

$$dT = \nabla T \cdot d\boldsymbol{r} \tag{4.19}$$

と表すことができる。式 (4.17) からわかるように

> **勾配**（ベクトル）は，**ベクトル量**であり，**方向**と**大きさ**を持つ。

勾配ベクトル ∇T は

$$\mathrm{grad}\ T \equiv \frac{\partial T}{\partial x}\boldsymbol{i} + \frac{\partial T}{\partial y}\boldsymbol{j}$$

と表記することもある。

〔2〕 **勾配ベクトルの大きさ**

式 (4.17) から点 $\mathrm{P}(x, y)$ における勾配ベクトルの大きさは

$$|\nabla T| = \sqrt{\left(\frac{\partial T}{\partial x}\right)^2 + \left(\frac{\partial T}{\partial y}\right)^2} \tag{4.20}$$

から計算できる。

〔3〕 **勾配ベクトルの方向**

式 (4.19) から勾配ベクトルの方向を考える。勾配ベクトルと変位ベクトルとのなす角を θ とすると，式 (4.19) は

$$dT = |\nabla T|\,|d\boldsymbol{r}|\cos\theta \tag{4.21}$$

と表される。同じ距離 $|d\boldsymbol{r}|$ だけ変位しても，変位の方向によって，当然，温度差は異なる。式 (4.21) から $\theta = 0$ のとき，すなわち，変位を勾配ベクトルの方向 ($\nabla T \mathbin{/\!/} d\boldsymbol{r}$) に選ぶと温度差 dT は最大となる。このことから，点 P の位置でまわりを見渡したとき

最も温度勾配が急な方向が勾配ベクトルの方向

ということがわかる。

〔4〕 **勾配ベクトルの向きと等高線**

図 4.4 に示すように，変位ベクトル $d\boldsymbol{r}$ を点 P から等高線に沿って選ぶ。すなわち，$d\boldsymbol{r}$ を等高線の接線方向にとる。等高線上では，温度はすべて等しく，温度差はゼロである。したがって，このとき式 (4.19) から

$$0 = \nabla T \cdot d\boldsymbol{r} \tag{4.22}$$

となる。すなわち，この場合，温度勾配ベクトル ∇T と変位ベクトル $d\boldsymbol{r}$ の内積はゼロであり，両者は直交する。

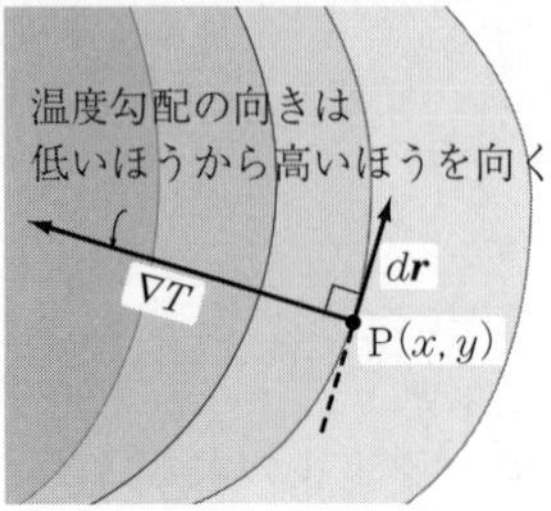

図 4.4　温度の等高線と勾配ベクトルの方向

$$\boxed{\nabla T \perp d\boldsymbol{r}} \quad d\boldsymbol{r}：等高線に沿った変位 \tag{4.23}$$

言い換えれば，等高線上の各点で

> 勾配ベクトルの向きは，等高線に垂直な方向

であることがわかる。

〔5〕 3次元空間における勾配ベクトル

〔4〕では，簡単な2次元の場合を考え，勾配ベクトルを定義した。空間3次元の場合には，点P(x, y, z)と点Q$(x+dx, y+dy, z+dz)$との温度差dTは

$$\begin{aligned} dT &= \frac{\partial T}{\partial x}dx + \frac{\partial T}{\partial y}dy + \frac{\partial T}{\partial z}dz \\ &= \nabla T \cdot d\boldsymbol{r} \end{aligned} \tag{4.24}$$

と表される（式（4.11）参照)。したがって，この場合も2次元の場合と同様な考え方から，勾配ベクトル∇Tを次式で定義することができる。

$$\boxed{\nabla T \equiv \frac{\partial T}{\partial x}\boldsymbol{i} + \frac{\partial T}{\partial y}\boldsymbol{j} + \frac{\partial T}{\partial z}\boldsymbol{k}} \tag{4.25}$$

また，変位$d\boldsymbol{r}$は次式で与えられる。

$$d\boldsymbol{r} = dx\boldsymbol{i} + dy\boldsymbol{j} + dz\boldsymbol{k} \tag{4.26}$$

3次元空間でも

勾配ベクトルの方向：

考えている点のまわりで最も物理量の変化が大きい方向であり，等高面に垂直な方向

勾配ベクトルの大きさ：

$$|\nabla T|=\sqrt{\left(\frac{\partial T}{\partial x}\right)^2+\left(\frac{\partial T}{\partial y}\right)^2+\left(\frac{\partial T}{\partial z}\right)^2} \tag{4.27}$$

で与えられる。

問 4.6　次の 2 次元スカラー場について，点 (x,y) における勾配ベクトルおよびその大きさを求めよ。また，与えられた点 $(x,y)=(x_0,y_0)$ において，勾配ベクトル $\nabla\varphi$ 方向の単位ベクトルを求めよ。

（1）　$\varphi(x,y)=x^2-y$,　　$(x,y)=(0,0)$

（2）　$\varphi(x,y)=\left(\frac{x^2}{a^2}\right)+\left(\frac{y^2}{b^2}\right)$,　　$(x,y)=(a,0)$

（3）　$\varphi(x,y)=x^2-y^2$,　　$(x,y)=(1,0)$

〈例〉　$\varphi(x,y)=x^2+y^2$,　　$(x,y)=(1,0)$

勾配ベクトル　$\nabla\varphi(x,y)=\frac{\partial\varphi}{\partial x}\boldsymbol{i}+\frac{\partial\varphi}{\partial y}\boldsymbol{j}=2x\boldsymbol{i}+2y\boldsymbol{j}$

点 (x,y) における勾配ベクトルの大きさは

$$|\nabla\varphi|=\sqrt{(2x)^2+(2y)^2}=\sqrt{4x^2+4y^2}$$

勾配ベクトルの方向の単位ベクトルは，勾配ベクトルをその大きさで割って

$$\boldsymbol{e}_\varphi=\frac{\nabla\varphi}{|\nabla\varphi|}=\frac{2x\boldsymbol{i}+2y\boldsymbol{j}}{\sqrt{4x^2+4y^2}}$$

したがって，点 $(x,y)=(1,0)$ において，勾配ベクトルの方向の単位ベクトルは，上の式に $x=1$，$y=0$ を代入して

$$\boldsymbol{e}_\varphi=\frac{\nabla\varphi}{|\nabla\varphi|}=\boldsymbol{i}$$

このスカラー場の等高線は

$$\varphi(x,y)=x^2+y^2=\text{const.}=c_1$$

すなわち，原点を中心とする円となる。その半径は，c_1 の値による。例えば，$\varphi(x,y)=1$ の等高線は，原点を中心とする半径 1 の円である。この等高線は，点 $(x,y)=(1,0)$ を通る。上で求めた勾配ベクトルの方向（$\boldsymbol{i}$）は，たしかに点 $(x,y)=(1,0)$ における等高線の接線に垂直な方向である。

問 4.7　2 次元の温度場

$$T(x,y)=4T_0\{1-(r/a)^2\},\qquad r^2=x^2+y^2\ （ただし，x^2+y^2\leq a^2）$$

が与えられたとき，次の問に答えよ。

（1）　点 $P(x,y)=(a/2,0)$ における温度を求めよ。また，温度勾配ベクトルの大きさと方向を求めよ。

（2）　点 $P(x,y)=(a/2,0)$ を起点として，同じ距離（$L=a/2$）だけ変位するとする。点 $Q(x,y)=(a,0)$ に変位する場合と点 $R(x,y)=(a/2,a/2)$ に変位する場合とで，どちらがどれだけ大きな温度差を感じるか。

（3）　点 $R(x,y)=(a/2,a/2)$ から変位するとき，温度勾配が最も大きい方向の単位ベクトルを $\boldsymbol{e}_T$ とする。$\boldsymbol{e}_T$ を求めよ。

問 4.8　**（熱流に関するフーリエの法則）**　経験的に熱エネルギーの流れ場は，温度勾配の方向を向き，また，その大きさは，勾配の大きさに比例する。このことを勾配ベクトルを用いて数学的に表現すると

$$\boxed{\boldsymbol{h}=-\kappa\nabla T}$$

$\boldsymbol{h}$：熱（エネルギーの）流束密度ベクトル〔W/m^2〕

κ：熱伝導度〔$W/(m\cdot K)$〕

半径 a の円板上の銅の温度場が，問 4.7 のように与えられたとき，次の各点での熱流束密度ベクトルの大きさと向きを答えよ。

（1）　$(x,y)=(a/2,0)$

（2）　$(x,y)=(a/2,-a/2)$

ただし，半径を 1 m とし，銅の熱伝導度を $\kappa=1.6\times10^{-2}$ W/(m·K)，中心での温度を 25℃とする。また，これらの点における熱流の大きさは，100 W の点光源から離れた点での光のエネルギー流束密度に比較して何分の 1 か？あるいは何倍か？（問 3.11 参照）

問 4.9　2 次元空間の場合について，次のスカラー場を考える。

$$\varphi(x,y,z)=10-(x^2+y^2)$$

（1）　$\varphi=\varphi_0=\text{const.}\quad \varphi_0=8$ の等高線を描け。

（2）　点 $P(x,y)$ における勾配ベクトル $\nabla\varphi$ を求めよ。

（3）　（2）の結果を用いて，次の各点

$$(x,y)=(\sqrt{2},0)\quad(1,1)\quad(0,\sqrt{2})\quad(-1,1)$$

$$(-\sqrt{2},0)\quad(-1,-1)\quad(0,-\sqrt{2})\quad(1,-1)$$

での勾配ベクトルの方向と大きさを求めよ。

（4）（1）で描いた等高線図に，（3）で計算した各点における勾配ベクトルを矢印を用いて図示せよ。

問 4.10 4.1 節を参考にして T の全微分

$$dT=\frac{\partial T}{\partial x}dx+\frac{\partial T}{\partial y}dy+\frac{\partial T}{\partial z}dz$$

について，各辺の各項の意味を述べよ。

問 4.11 次のスカラー場

$$\varphi=x^2+y^2+z^2+2xy$$

に対して，点 $\mathrm{P}(x,y,z)$ における勾配ベクトルを求めよ。また，$(x,y,z)=(1,1,1)$ の点における勾配ベクトルの大きさを計算せよ。

問 4.12 3 次元空間における曲面

$$x^2+y^2+z^2-2x=1$$

を考える。この曲面上の点 $(x,y,z)=(1,1,1)$ において，この曲面に垂直な単位ベクトルを求めよ。

問 4.13 3 次元空間において，原点を中心とする半径 r の球面を考える。球面を表す式は

$$x^2+y^2+z^2=r^2=\text{const.}\quad \text{あるいは}\quad r(x,y,z)=\sqrt{x^2+y^2+z^2}=\text{const.}$$

で与えられる。このとき，球面上の点 $\mathrm{P}(x,y,z)$ において

$$\boxed{\nabla r=\frac{\boldsymbol{r}}{r}} \tag{4.28}$$

となることを示せ。ただし，$\boldsymbol{r}$ は点 $\mathrm{P}(x,y,z)$ の位置ベクトル

$$\boxed{\boldsymbol{r}=x\boldsymbol{i}+y\boldsymbol{j}+z\boldsymbol{k}}$$

を表す。このことから，球面上の各点で ∇r は位置ベクトルに平行で，球面に垂直な単位ベクトルであることがわかる。

問 4.14 問 4.13 と同様 r を原点から点 P までの距離，$\boldsymbol{r}$ を位置ベクトルとする。このとき，以下の式が成り立つことを確かめよ。

$$\boxed{\nabla\left(\frac{1}{r}\right)=-\frac{1}{r^2}\left(\frac{\boldsymbol{r}}{r}\right)} \tag{4.29}$$

問 4.15 勾配ベクトルは，スカラー場から導かれるベクトル場と考えることがで

きる。このようなベクトル場の例として，力学で学んだ保存力場の例がある。例えば**図 4.5** のような重力場に置かれた質量 m の質点の位置エネルギーは

$$U=mgz$$

で与えられる。ただし，g は重力加速度の大きさを表す。これから導かれる力の場は

$$\boldsymbol{F}=-\nabla U$$

である。このとき力 $\boldsymbol{F}$ を求めよ。

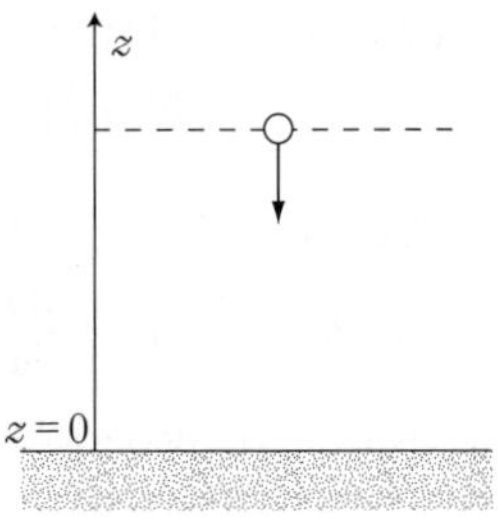

図 4.5

問 4.16　電磁気学で学ぶように，静電場の場合（**図 4.6**），原点に置かれた点電荷の静電ポテンシャル（電位）は，原点から距離 $r=\sqrt{x^2+y^2+z^2}$ に反比例し

$$\phi(x,y,z)=\frac{K}{r},\quad (K：比例定数)$$

で与えられる。このとき，点 (x,y,z) における電場は

$$\boldsymbol{E}=-\nabla\phi$$

で与えられる。次の問に答えよ。

（1）　電場 $\boldsymbol{E}$ の方向は，$(\boldsymbol{r}/r)$ に平行であることを示せ。

（2）　電場 $\boldsymbol{E}$ の大きさを求めよ。

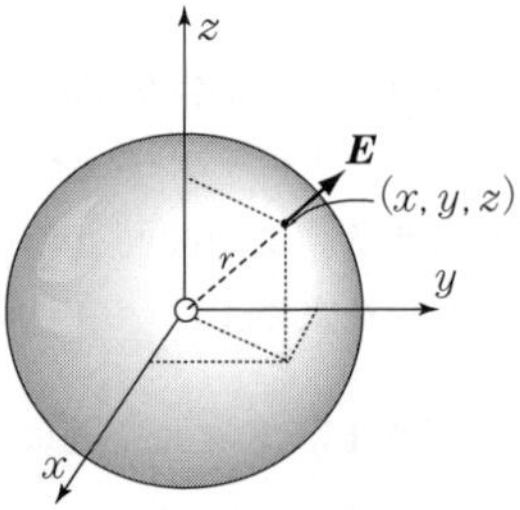

図 4.6

4.3　ベクトル演算子

〔1〕 定　　義

$$\nabla=\boldsymbol{i}\frac{\partial}{\partial x}+\boldsymbol{j}\frac{\partial}{\partial y}+\boldsymbol{k}\frac{\partial}{\partial z} \tag{4.30}$$

ベクトル（微分）演算子（vector operator）∇ は，デルあるいはナブラと呼ぶことがある。演算子は，単独では意味を持たず，スカラーあるいはベクトルに演算子を作用させることによってはじめて意味を持つ。

〔2〕 ベクトル演算子をスカラー量に作用させた場合

例えば，この演算子をスカラー φ に演算すると

$$\nabla\varphi=\left(\boldsymbol{i}\frac{\partial}{\partial x}+\boldsymbol{j}\frac{\partial}{\partial y}+\boldsymbol{k}\frac{\partial}{\partial z}\right)\varphi$$
$$=\frac{\partial\varphi}{\partial x}\boldsymbol{i}+\frac{\partial\varphi}{\partial y}\boldsymbol{j}+\frac{\partial\varphi}{\partial z}\boldsymbol{k} \tag{4.31}$$

となり，4.2節で説明した勾配ベクトルが得られる。この例からわかるように，ベクトル演算子をスカラー量に作用すると，ベクトル量が得られる。

二つのスカラー ψ と ϕ との積 $\psi\phi$ も，当然スカラー量である。これに演算子 ∇ を作用させると

$$\nabla(\psi\phi)=\left(\boldsymbol{i}\frac{\partial}{\partial x}+\boldsymbol{j}\frac{\partial}{\partial y}+\boldsymbol{k}\frac{\partial}{\partial z}\right)(\psi\phi)$$
$$=\left(\boldsymbol{i}\frac{\partial}{\partial x}+\boldsymbol{j}\frac{\partial}{\partial y}+\boldsymbol{k}\frac{\partial}{\partial z}\right)\psi\phi$$
$$=\boldsymbol{i}\frac{\partial}{\partial x}(\psi\phi)+\boldsymbol{j}\frac{\partial}{\partial y}(\psi\phi)+\boldsymbol{k}\frac{\partial}{\partial z}(\psi\phi)$$
$$=\left(\boldsymbol{i}\frac{\partial\psi}{\partial x}+\boldsymbol{j}\frac{\partial\psi}{\partial y}+\boldsymbol{k}\frac{\partial\psi}{\partial z}\right)\phi+\left(\boldsymbol{i}\frac{\partial\phi}{\partial x}+\boldsymbol{j}\frac{\partial\phi}{\partial y}+\boldsymbol{k}\frac{\partial\phi}{\partial z}\right)\psi$$

$$\boxed{\therefore\quad \nabla(\psi\phi)=\phi\nabla\psi+\psi\nabla\phi} \tag{4.32}$$

となり，これもベクトル量である。

問 4.17 位置ベクトル $\boldsymbol{r}+x\boldsymbol{i}+y\boldsymbol{j}+z\boldsymbol{k}$ とベクトル $\boldsymbol{a}=a_x\boldsymbol{i}+a_y\boldsymbol{j}+a_z\boldsymbol{k}$ との内積

$$\varphi=\boldsymbol{a}\cdot\boldsymbol{r}=a_xx+a_yy+a_zz$$

はスカラー量である。ベクトル $\boldsymbol{a}$ が位置に依存せず一定の場合，このスカラー φ に，ベクトル演算子 ∇ を作用させた結果は，ベクトルであり

$$\nabla\varphi=\boldsymbol{a}$$

となることを示せ。

問 4.18 **図 4.7** のように z 軸上の2点 $\mathrm{A_1}(0,0,-d/2)$ から $\mathrm{A_2}(0,0,+d/2)$ に向かうベクトルを $\boldsymbol{a}=\overrightarrow{\mathrm{A_1A_2}}$，点 $\mathrm{P}(x,y,z)$ 位置ベクトルを $\boldsymbol{r}$ とするとき，次の問に答えよ。

（1） ベクトル $\boldsymbol{a}$ の大きさと方向を求めよ。

（2） $\nabla(\boldsymbol{a}\cdot\boldsymbol{r})$ を求めよ。

（3） 次のスカラー場について，その $\nabla\varphi$ を求めよ。

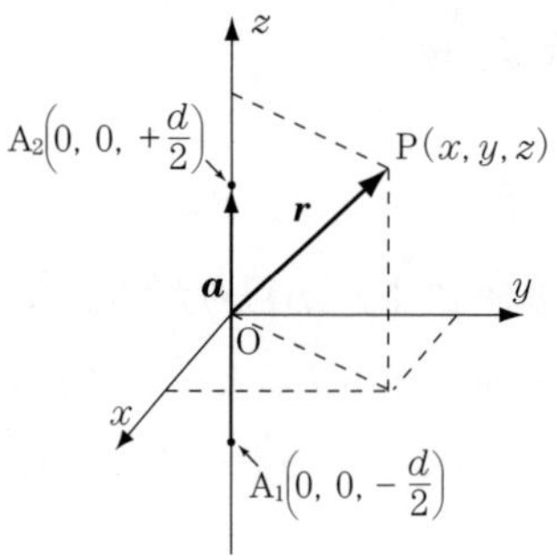

図 4.7

$$\varphi(x,y,z)=K\frac{\boldsymbol{a}}{r^2}\cdot\left(\frac{\boldsymbol{r}}{r}\right)$$

4.4　ベクトル場の発散

〔1〕 定　義

ベクトル演算子 ∇ とベクトル

$$\boldsymbol{A}(x,y,z)=A_x(x,y,z)\,\boldsymbol{i}+A_y(x,y,z)\,\boldsymbol{j}+A_z(x,y,z)\,\boldsymbol{k} \tag{4.33}$$

との内積をとる。

$$\nabla\cdot\boldsymbol{A}=\left(\boldsymbol{i}\frac{\partial}{\partial x}+\boldsymbol{j}\frac{\partial}{\partial y}+\boldsymbol{k}\frac{\partial}{\partial z}\right)\cdot(A_x\boldsymbol{i}+A_y\boldsymbol{j}+A_z\boldsymbol{k}) \tag{4.34}$$

結果は

$$\boxed{\nabla\cdot\boldsymbol{A}=\frac{\partial A_x}{\partial x}+\frac{\partial A_y}{\partial y}+\frac{\partial A_z}{\partial z}} \tag{4.35}$$

となる。これをベクトル場の**発散**（divergence）と呼び

$$\boxed{\mathrm{div}\ \boldsymbol{A}=\frac{\partial A_x}{\partial x}+\frac{\partial A_y}{\partial y}+\frac{\partial A_z}{\partial z}} \tag{4.36}$$

と表すこともある。スカラーにベクトル演算子を作用させた結果はベクトルであった。これに対して，式（4.36）で定義した

ベクトル場の発散：$\nabla\cdot\boldsymbol{A}$（div $\boldsymbol{A}$）は，スカラー量

となる。

〔2〕 **発散の意味**

ベクトル場の発散は，じつは3章で考えた面を通過する流束と密接な関係がある。**図4.8**に示すような空間の点P(x,y,z)を囲む微小体積を考える。その大きさを，$\Delta V=\Delta x\Delta y\Delta z$とする。この微小体積が十分小さいとき

$$\boxed{\text{微小体積の表面を横切るベクトル}\ \boldsymbol{A}\ \text{の全流束}=(\nabla\cdot\boldsymbol{A})\Delta V} \tag{4.37}$$

の関係が成り立つ。

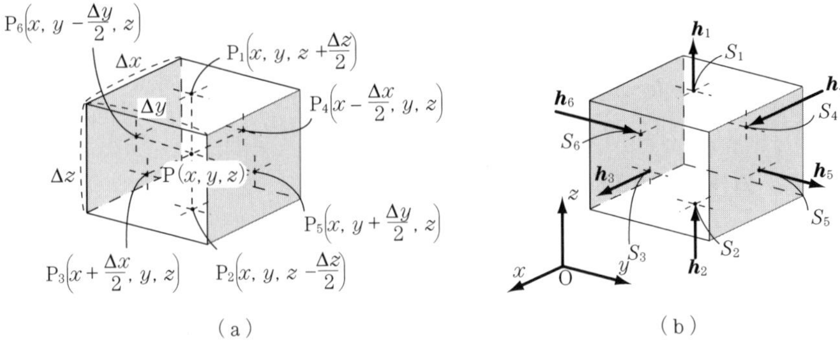

図4.8 空間中の微小体積に関するベクトル場の流束と発散

ここで，ベクトル場$\boldsymbol{A}$として，具体的に3.2節で考えたエネルギー流束密度ベクトル$\boldsymbol{h}$や質量流束密度ベクトル$\boldsymbol{f}$を考える。このとき，問3.8で考えたこの微小体積の表面全体を横切るエネルギーの流束ΔW_fと，$\boldsymbol{h}$の発散$\nabla\cdot\boldsymbol{h}$との間には，次の関係が成り立つ。

$$\boxed{\Delta W_f=(\nabla\cdot\boldsymbol{h})\Delta V=\left(\frac{\partial h_x}{\partial x}+\frac{\partial h_y}{\partial y}+\frac{\partial h_z}{\partial z}\right)\Delta V} \tag{4.38}$$

これからわかるように$\boldsymbol{h}$の発散$\nabla\cdot\boldsymbol{h}$が，$\nabla\cdot\boldsymbol{h}>0$であるとき，$\Delta W_f>0$となり，この微小体積からエネルギーは流出していく。

同様に，問3.12の表面を横切る質量の流束ΔM_fと，$\boldsymbol{f}$の発散$\nabla\cdot\boldsymbol{f}$との間には，次の関係が成り立つ。

$$\Delta M_f = (\nabla \cdot \boldsymbol{f})\Delta V = \left(\frac{\partial f_x}{\partial x} + \frac{\partial f_y}{\partial y} + \frac{\partial f_z}{\partial z}\right)\Delta V \tag{4.39}$$

式（4.38）と同様に $\boldsymbol{f}$ の発散 $\nabla \cdot \boldsymbol{f}$ が，$\nabla \cdot \boldsymbol{f} > 0$ であるとき，$\Delta M_f > 0$ となり，この微小体積から流体が流出していることになる。

このような関係が成り立つことを，エネルギー流束密度 $\boldsymbol{h}$ の例で考えてみよう。図 4.8 の微小体積の表面 $S_1, S_2, \cdots, S_6$ における $\boldsymbol{h}(x, y, z)$ を，各々，$\boldsymbol{h}_1, \boldsymbol{h}_2, \cdots, \boldsymbol{h}_6$，また，各面の面積ベクトルを，各々，$\Delta\boldsymbol{S}_1, \Delta\boldsymbol{S}_2, \cdots, \Delta\boldsymbol{S}_6$ とする。このとき，各面に対する流束は，式（3.12）の流束の内積による表現を用いて

$$\begin{aligned} \Delta W_f^{\,1} &= \boldsymbol{h}_1 \cdot \Delta\boldsymbol{S}_1, \\ \Delta W_f^{\,2} &= \boldsymbol{h}_2 \cdot \Delta\boldsymbol{S}_2, \\ &\vdots \\ \Delta W_f^{\,6} &= \boldsymbol{h}_6 \cdot \Delta\boldsymbol{S}_6 \end{aligned} \tag{4.40}$$

となる。また，この微小体積の全表面に対する流束は，六つの面についての和として

$$\Delta W_f = \Delta W_f^{\,1} + \Delta W_f^{\,2} + \cdots + \Delta W_f^{\,6} = \sum_{i=1}^{6} \boldsymbol{h}_i \cdot \Delta\boldsymbol{S}_i \tag{4.41}$$

となる。

そこで，まず，図 4.8 の面 S_1 と S_2 における流束を具体的に求めてみる。

（1） 面 S_1　　面 S_1 は点 $\mathrm{P}(x, y, z)$ から $\Delta z/2$ だけ，上方に位置している。また，面 S_1 の面積 $\Delta x \Delta y$ は十分小さく，面 S_1 上で流束密度は一様であるとする。そこで $\boldsymbol{h}_1$ は面 S_1 上の点 $\mathrm{P}_1(x, y, z+\Delta z/2)$ における流束密度の値で評価する。すなわち

$$\boldsymbol{h}_1 = \boldsymbol{h}\left(x, y, z + \frac{\Delta z}{2}\right) \tag{4.42}$$

面積ベクトル $\Delta\boldsymbol{S}_1$ の大きさは $\Delta x \Delta y$ であり，面の法線は z 軸方向を向く。

$$\Delta\boldsymbol{S}_1 = \Delta x \Delta y \boldsymbol{k} \tag{4.43}$$

したがって，内積 $\boldsymbol{h}_1 \cdot \Delta \boldsymbol{S}_1$ において，$\boldsymbol{h}_1$ の z 成分 h_z のみが寄与する。ゆえに，面 S_1 を通過する流束は

$$\Delta W_f{}^1 = \boldsymbol{h}_1 \cdot \Delta \boldsymbol{S}_1 = h_z\left(x, y, z + \frac{\Delta z}{2}\right)\Delta x \Delta y \tag{4.44}$$

となる。

（2） **面 $\boldsymbol{S_2}$**　面 S_2 は，点 P(x, y, z) から $\Delta z/2$ だけ，下方に位置している。したがって，$\boldsymbol{h}_2$ については点 P$_2(x, y, z-\Delta z/2)$ における流束密度 $\boldsymbol{h}$ の値を用いる。

$$\boldsymbol{h}_2 = \boldsymbol{h}\left(x, y, z - \frac{\Delta z}{2}\right) \tag{4.45}$$

面積ベクトルは，微小体積で囲まれた領域の内側から外側に向かう向きにとる。したがって，面 S_2 に対する面積ベクトルは

$$\Delta \boldsymbol{S}_2 = \Delta x \Delta y(-\boldsymbol{k}) \tag{4.46}$$

ゆえに，面 S_1 を通過する流束は

$$\Delta W_f{}^2 = \boldsymbol{h}_2 \cdot \Delta \boldsymbol{S}_2 = -h_z\left(x, y, z - \frac{\Delta z}{2}\right)\Delta x \Delta y \tag{4.47}$$

となる。

（3） **面 $\boldsymbol{S_1}$ と面 $\boldsymbol{S_2}$ の流束の和**　（1），（2）から，まず，面 S_1 と面 S_2 のペアについての流束の和をとると

$$\Delta W_f{}^1 + \Delta W_f{}^2 = \left[h_z\left(x, y, z + \frac{\Delta z}{2}\right) - h_z\left(x, y, z - \frac{\Delta z}{2}\right)\right]\Delta x \Delta y \tag{4.48}$$

ここで，Δz が小さいとして，次の近似（テイラー展開：式（2.6）参照）

$$h_z\left(x, y, z + \frac{\Delta z}{2}\right) \approx h_z(x, y, z) + \frac{\partial h_z}{\partial z} \cdot \frac{\Delta z}{2} \tag{4.49}$$

$$h_z\left(x, y, z - \frac{\Delta z}{2}\right) \approx h_z(x, y, z) - \frac{\partial h_z}{\partial z} \cdot \frac{\Delta z}{2} \tag{4.50}$$

を用いると

$$\Delta W_f{}^1+\Delta W_f{}^2=\frac{\partial h_z}{\partial z}\Delta x\Delta y\Delta z$$

$$\therefore\quad \Delta W_f{}^1+\Delta W_f{}^2=\frac{\partial h_z}{\partial z}\Delta V \tag{4.51}$$

を得る。

（4） 面 S_3 と面 S_4 の流束の和　同様に，x 軸に垂直な面 S_3 と面 S_4 のペアについて，流束の和を考えると

$$\Delta W_f{}^3+\Delta W_f{}^4=\left[h_x\left(x+\frac{\Delta x}{2},y,z\right)-h_x\left(x-\frac{\Delta x}{2},y,z\right)\right]\Delta y\Delta z \tag{4.52}$$

となる。したがって

$$\Delta W_f{}^3+\Delta W_f{}^4=\frac{\partial h_x}{\partial x}\Delta x\Delta y\Delta z$$

$$\therefore\quad \Delta W_f{}^3+\Delta W_f{}^4=\frac{\partial h_x}{\partial x}\Delta V \tag{4.53}$$

を得る。

（5） 面 S_5 と面 S_6 の流束の和　さらに，y 軸に垂直な面 S_5 と面 S_6 のペアについて，流束の和を考えると

$$\Delta W_f{}^5+\Delta W_f{}^6=\left[h_y\left(x,y+\frac{\Delta y}{2},z\right)-h_z\left(x,y-\frac{\Delta y}{2},z\right)\right]\Delta x\Delta z \tag{4.54}$$

となる。したがって

$$\Delta W_f{}^5+\Delta W_f{}^6=\frac{\partial h_y}{\partial y}\Delta x\Delta y\Delta z$$

$$\therefore\quad \Delta W_f{}^5+\Delta W_f{}^6=\frac{\partial h_y}{\partial y}\Delta V \tag{4.55}$$

を得る。

（**6**）　**面全体の流束**　以上，（3），（4），（5）から，この微小体積の表面を通る全流束は

$$\Delta W_f=\Delta W_f{}^1+\Delta W_f{}^2+\cdots+\Delta W_f{}^6=\left(\frac{\partial h_z}{\partial z}+\frac{\partial h_x}{\partial x}+\frac{\partial h_y}{\partial y}\right)\Delta V$$

$$\boxed{\Delta W_f=\left(\frac{\partial h_x}{\partial x}+\frac{\partial h_y}{\partial y}+\frac{\partial h_z}{\partial z}\right)\Delta V} \tag{4.56}$$

$$\boxed{\therefore\quad \Delta W_f=(\nabla\cdot\boldsymbol{h})\Delta V} \tag{4.57}$$

となることがわかる。再度確認すると，ΔW_f は表面を通る流束であり，式(4.57) は

$$\boxed{\sum_{i=1}^{6}\boldsymbol{h}_i\cdot\Delta\boldsymbol{S}_i=(\nabla\cdot\boldsymbol{h})\Delta V} \tag{4.58}$$

とも書ける。

以上の導出過程からも明らかなように，式 (4.58) の関係は，微小体積が十分小さい場合，つまり，点 P(x,y,z) のごく近傍において成立する。すなわち，点 P(x,y,z) における発散は，より厳密には微小体積を無限に小さくした極限として

$$\boxed{\lim_{\Delta V\to\infty}\frac{\sum_{i=1}^{6}\boldsymbol{h}_i\cdot\Delta\boldsymbol{S}_i}{\Delta V}\ \to\ (\nabla\cdot\boldsymbol{h})} \tag{4.59}$$

を意味している。

〔**3**〕　**流れ場における発散と保存則**

（**1**）　**領域内にエネルギーの発生源および吸収源がない場合**　式 (4.57) で求めた ΔW_f は，単位時間当りにこの微小体積を囲む表面から正味流出するエネルギーの量がある（外向き法線を選択した場合，$\Delta W_f>0$ なら流出，$\Delta W_f<0$ なら流入であることを思い出す）。

先に，問3.8（4）で考えたように，この微小体積内にエネルギーの発生源，および，吸収源がなければ，領域内のエネルギーの総量は，表面からのエ

ネルギーの流入と流出のバランスによって決まる。両者がバランスすれば，この領域内のエネルギーの量は変化せず，保存される。

式（4.58）で示したように，微小体積の表面を通過する流束は，発散と密接な関連を持っており，したがって，流れ場における発散は，保存則と密接に関係している。

微小体積内のエネルギーを Q〔J〕とすると，問 3.8（4）で考えたように，単位時間当りの Q の変化は

$$\therefore \quad \frac{\Delta Q}{\Delta t} = -\Delta W_f \tag{4.60}$$

ただし，ΔW_f の前の負号は，流束 ΔW_f の符号の定義を流出を正に選んでいるためで，流出すると領域内にエネルギーは減少する（$\Delta Q<0$）。このため，負号をつけておく必要がある。

式（4.60）を式（4.38）を用いて置き換えると

$$\therefore \quad \frac{\Delta Q}{\Delta t} = -(\nabla \cdot \boldsymbol{h})\Delta V \tag{4.61}$$

すなわち，この微小体積内のエネルギーの時間変化は，エネルギー流束密度ベクトル $\boldsymbol{h}$ の発散によって表すことができることを意味している。

さらに，単位体積当りのエネルギーの量を q とすると，$Q=q\Delta V$ であるから，単位体積当りのエネルギーの時間変化の大きさは

$$\frac{\partial q}{\partial t} = -\nabla \cdot \boldsymbol{h} \tag{4.62}$$

と表される。ここで，時間の微分について偏微分 $\partial/\partial t$ で表した意味は，空間の点 P を指定したとき，その位置での時間変化を明確に表すためである。式（4.62）から，$\boldsymbol{h}$ の発散の意味をさらに明確に理解することができる。すなわち，$\boldsymbol{h}$ の発散は“この点での単位体積当りのエネルギー（エネルギー密度）の時間変化を表している”ことがわかる。

この領域内のエネルギーが時間的に変化しない場合には

$$\boxed{\frac{\partial q}{\partial t}=0 \ \rightarrow \ \nabla\cdot\boldsymbol{h}=0} \tag{4.63}$$

となり，$\boldsymbol{h}$ の発散はゼロとなる。これは，この微小体積の表面を通して正味のエネルギーの流入/流出がバランスしていることを意味する。その結果，この微小体積内のエネルギーは変化しない。

（2） **領域内にエネルギーの発生源および吸収源がある場合**　問 3.8 で考えたように，この微小体積中に，エネルギーの発生あるいは，吸収源があるとき，式（4.60）は

$$\boxed{\frac{\Delta Q}{\Delta t}=-\Delta W_f+\left(\frac{\Delta Q}{\Delta t}\right)_{source/sink}} \tag{4.64}$$

したがって

$$\boxed{\frac{\Delta Q}{\Delta t}=-(\nabla\cdot\boldsymbol{h})\Delta V+\left(\frac{\Delta Q}{\Delta t}\right)_{source/sink}} \tag{4.65}$$

となる。式（4.65）で右辺の第 2 項は，この微小体積内での単位時間当りのエネルギーの発生（source）あるいは，吸収（sink）を表し

発生の場合：$\left(\frac{\Delta Q}{\Delta t}\right)_{source}>0$

吸収の場合：$\left(\frac{\Delta Q}{\Delta t}\right)_{sink}<0$

である。この微小体積内のエネルギーの時間変化は，表面を通しての流入，流出に加えて，この点でのエネルギーの発生/吸収量によって支配される。

式（4.62）と同様にして，単位体積当りのエネルギー量（エネルギー密度）で考えると

$$\boxed{\frac{\partial q}{\partial t}=-\nabla\cdot\boldsymbol{h}+\left(\frac{\partial q}{\partial t}\right)_{source/sink}} \tag{4.66}$$

この場合，この微小体積内のエネルギーの時間変化がなければ

$$\boxed{\frac{\partial q}{\partial t}=0 \rightarrow \nabla\cdot\boldsymbol{h}=\left(\frac{\partial q}{\partial t}\right)_{source/sink}} \tag{4.67}$$

となる。したがって，この場合，$\boldsymbol{h}$ の発散は考えている点におけるエネルギーの発生量/吸収量に等しくなることがわかる。

問 4.19　ベクトル場 $\boldsymbol{A}(x,y,z)$ が，以下のように与えられるとき，$\boldsymbol{A}$ の発散を求めよ。また，指定された点 (x,y,z) における発散の値を求めよ。

（1）　$\boldsymbol{A}(x,y,z)=x^2\boldsymbol{i}+y^2\boldsymbol{j}+z^2\boldsymbol{k}$,　　$(x,y,z)=(1,1,1)$

（2）　$\boldsymbol{A}(x,y,z)=\omega y\boldsymbol{i}-\omega x\boldsymbol{j}$　(ω=const.),　　$(x,y,z)=(1,0,0)$

（3）　$\boldsymbol{A}(x,y,z)=a\exp(-xz/\lambda)\,\boldsymbol{i}+b\exp(-xy/\lambda)\,\boldsymbol{j}-cz^2\boldsymbol{k}$　(a,b,c,λ=const.),　　$(x,y,z)=(0,0,1)$

問 4.20　$\boldsymbol{r}$ が点 $\mathrm{P}(x,y,z)$ の位置ベクトル

$$\boxed{\boldsymbol{r}=x\boldsymbol{i}+y\boldsymbol{j}+z\boldsymbol{k}}$$

を表すとき

$$\boxed{\nabla\cdot\boldsymbol{r}=3} \tag{4.68}$$

となることを示せ。

問 4.21　$\boldsymbol{r}$ が点 $\mathrm{P}(x,y,z)$ の位置ベクトルを表すとする（**図 4.9**）。次の問に答えよ。

（1）　ベクトル場が

$$\boxed{\boldsymbol{A}=K\frac{\boldsymbol{r}}{r^3}=\frac{K}{r^2}\left(\frac{\boldsymbol{r}}{r}\right),\qquad K=\text{const.}}$$

のような形で与えられるような例をできるだけたくさん挙げよ。

例：問 3.10 の点光源からの光の放射

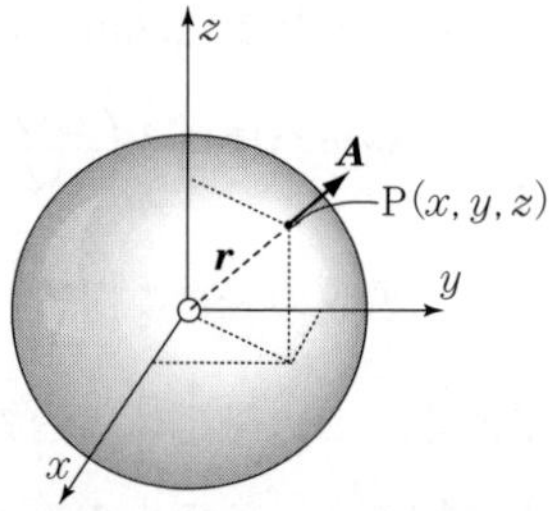

図 4.9

（2）　原点以外（$r\neq0$）の点で

$$\boxed{\nabla\cdot\left(\frac{\boldsymbol{r}}{r^3}\right)=0} \tag{4.69}$$

となることを示せ。

問 4.22　原点に置かれた点電荷が空間の点 (x,y,z) につくる電場 $\boldsymbol{E}$ は，$\boldsymbol{E}(\boldsymbol{r})$

$=(K/r^2)(\boldsymbol{r}/r)$ （K=const.）の形になる。原点以外の点で $\nabla\cdot\boldsymbol{E}$ を求めよ。

問 4.23 図 4.8 の微小体積について

（1） 面 S_3 と面 S_4 についての流束の和が式（4.52）になることを示せ。また，面 S_5 と面 S_6 についての流束の和が式（4.54）になることを示せ。

（2） テイラー展開を用いて，面 S_3 と面 S_4 についての流束の和が，近似的に式（4.53）になることを示せ。同様に，面 S_5 と面 S_6 についての流束の和が，近似的に式（4.55）になることを示せ。

（3） 式（4.51）および（1），（2）から，この微小体積の表面を通る正味の流束が式（4.58）で与えられることを確かめよ。

問 4.24 定常的なエネルギーの流れの場（$\partial q/\partial t=0$）を考える。空間中のある点で，$\nabla\cdot\boldsymbol{h}\neq 0$ となった。このことは，何を意味するのか？その物理的意味を説明せよ。

問 4.25 **（密度連続の式）** 流体の速度場が空間の各点で

$$\boldsymbol{v}(x,y,z,t)=v_x(x,y,z,t)\,\boldsymbol{i}+v_y(x,y,z,t)\,\boldsymbol{j}+v_z(x,y,z,t)\,\boldsymbol{k}$$

のように与えられる（**図 4.10**）。また，空間の各点における流体の密度を $\rho(x,y,z,t)$ とする。このとき，図 4.8 と同様に空間の点 $\mathrm{P}(x,y,z)$ を囲む微小体積を考える。次の問に答えよ。

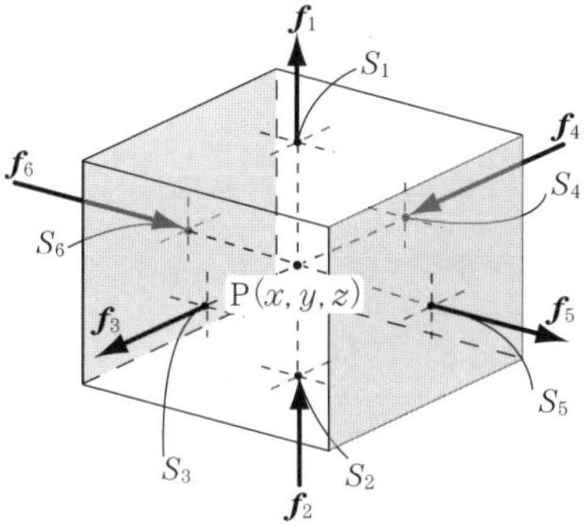

図 4.10

（1） 点 $\mathrm{P}(x,y,z)$ における質量流束密度ベクトル $\boldsymbol{f}$ を，$\rho(x,y,z,t)$ と $\boldsymbol{v}(x,y,z,t)$ とを用いて表せ（3.2.2 項参照）。

（2） エネルギー流束密度の発散 $\boldsymbol{h}$ と同様の考え方を用いて

$$\boxed{\sum_{i=1}^{6}\boldsymbol{f}_i\cdot\Delta\boldsymbol{S}_i=(\nabla\cdot\boldsymbol{f})\,\Delta V}$$

が成り立つことを示せ。

（3） 式（4.61）を導いたのと同様の考え方で，$\boldsymbol{f}$ の発散がこの微小体積内の全質量 M の時間変化と次の関係にあることを説明せよ。

$$\frac{\Delta M}{\Delta t} = -(\nabla \cdot \boldsymbol{f})\Delta V$$

（4） 流体の密度 ρ と微小体積の大きさ ΔV とを用いて，流体の質量 M を表せ。ただし，体積は十分小さく，この微小体積内で密度は一様とみなせるとする。

（5） （1），（2），（3），（4）からこの微小体積内に，流体の湧出し（発生）も吸込み（消滅）もないとすると，次の**密度連続の式**が成立することを示せ。

$$\frac{\partial \rho}{\partial t} + \nabla \cdot (\rho \boldsymbol{v}) = 0 \tag{4.70}$$

（6） この微小体積における単位時間，単位体積当りの流体の湧出し量（あるいは，吸込み量）を S_M（湧出し：$S_M > 0$，吸込み：$S_M < 0$）で表すとき，上で導いた密度連続の式はどのように表されるか？

問 4.26 定常な流れ場を考える。空間の各点で $\nabla \cdot (\rho \boldsymbol{v}) = 0$ のとき，この空間には流体の湧出しも，吸込みもないことを説明せよ。

問 4.27 φ をスカラー，$\boldsymbol{v}$ をベクトルとするとき，次の式が成立することを確かめよ。

$$\nabla \cdot (\varphi \boldsymbol{v}) = \varphi(\nabla \cdot \boldsymbol{v}) + (\nabla \varphi) \cdot \boldsymbol{v} \tag{4.71}$$

問 4.28 **（ラプラス演算子/ラプラシアン：Laplacian）** φ をスカラーとするとき

$$\nabla \cdot (\nabla \varphi) = \nabla^2 \varphi \quad (\mathrm{div}(\mathrm{grad}\,\varphi) = \nabla^2 \varphi) \tag{4.72}$$

となることを確かめよ。ここで，記号 ∇^2 は

$$\nabla^2 = \frac{\partial^2}{\partial x^2} + \frac{\partial^2}{\partial y^2} + \frac{\partial^2}{\partial z^2} \tag{4.73}$$

を表す。これを**ラプラス演算子**（Laplacian）と呼ぶ。∇^2 を Δ を用いて表すこともある。

$$\nabla^2 \varphi = \Delta \varphi = \frac{\partial^2 \varphi}{\partial x^2} + \frac{\partial^2 \varphi}{\partial y^2} + \frac{\partial^2 \varphi}{\partial z^2} \tag{4.74}$$

問 4.29 $\nabla^2\left(\frac{1}{r}\right)$ を計算せよ。ただし，$r=\sqrt{x^2+y^2+z^2}\,(\neq 0)$ とする。

問 4.30 **（熱伝導方程式）** 問 4.8 で説明した**熱流に関するフーリエの法則**(Fourier's law)

$$\boldsymbol{h}=-\kappa\nabla T$$

が成立するとき，次の問に答えよ。

（1） 空間中でエネルギーの発生や消滅がないとき，次の方程式が成り立つことを示せ。

$$\frac{\partial q}{\partial t}=\kappa\nabla^2 T,\qquad \nabla^2=\frac{\partial^2}{\partial x^2}+\frac{\partial^2}{\partial y^2}+\frac{\partial^2}{\partial z^2}\quad \text{(Laplacian)}$$

ただし，熱伝導度は空間的に変化しないとする。

（2） 物体の密度を ρ〔kg/m³〕，比熱を C〔J/(kg·K)〕，温度を T〔K〕とするとき，この物体の単位体積当りに持つ熱エネルギー q〔J/m³〕は，$q=\rho CT$ で与えられる。このとき（1）は，次の温度に関する熱伝導方程式

$$\frac{\partial T}{\partial t}=\kappa'\nabla^2 T$$

となることを示せ。ただし，$\kappa'=\kappa/C\rho$ は**熱拡散率**を表す。

問 4.31 **（円柱座標系における発散）** **図 4.11**（a）のような円柱座標系 (r,θ,z) において，ベクトル $\boldsymbol{h}$ が

$$\boldsymbol{h}(r,\theta,z)=h_r(r,\theta,z)\,\boldsymbol{e}_r+h_\theta(r,\theta,z)\,\boldsymbol{e}_\theta+h_z(r,\theta,z)\,\boldsymbol{e}_z$$

で与えられている。ただし，$\boldsymbol{e}_r$，$\boldsymbol{e}_\theta$，$\boldsymbol{e}_z$ は，各々，r 方向，θ 方向，z 方向の単位ベクトルで

$$\boldsymbol{e}_r=\frac{\boldsymbol{r}}{r},\qquad \boldsymbol{e}_z=\boldsymbol{k},\qquad \boldsymbol{e}_\theta=\boldsymbol{e}_z\times\boldsymbol{e}_r$$

$$(\boldsymbol{r}=x\boldsymbol{i}+y\boldsymbol{j},\qquad r=\sqrt{x^2+y^2})$$

で与えられる。

ここで，空間の点 P を囲む図（b）のような微小体積を考える。次の手順で，$\boldsymbol{h}$ の発散が円柱座標系では

$$\boxed{\nabla\cdot\boldsymbol{h}=\frac{1}{r}\cdot\frac{\partial}{\partial r}(rh_r)+\frac{1}{r}\cdot\frac{\partial h_\theta}{\partial\theta}+\frac{\partial h_z}{\partial z}}$$

と表されることを確かめよ。

（1） 面 S_1，面 S_2 の面積ベクトルが，各々，次式で与えられることを示せ。

$$\Delta\boldsymbol{S}_1=r\Delta\theta\Delta r\boldsymbol{e}_z,\qquad \Delta\boldsymbol{S}_2=r\Delta\theta\Delta r(-\boldsymbol{e}_z)$$

（2） 面 S_1，面 S_2 を横切る流束は，各々，次式で与えられることを示せ。

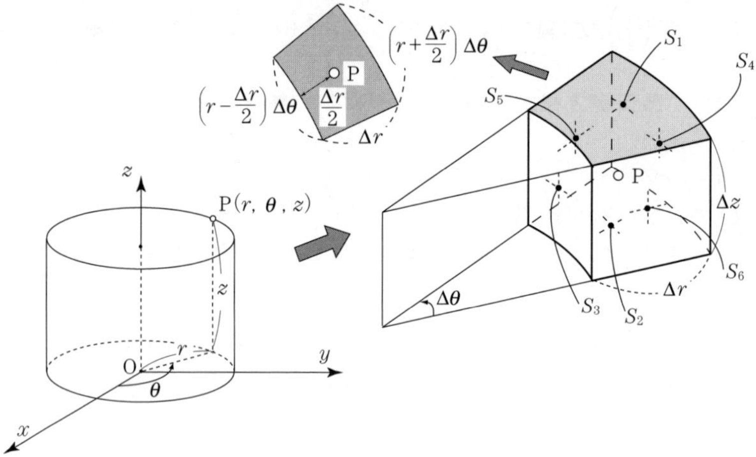

（a）　（b）

図 4.11

$$\Delta W_f{}^1 = h_z\left(r, \theta, z+\frac{\Delta z}{2}\right) r\Delta r\Delta\theta$$

$$\Delta W_f^2 = -h_z\left(r, \theta, z-\frac{\Delta z}{2}\right) r\Delta r\Delta\theta$$

（3） 面 S_1，面 S_2 を横切る流束の和は，次式で表されることを示せ。

$$\Delta W_f{}^1 + \Delta W_f{}^2 = \left[h_z\left(r, \theta, z+\frac{\Delta z}{2}\right) - h_z\left(r, \theta, z-\frac{\Delta z}{2}\right)\right] r\Delta r\Delta\theta$$

（4） （3）は，近似的に次のようになることを確かめよ。

$$\Delta W_f{}^1 + \Delta W_f{}^2 \approx \left[\frac{\partial h_z}{\partial z}\right] r\Delta r\Delta\theta\Delta z$$

（5） 面 S_3，面 S_4 の面積ベクトルは，各々，次のようになることを確かめよ。

$$\Delta \boldsymbol{S}_3 = \left(r-\frac{\Delta r}{2}\right)\Delta\theta\Delta z(-\boldsymbol{e}_r), \qquad \Delta \boldsymbol{S}_4 = \left(r+\frac{\Delta r}{2}\right)\Delta\theta\Delta z\boldsymbol{e}_r$$

（6） （5）より

$$\Delta W_f{}^3 = \boldsymbol{h}_3 \cdot \Delta \boldsymbol{S}_3 = -h_r\left(r-\frac{\Delta r}{2}, \theta, z\right)\left(r-\frac{\Delta r}{2}\right)\Delta\theta\Delta z$$

$$\approx -\left[h_r(r, \theta, z) - \frac{\partial h_r}{\partial r}\frac{\Delta r}{2}\right]\left(r-\frac{\Delta r}{2}\right)\Delta\theta\Delta z$$

$$\Delta W_f{}^4 = \boldsymbol{h}_4 \cdot \Delta \boldsymbol{S}_4 = h_r\left(r+\frac{\Delta r}{2}, \theta, z\right)\left(r+\frac{\Delta r}{2}\right)\Delta\theta\Delta z$$

$$\approx\left[h_r(r,\theta,z)+\frac{\partial h_r}{\partial r}\frac{\Delta r}{2}\right]\left(r+\frac{\Delta r}{2}\right)\Delta\theta\Delta z$$

となることを示せ。

（7） さらに，$(\Delta r)^2$ 以上の高次の項を無視すると

$$\Delta W_f{}^3\approx-\left[h_r(r,\theta,z)\,r-\frac{\partial h_r}{\partial r}\frac{\Delta r}{2}\,r-h_r(r,\theta,z)\frac{\Delta r}{2}\right)\Delta\theta\Delta z$$

$$\Delta W_f{}^4\approx\left[h_r(r,\theta,z)\,r+\frac{\partial h_r}{\partial r}\frac{\Delta r}{2}\,r+h_r(r,\theta,z)\frac{\Delta r}{2}\right)\Delta\theta\Delta z$$

これから

$$\Delta W_f{}^3+\Delta W_f{}^4\approx\left[\frac{\partial h_r}{\partial r}\,r+h_r(r,\theta,z)\right]\Delta r\Delta\theta\Delta z,$$

$$\therefore\quad \Delta W_f{}^3+\Delta W_f{}^4\approx\left[\frac{\partial}{\partial r}(rh_r)\right]\Delta r\Delta\theta\Delta z$$

となることを確かめよ。

（8） 面 S_5，面 S_6 の面積ベクトルは，次のように与えられることを確かめよ。

$$\Delta\boldsymbol{S}_5=\Delta r\Delta z\boldsymbol{e}_{\theta+\Delta\theta/2},\qquad \Delta\boldsymbol{S}_6=\Delta r\Delta z(-\boldsymbol{e}_{\theta-\Delta\theta/2})$$

ただし，$\boldsymbol{e}_{\theta+\Delta\theta/2}$ および $\boldsymbol{e}_{\theta-\Delta\theta/2}$ は，各々，$\theta+\Delta\theta/2$ およびに $\theta-\Delta\theta/2$ における単位ベクトル（両者は，大きさは1で等しいが，向きが異なることに注意）

（9） （8）より

$$\Delta W_f{}^5=\boldsymbol{h}_5\cdot\Delta\boldsymbol{S}_5=h_\theta\left(r,\theta+\frac{\Delta\theta}{2},z\right)\Delta r\Delta z$$

$$\approx\left[h_\theta(r,\theta,z)+\frac{\partial h_\theta}{\partial\theta}\frac{\Delta\theta}{2}\right]\Delta r\Delta z$$

$$\Delta W_f{}^6=\boldsymbol{h}_6\cdot\Delta\boldsymbol{S}_6=-h_r\left(r,\theta-\frac{\Delta\theta}{2},z\right)\Delta r\Delta z$$

$$\approx-\left[h_\theta(r,\theta,z)-\frac{\partial h_\theta}{\partial\theta}\frac{\Delta\theta}{2}\right]\Delta r\Delta z$$

$$\therefore\quad \Delta W_f{}^5+\Delta W_f{}^6\approx\left[\frac{\partial h_\theta}{\partial\theta}\right]\Delta r\Delta\theta\Delta z$$

となることを確かめよ。

（10） （4），（7）および（9）の結果より，この微小体積の表面全体を横切る流束は

$$\Delta W_f=\Delta W_f{}^1+\Delta W_f{}^2+\cdots+\Delta W_f{}^6$$

$$\approx\left[\frac{\partial h_z}{\partial z}+\frac{1}{r}\frac{\partial}{\partial r}(rh_r)+\frac{1}{r}\frac{\partial h_\theta}{\partial\theta}\right]r\Delta r\Delta\theta\Delta z$$

となることを確かめよ。

(11)　この微小体積の大きさは，$\Delta V = r\Delta r\Delta\theta\Delta z$ で与えられる。これから

$$\Delta W_f = \left[\frac{1}{r}\frac{\partial}{\partial r}(rh_r) + \frac{1}{r}\frac{\partial h_\theta}{\partial \theta} + \frac{\partial h_z}{\partial z}\right]\Delta V$$

となることを確かめよ。したがって

$$\nabla\cdot\boldsymbol{h} = \frac{1}{r}\frac{\partial}{\partial r}(rh_r) + \frac{1}{r}\frac{\partial h_\theta}{\partial \theta} + \frac{\partial h_z}{\partial z}$$

となることを確かめよ。

4.5　ベクトル場の回転

〔1〕 定　　義

ベクトル微分演算子 ∇ とベクトル

$$\boldsymbol{A}(x, y, z) = A_x(x, y, z)\boldsymbol{i} + A_y(x, y, z)\boldsymbol{j} + A_z(x, y, z)\boldsymbol{k} \tag{4.75}$$

との外積をとる。

$$\nabla\times\boldsymbol{A} = \left(\boldsymbol{i}\frac{\partial}{\partial x} + \boldsymbol{j}\frac{\partial}{\partial y} + \boldsymbol{k}\frac{\partial}{\partial z}\right)\times(A_x\boldsymbol{i} + A_y\boldsymbol{j} + A_z\boldsymbol{k}) \tag{4.76}$$

結果は

$$\nabla\times\boldsymbol{A} = \left(\frac{\partial A_z}{\partial y} - \frac{\partial A_y}{\partial z}\right)\boldsymbol{i} + \left(\frac{\partial A_x}{\partial z} - \frac{\partial A_z}{\partial x}\right)\boldsymbol{j} + \left(\frac{\partial A_y}{\partial x} - \frac{\partial A_x}{\partial y}\right)\boldsymbol{k} \tag{4.77}$$

となる。これを**ベクトル場の回転**（rotation あるいは curl）と呼び

$$\mathrm{rot}\,\boldsymbol{A} = \left(\frac{\partial A_z}{\partial y} - \frac{\partial A_y}{\partial z}\right)\boldsymbol{i} + \left(\frac{\partial A_x}{\partial z} - \frac{\partial A_z}{\partial x}\right)\boldsymbol{j} + \left(\frac{\partial A_y}{\partial x} - \frac{\partial A_x}{\partial y}\right)\boldsymbol{k} \tag{4.78}$$

あるいは

$$\mathrm{curl}\,\boldsymbol{A} = \left(\frac{\partial A_z}{\partial y} - \frac{\partial A_y}{\partial z}\right)\boldsymbol{i} + \left(\frac{\partial A_x}{\partial z} - \frac{\partial A_z}{\partial x}\right)\boldsymbol{j} + \left(\frac{\partial A_y}{\partial x} - \frac{\partial A_x}{\partial y}\right)\boldsymbol{k} \tag{4.79}$$

と表すこともある。

ベクトルの回転によって得られる量は，
ベクトル量であり，大きさと方向を持つ。

ベクトルの回転は，普通のベクトルの外積と同様，次の行列式を形式的に計算することによっても計算できる（問 4.32 参照）。

$$\nabla\times\boldsymbol{A}=\begin{vmatrix}\boldsymbol{i} & \boldsymbol{j} & \boldsymbol{k}\\ \dfrac{\partial}{\partial x} & \dfrac{\partial}{\partial y} & \dfrac{\partial}{\partial z}\\ A_x & A_y & A_z\end{vmatrix} \tag{4.80}$$

実際に，ベクトルの回転を計算する場合，式（4.77）の右辺を全部暗記する必要はない。演算子の成分を普通のベクトルの成分と同じと考え，形式的に行列式（4.80）を用いるのが簡単である。

〔2〕 回転の意味

図 4.12 に示す剛体の回転の例で，式（4.77）で定義されるベクトルの回転の意味を考えてみる。

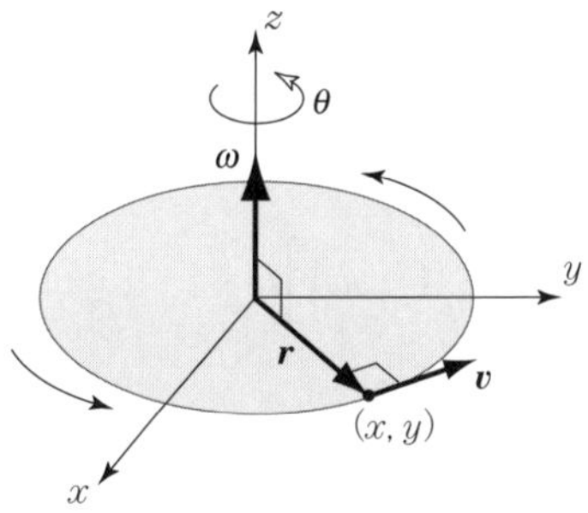

図 4.12　剛体の各点の速度ベクトル $\boldsymbol{v}$ と角速度ベクトル $\boldsymbol{\omega}$

剛体の回転の角速度ベクトルを $\boldsymbol{\omega}$ とすると

$$\boxed{\boldsymbol{\omega}=\omega\boldsymbol{k},\qquad \omega=d\theta/dt} \tag{4.81}$$

で表される。すなわち，角速度ベクトルの大きさ ω は，単位時間当りの回転角 $d\theta/dt$ であり，その向きを z 方向にとる。このとき，剛体上の点（$x, y, z=0$）の速度ベクトルは

$$\boxed{\boldsymbol{v}=\boldsymbol{\omega}\times\boldsymbol{r}} \tag{4.82}$$

と表すことができる。ただし，$\boldsymbol{r}$ は点 $(x, y, z=0)$ の位置ベクトル

$$\boldsymbol{r}=x\boldsymbol{i}+y\boldsymbol{j} \tag{4.83}$$

である。角速度ベクトルを式 (4.81) のように選ぶと，たしかに剛体の速度の大きさは，$v=r\omega$ となり，また，速度の方向は，位置ベクトルと角速度ベクトルの両方に垂直な方向，すなわち，この点を通る円の接線方向（θ 方向）になる。

ここで，式 (4.82) の右辺は

$$\boldsymbol{\omega}\times\boldsymbol{r}=\omega\boldsymbol{k}\times(x\boldsymbol{i}+y\boldsymbol{j})=\begin{vmatrix} \boldsymbol{i} & \boldsymbol{j} & \boldsymbol{k} \\ 0 & 0 & \omega \\ x & y & 0 \end{vmatrix}$$

$$\therefore \quad \boldsymbol{\omega}\times\boldsymbol{r}=-y\omega\boldsymbol{i}+x\omega\boldsymbol{j} \tag{4.84}$$

したがって，速度場は

$$\boxed{\boldsymbol{v}(x, y)=v_x\boldsymbol{i}+v_y\boldsymbol{j}, \qquad v_x=-y\omega, \qquad v_y=x\omega} \tag{4.85}$$

で与えられる。そこで，速度ベクトルの回転を計算すると

$$\nabla\times\boldsymbol{v}=\begin{vmatrix} \boldsymbol{i} & \boldsymbol{j} & \boldsymbol{k} \\ \dfrac{\partial}{\partial x} & \dfrac{\partial}{\partial y} & \dfrac{\partial}{\partial z} \\ -y\omega & x\omega & 0 \end{vmatrix}=\left[\frac{\partial}{\partial x}(x\omega)-\frac{\partial}{\partial y}(-y\omega)\right]\boldsymbol{k}$$

$$\boxed{\therefore \quad \nabla\times\boldsymbol{v}=2\omega\boldsymbol{k}=2\boldsymbol{\omega}} \tag{4.86}$$

となる。速度ベクトルの回転 $\nabla\times\boldsymbol{v}$ は，剛体の回転の角速度ベクトル $\boldsymbol{\omega}$ の方向を向き，その大きさは ω のちょうど 2 倍になっている。

問 4.32 次の二つの方法により，式 (4.78) が成り立つことを確かめよ。

（1） 式 (4.76) をそのまま展開する方法。この場合，$\boldsymbol{i}\times\boldsymbol{i}=\boldsymbol{0}$，$\boldsymbol{i}\times\boldsymbol{j}=\boldsymbol{k}, \cdots$ などの関係を用いる。

（2） 行列式 (4.80) を計算する方法。

問 4.33 次のベクトル場の回転 $\nabla\times\boldsymbol{A}$ を求めよ。また，指定された点における $\nabla\times\boldsymbol{A}$ の大きさと，$\nabla\times\boldsymbol{A}$ の方向の単位ベクトルを求めよ。

（1）　$\boldsymbol{A}(x,y,z)=yz\boldsymbol{i}+zx\boldsymbol{j}+xy\boldsymbol{k}$,　　$(x,y,z)=(1,1,1)$

（2）　$\boldsymbol{A}(x,y,z)=ay^2\boldsymbol{i}+bx^2\boldsymbol{j}+cz^2\boldsymbol{k}$,　　$(x,y,z)=(1,1,1)$

問 4.34　$\boldsymbol{r}$ を点 (x,y,z) を表す位置ベクトルとするとき

$$\boxed{\nabla\times\boldsymbol{r}=0} \tag{4.87}$$

となることを示せ。

問 4.35　次の二つの速度場を比較する。

（a）　剛体の回転を表す速度場：式 (4.85)

$$\boldsymbol{v}(x,y)=v_x\boldsymbol{i}+v_y\boldsymbol{j},\qquad v_x=-y\omega,\qquad v_y=x\omega$$

（b）　点源からの湧出しを表す流れの速度場：問 3.16 参照

$$\boldsymbol{v}(x,y)=v_x\boldsymbol{i}+v_y\boldsymbol{j},\qquad v_x=x/r^3,\qquad v_y=y/r^3,\qquad r=\sqrt{x^2+y^2}$$

次の問に答えよ。

（1）　（a），（b）の流れ場の概略の様子を (x,y) 平面上で流線図として図示せよ。

（2）　（a），（b）の流れ場について $\nabla\times\boldsymbol{v}$ を計算せよ。（1）で描いた流れ場の特徴と $\nabla\times\boldsymbol{v}$ の計算結果を比較して，気がつく点を挙げよ。

問 4.36　4.5 節〔2〕では，回転の軸を z 軸にとり，(x,y) 平面内での回転を考えた。**図 4.13** のように回転の面が (x,y) 平面内にない場合

$$\boldsymbol{r}=x\boldsymbol{i}+y\boldsymbol{j}+z\boldsymbol{k}$$
$$\boldsymbol{\omega}=\omega_x\boldsymbol{i}+\omega_y\boldsymbol{j}+\omega_z\boldsymbol{k}$$
$$\boldsymbol{v}=\boldsymbol{\omega}\times\boldsymbol{r}$$

についても式 (4.86) が成り立つことを，以下の手順で示せ。

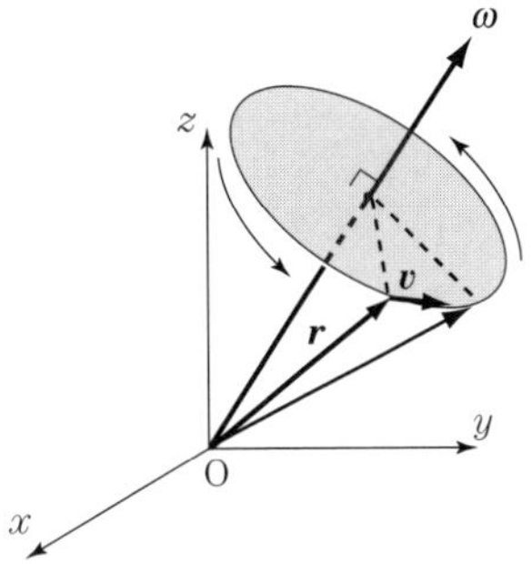

図 4.13

（1）　$|\boldsymbol{v}|=v=a\omega$ になることを説明せよ。ただし，a は回転の半径，ω は角速度ベクトルの大きさである。

〈**ヒント**〉　位置ベクトルと角速度ベクトルのなす角を α とすると，$a=|\boldsymbol{r}|\sin\alpha$)。

（2）　$\boldsymbol{v}(x,y)=v_x\boldsymbol{i}+v_y\boldsymbol{j}+v_z\boldsymbol{k}$ の各成分，v_x，v_y，v_z を，$\boldsymbol{v}=\boldsymbol{\omega}\times\boldsymbol{r}$ の右辺を計算することにより求めよ。

（3）　（2）を用いて，$\nabla\times\boldsymbol{v}$ を計算せよ。

（4）　$\nabla\times\boldsymbol{v}=2\boldsymbol{\omega}$ が成立することを確かめよ。

問 4.37 二つのベクトル

$$\boldsymbol{A}(x,y,z)=A_x(x,y,z)\,\boldsymbol{i}+A_y(x,y,z)\,\boldsymbol{j}+A_z(x,y,z)\,\boldsymbol{k}$$
$$\boldsymbol{B}(x,y,z)=B_x(x,y,z)\,\boldsymbol{i}+B_y(x,y,z)\,\boldsymbol{j}+B_z(x,y,z)\,\boldsymbol{k}$$

が与えられるとき

$$\boxed{\nabla\times(\boldsymbol{A}+\boldsymbol{B})=\nabla\times\boldsymbol{A}+\nabla\times\boldsymbol{B}}$$

が成り立つことを示せ。

問 4.38 ベクトル

$$\boldsymbol{A}(x,y,z)=A_x(x,y,z)\,\boldsymbol{i}+A_y(x,y,z)\,\boldsymbol{j}+A_z(x,y,z)\,\boldsymbol{k}$$

とスカラー $\varphi(x,y,z)$ の積 $\varphi\boldsymbol{A}$ の回転を計算し，次式が成り立つことを示せ。

$$\boxed{\nabla\times(\varphi\boldsymbol{A})=(\nabla\varphi)\times\boldsymbol{A}+\varphi(\nabla\times\boldsymbol{A})} \tag{4.88}$$

問 4.39 $\boldsymbol{r}$ を，点 (x,y,z) を表す位置ベクトルとするとき，次の計算をせよ。

（1）$\nabla\times(r\boldsymbol{r})$

（2）$\nabla\times\left(\dfrac{\boldsymbol{r}}{r}\right)$

（3）$\nabla\times\left(\dfrac{K}{r^2}\dfrac{\boldsymbol{r}}{r}\right)$

問 4.40 (x,y,z) 座標系において

$$\boxed{\nabla\times(\nabla\times\boldsymbol{A})=\nabla(\nabla\cdot\boldsymbol{A})-\nabla^2\boldsymbol{A}} \tag{4.89}$$

が成り立つことを次の二つの方法で確かめよ。

（1）ベクトルについての三重積の公式，式（1.42）を用いる方法。

（2）直接，右辺と左辺を計算し，両辺を比較する方法。

この公式は，電磁気学では，電磁波を扱うときに用いる重要な公式である。

〈注〉 ∇^2 は，問 4.28 で定義したラプラシアンを表す。上の関係式は，曲線座標系，例えば，円柱座標系や，球座標系に対しては成立しないことに注意。直角座標系では，その基本ベクトル $\boldsymbol{i}$，$\boldsymbol{j}$，$\boldsymbol{k}$ は位置に依存しない。これに対して曲線座標系では基本ベクトルが空間の場所，場所で変化する。微分演算を行うときには，この点に注意しなければならない。

問 4.41 ベクトル $\boldsymbol{A}$，$\boldsymbol{B}$ に対して，次式が成り立つことを確かめよ。

$$\nabla\times(\boldsymbol{A}\times\boldsymbol{B})=(\boldsymbol{B}\cdot\nabla)\boldsymbol{A}-(\boldsymbol{A}\cdot\nabla)\boldsymbol{B}+\boldsymbol{A}(\nabla\cdot\boldsymbol{B})-\boldsymbol{B}(\nabla\cdot\boldsymbol{A}) \tag{4.90}$$

4.6 勾配ベクトルの回転

ベクトル $\boldsymbol{A}$ が，スカラー φ の勾配から導かれる場合

$$\boxed{\boldsymbol{A}=\nabla\varphi} \tag{4.91}$$

を考える。このとき，スカラー φ をベクトル場の**スカラーポテンシャル**と呼ぶことがある。このように，ベクトル $\boldsymbol{A}$ が，スカラー φ の勾配から導かれる場合には，ベクトル $\boldsymbol{A}$ の回転は，恒等的に

$$\boxed{\nabla\times\boldsymbol{A}=\nabla\times(\nabla\varphi)\equiv 0} \tag{4.92}$$

となる。これは，以下のようにして示すことができる。

$$\begin{aligned}
\nabla\times\nabla\varphi &= \begin{vmatrix} \boldsymbol{i} & \boldsymbol{j} & \boldsymbol{k} \\ \dfrac{\partial}{\partial x} & \dfrac{\partial}{\partial y} & \dfrac{\partial}{\partial z} \\ \dfrac{\partial\varphi}{\partial x} & \dfrac{\partial\varphi}{\partial y} & \dfrac{\partial\varphi}{\partial z} \end{vmatrix} \\
&= \left[\frac{\partial}{\partial y}\left(\frac{\partial\varphi}{\partial z}\right)-\frac{\partial}{\partial z}\left(\frac{\partial\varphi}{\partial y}\right)\right]\boldsymbol{i}+\left[\frac{\partial}{\partial z}\left(\frac{\partial\varphi}{\partial x}\right)-\frac{\partial}{\partial x}\left(\frac{\partial\varphi}{\partial z}\right)\right]\boldsymbol{j} \\
&\quad +\left[\frac{\partial}{\partial x}\left(\frac{\partial\varphi}{\partial y}\right)-\frac{\partial}{\partial y}\left(\frac{\partial\varphi}{\partial x}\right)\right]\boldsymbol{k} \\
&= \left[\left(\frac{\partial^2\varphi}{\partial y\partial z}\right)-\left(\frac{\partial^2\varphi}{\partial z\partial y}\right)\right]\boldsymbol{i}+\left[\left(\frac{\partial^2\varphi}{\partial z\partial x}\right)-\left(\frac{\partial^2\varphi}{\partial x\partial z}\right)\right]\boldsymbol{j} \\
&\quad +\left[\left(\frac{\partial^2\varphi}{\partial x\partial y}\right)-\left(\frac{\partial^2\varphi}{\partial y\partial x}\right)\right]\boldsymbol{k} \\
&\equiv 0
\end{aligned}$$

すなわち，任意のスカラー $\varphi(x, y, z)$ の勾配によって導かれるベクトルに対して

$$\boxed{\nabla\times(\nabla\varphi)\equiv 0} \tag{4.93}$$

が恒等的に成り立つ。

問 4.42　4.1 節を復習し，スカラーから導かれるベクトル場の例をできる限り上げよ。

〈**例**〉 時間的に変化しない電場（静電場）では電場と静電ポテンシャルの間には，$\boldsymbol{E}=-\nabla\varphi$ の関係がある。静電場では，電場の回転はゼロとなる（$\nabla\times\boldsymbol{E}=0$）。静電場の重要な性質である。

問 4.43　次のスカラー場について，その勾配 $\nabla\varphi$ および勾配ベクトルの回転 $\nabla\times(\nabla\varphi)$ を計算し，式（4.93）が成り立つことを確かめよ。

（1）　$\varphi(x,y)=ax^2+by^2$

（2）　$\varphi(x,y,z)=a/r,\qquad r=\sqrt{x^2+y^2}$

（3）　$\varphi(x,y,z)=a/r,\qquad r=\sqrt{x^2+y^2+z^2}$

ただし，a，b は定数である。

4.7　回転によって定義されるベクトル場の発散

ベクトル $\boldsymbol{B}$ が，ベクトル $\boldsymbol{A}$ の回転によって

$$\boxed{\boldsymbol{B}=\nabla\times\boldsymbol{A}} \tag{4.94}$$

と与えられる場合を考える。このとき，ベクトル場の発散は，恒等的に

$$\boxed{\nabla\cdot\boldsymbol{B}=\nabla\cdot(\nabla\times\boldsymbol{A})\equiv 0} \tag{4.95}$$

となる。これは，以下のようにして示すことができる。

$$\nabla\times\boldsymbol{A}=\left(\frac{\partial A_z}{\partial y}-\frac{\partial A_y}{\partial z}\right)\boldsymbol{i}+\left(\frac{\partial A_x}{\partial z}-\frac{\partial A_z}{\partial x}\right)\boldsymbol{j}+\left(\frac{\partial A_y}{\partial x}-\frac{\partial A_x}{\partial y}\right)\boldsymbol{k}$$

$$\nabla\cdot\boldsymbol{B}=\left(\frac{\partial B_x}{\partial x}\right)+\left(\frac{\partial B_y}{\partial y}\right)+\left(\frac{\partial B_z}{\partial z}\right)$$

より

$$\begin{aligned}\nabla\cdot\boldsymbol{B}&=\nabla\cdot(\nabla\times\boldsymbol{A})\\&=\frac{\partial}{\partial x}\left(\frac{\partial A_z}{\partial y}-\frac{\partial A_y}{\partial z}\right)+\frac{\partial}{\partial y}\left(\frac{\partial A_x}{\partial z}-\frac{\partial A_z}{\partial x}\right)+\frac{\partial}{\partial z}\left(\frac{\partial A_y}{\partial x}-\frac{\partial A_x}{\partial y}\right)\\&=\left(\frac{\partial^2 A_z}{\partial x\partial y}-\frac{\partial^2 A_y}{\partial x\partial z}\right)+\left(\frac{\partial^2 A_x}{\partial y\partial z}-\frac{\partial^2 A_z}{\partial y\partial x}\right)+\left(\frac{\partial^2 A_y}{\partial z\partial x}-\frac{\partial^2 A_x}{\partial z\partial y}\right)\end{aligned}$$

$$=\left(\frac{\partial^2 A_z}{\partial x\partial y}-\frac{\partial^2 A_z}{\partial y\partial x}\right)+\left(\frac{\partial^2 A_x}{\partial y\partial z}-\frac{\partial^2 A_x}{\partial z\partial y}\right)+\left(\frac{\partial^2 A_y}{\partial z\partial x}-\frac{\partial^2 A_y}{\partial x\partial z}\right)$$

$$\equiv 0$$

以上のように，任意のベクトル $\boldsymbol{A}$ の回転によって得られるベクトル $\nabla\times\boldsymbol{A}$ について，その発散は，恒等的にゼロになる。

$$\boxed{\nabla\cdot(\nabla\times\boldsymbol{A})\equiv 0} \tag{4.96}$$

問 4.44　次のベクトル場について，その回転 $\nabla\times\boldsymbol{A}$ およびその発散 $\nabla\cdot(\nabla\times\boldsymbol{A})$ を計算し，式 (4.96) が成り立つことを確かめよ。

$$\boldsymbol{A}(x,y,z)=A_x(x,y,z)\,\boldsymbol{i}+A_y(x,y,z)\,\boldsymbol{j}+A_z(x,y,z)\,\boldsymbol{k}$$

（1）　$A_x(x,y,z)=ay,\quad A_y(x,y,z)=-ax,\quad A_z(x,y,z)=0$

（2）　$A_x(x,y,z)=-ay/r^2,\quad A_y(x,y,z)=ax/r^2,\quad A_z(x,y,z)=0,$
$r=\sqrt{x^2+y^2+z^2}$

問 4.45　式 (4.94) のように，ベクトル場がベクトルの回転によって $\boldsymbol{B}=\nabla\times\boldsymbol{A}$ と与えられるとき，$\boldsymbol{A}$ を $\boldsymbol{B}$ の**ベクトルポテンシャル**と呼ぶ。電磁気学で磁束密度を表すベクトル $\boldsymbol{B}$ は $\nabla\cdot\boldsymbol{B}=0$ を満たす。したがって，磁束密度はベクトルポテンシャル $\boldsymbol{A}$ を用いて $\boldsymbol{B}=\nabla\times\boldsymbol{A}$ のように数学的に表現できる。次の問に答えよ。

（1）　$\boldsymbol{A}=A_x\boldsymbol{i}+A_y\boldsymbol{j}+A_z\boldsymbol{k}$ とする。$\nabla\times\boldsymbol{A}$ の各成分を書き下せ。

（2）　$\boldsymbol{B}=B_x\boldsymbol{i}+B_y\boldsymbol{j}+B_z\boldsymbol{k}$ が空間的に一様で，その大きさが B_0，方向は z 方向とする（$B_x=B_y=0$）。このとき，（1）から次の関係が成り立つことを確かめよ。

$$B_0=\frac{\partial A_y}{\partial x}-\frac{\partial A_x}{\partial y}$$

（3）　$A_x=-\dfrac{1}{2}B_0 y,\quad A_y=\dfrac{1}{2}B_0 x,\quad A_z=0$　は，（2）を満たすことを確かめよ。

（4）　ベクトル $\boldsymbol{A}$ の概略の様子をベクトル図として図示せよ。

まとめの Quiz

1 偏微分

（1）　**偏微分係数**

点 (x,y) における $f(x,y)$ の x に関する偏微分係数 $\partial f/\partial x$ は，次式で定

義される。

$$\frac{\partial f}{\partial x}=\lim_{\Delta x\to 0}\frac{\boxed{\qquad\qquad\qquad}}{\Delta x}$$

同様に，点 (x, y) における $f(x, y)$ の y に関する偏微分係数 $\partial f/\partial y$ は，次式で定義される。

$$\frac{\partial f}{\partial y}=\lim_{\Delta y\to 0}\frac{\boxed{\qquad\qquad\qquad}}{\Delta y}$$

（2）**全微分**

関数 $f(x, y)$ の全微分 df は，x，y を同時に微小変化 dx，dy だけ変化させたときの，関数 $f(x, y)$ の変化分を表し，次式で与えられる。

$$df=f(\boxed{\qquad\qquad})-f(x, y)$$

$$\to\ df=\boxed{\qquad}\,dx+\boxed{\qquad}\,dy$$

2 ベクトル演算子

$$\nabla=\boxed{\qquad\qquad\qquad}$$

3 スカラー場の勾配

（1）**スカラー場 $\varphi(x, y, z)$ の勾配**

$$\nabla\varphi(x, y, z)=\boxed{\qquad\qquad\qquad}$$

（2）**勾配の方向と大きさ**

勾配の方向は $\boxed{\qquad\qquad\qquad}$ であり，

つねに，ϕ の等高線と $\boxed{\qquad}$ な方向を向く

勾配の大きさは，次式で与えられる。

$$\boxed{\qquad\qquad\qquad}$$

（3）**原点からの距離に関する勾配**

$$\nabla r = \square$$

$$\nabla\left(\frac{1}{r}\right) = \square$$

ただし，$\boldsymbol{r} = x\boldsymbol{i} + y\boldsymbol{j} + z\boldsymbol{k}$

4 ベクトル場の発散

（1） **ベクトル場 $\boldsymbol{A}(x, y, z)$ の発散**

$$\nabla \cdot \boldsymbol{A} = \square$$

ベクトルの発散は □ である。

（2） **ベクトル場の流束と発散**

空間の点における発散 $\nabla \cdot \boldsymbol{h}$ と，この点を囲む微小体積の表面全体を通過する流束（**図 4.14**）

$$\sum_{i=1}^{6} \square \cdot \Delta \boldsymbol{S}_i$$

との間には

$$(\nabla \cdot \boldsymbol{h}) \nabla V$$

$$= \square$$

の関係が成り立つ。

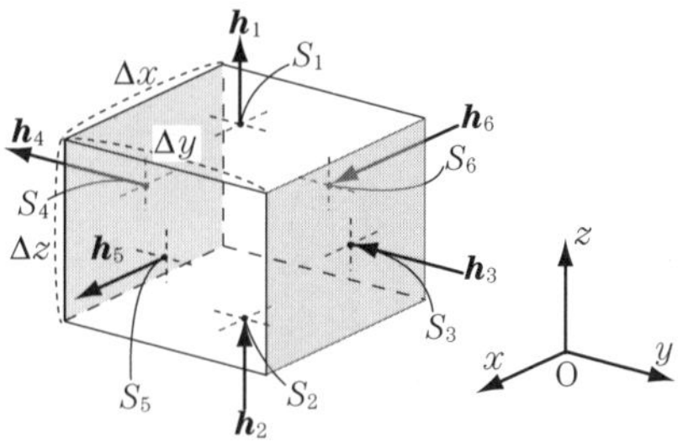

図 4.14

また，この微小体積内のエネルギー Q の時間変化と発散との間には

$$\therefore \quad \frac{\Delta Q}{\Delta t} = \square$$

の関係が成り立つ。したがって，Q が一定に保たれるとき，微小体積内でエネルギーの発生，消滅がなければ，発散はゼロである。これは，表面を通してのエネルギーの

□ と □ とが □ していることを意味する。

（3） **密度連続の式**

流体の空間中の密度および速度を $\rho(x, y, z, t)$，$\boldsymbol{v}(x, y, z, t)$ とする。空間の点 (x, y, z) における密度の時間変化は，次の密度連続の式によって記述さ

れる。

[ ]

ただし，S_M は空間の点における単位時間，単位体積当りの流体の湧出し（吸込み）量である。

（4） **ベクトル $\boldsymbol{A}(x,y,z)$ とスカラー $\varphi(x,y,z)$ との積 $\varphi\boldsymbol{A}$ の発散**

$$\nabla\cdot(\varphi\boldsymbol{A})=\boxed{\quad}$$

（5） **位置ベクトル $\boldsymbol{r}$ に関係する量の発散**

$$\nabla\cdot\boldsymbol{r}=\boxed{\quad}$$

$$\nabla\cdot\left(\frac{\boldsymbol{r}}{r}\right)=\boxed{\quad}$$

$$\nabla\cdot\left(\frac{\boldsymbol{r}}{r^3}\right)=\boxed{\quad}$$

5 ラプラシアン

$$\nabla^2=\boxed{\quad}$$

6 ベクトル場の回転

（1） **ベクトル場 $\boldsymbol{A}(x,y,z)$ の回転**

$$\nabla\times\boldsymbol{A}=\boxed{\quad}$$

ベクトルの回転は [ ] である。

（2） **回転の行列式による表現**

$$\nabla\times\boldsymbol{A}=\begin{vmatrix} \boldsymbol{i} & \boldsymbol{j} & \boldsymbol{k} \\ & & \\ & & \end{vmatrix}$$

（3） **剛体の回転**

回転速度ベクトルは，角速度ベクトル $\boldsymbol{\omega}$ と位置ベクトル $\boldsymbol{r}$ とを用いて

$$\boldsymbol{v}=\boxed{}$$

(x, y) 平面内の回転を考える。角速度ベクトルの方向を z 軸に選ぶ（$\boldsymbol{\omega}=\omega\boldsymbol{k}$）と，速度ベクトルの各成分は

$$\boldsymbol{v}(x, y)=v_x\boldsymbol{i}+v_y\boldsymbol{j}, \qquad v_x=\boxed{} \qquad v_y=\boxed{}$$

速度ベクトルの回転は

$$\therefore \quad \nabla\times\boldsymbol{v}=\boxed{}$$

したがって

$\nabla\times\boldsymbol{v}$ の方向は，$\boldsymbol{v}$ の方向に $\boxed{}$ で，大きさは，$\boxed{}$ となる。

（4） **ベクトル $\boldsymbol{A}$（x, y, z）とスカラー $\varphi(x, y, z)$ との積 $\varphi\boldsymbol{A}$ の回転**

$$\nabla\times(\varphi\boldsymbol{A})=\boxed{}$$

（5） **位置ベクトルに関連する量の回転**

$$\nabla\times\boldsymbol{r}=\boxed{}$$

$$\nabla\times(r\boldsymbol{r})=\boxed{}$$

$$\nabla\times\left(\frac{\boldsymbol{r}}{r}\right)=\boxed{}$$

$$\nabla\times\left(\frac{\boldsymbol{r}}{r^3}\right)=\boxed{}$$

7 スカラーポテンシャルと勾配ベクトルの回転

（1） **スカラーポテンシャル**

ベクトル $\boldsymbol{A}$ が，スカラー φ の勾配から導かれる場合

$$\boldsymbol{A}=\boxed{}$$

このとき，スカラー φ をベクトル $\boldsymbol{A}$ の $\boxed{}$ という。

(2)　勾配ベクトルの回転に関する恒等式

$$\nabla\times(\nabla\varphi)\equiv\boxed{}$$

(3)　スカラーポテンシャルの例

力 $\boldsymbol{F}$ と位置エネルギー U の間には，$\boxed{}$ の関係がある。

電場 $\boldsymbol{E}$ と静電ポテンシャル φ の間には，$\boxed{}$ の関係がある。

8 ベクトルポテンシャルと回転により定義されるベクトルの発散

(1)　ベクトルポテンシャル

ベクトル $\boldsymbol{B}$ が，ベクトル $\boldsymbol{A}$ の回転から導かれる場合

$$\boldsymbol{B}=\boxed{}$$

このとき，ベクトル $\boldsymbol{A}$ をベクトル $\boldsymbol{B}$ の $\boxed{}$ という。

(2)　回転ベクトルによって定義される量の発散に関する恒等式

$$\nabla\cdot(\nabla\times\boldsymbol{A})\equiv\boxed{}$$

(3)　ベクトルポテンシャルの例

磁束密度ベクトル $\boldsymbol{B}$ の発散は，つねに $\boxed{}$ であるから，磁束密度 $\boldsymbol{B}$ は，ベクトル $\boldsymbol{A}$ の $\boxed{}$ として，$\boldsymbol{B}=\boxed{}$ のように表すことができる。

5. ベクトルの積分

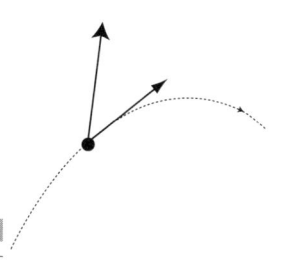

5.1 線　積　分

〔1〕 温度勾配ベクトルの例

4.2 節で考えた温度勾配ベクトルに関して，その線積分を考える。4.2 節〔1〕の 2 次元温度場の例で，点 P(x, y) と点 P から少しだけ離れた点 Q$(x+\Delta x, y+\Delta y)$ の温度差は，温度勾配ベクトル ∇T と点 P から点 Q への変位ベクトル $\Delta \boldsymbol{r}$ とを用いて

$$\Delta T = \nabla T \cdot \Delta \boldsymbol{r} \tag{5.1}$$

で与えられる。

図 5.1 に示すような経路に沿って点 P_0 から点 P_N まで移動する。点 P_0 と点 P_N との温度差を，式（4.19）を利用して求める。そこで，この経路を N 分割し，その分割した点を，各々

$$P_0(x_0, y_0),\ P_1(x_1, y_1),\ P_2(x_2, y_2),$$
$$\cdots,\ P_i(x_i, y_i),\ \cdots,\ P_N(x_N, y_N)$$

とする。ただし，(x_i, y_i) は各点の座標である。さらに，これら各点での勾配ベクトル

$$\nabla T(x_0, y_0),\quad \nabla T(x_1, y_1),$$
$$\nabla T(x_2, y_2),\quad \cdots,\quad \nabla T(x_i, y_i),\quad \cdots,\quad \nabla T(x_{N-1}, y_{N-1})$$

を簡単に

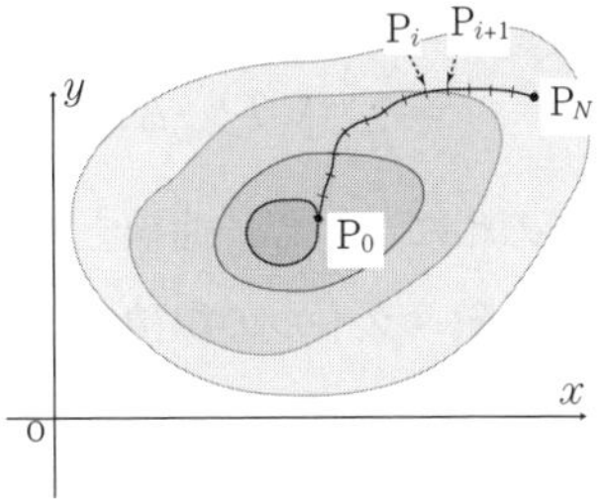

図 5.1　温度場における温度勾配ベクトルの線積分

$$(\nabla T)_0,\quad (\nabla T)_1,\quad (\nabla T)_2,\ \cdots,\quad (\nabla T)_i,\ \cdots,\quad (\nabla T)_{N-1}$$

と表す。

このとき，点 P_i と点 P_{i+1} との間の温度差 $\Delta T_{i\to i+1}$ は

$$\Delta T_{i\to i+1}=(\nabla T)_i\cdot\Delta\boldsymbol{r}_i \tag{5.2}$$

となる。ここで，$\Delta\boldsymbol{r}_i$ は点 P_i から点 P_{i+1} への変位ベクトルを表す。点 P_i と点 P_{i+1} の位置ベクトルを，各々，$\boldsymbol{r}_i, \boldsymbol{r}_{i+1}$ とすると，$\Delta\boldsymbol{r}_i$ は

$$\Delta\boldsymbol{r}_i=\boldsymbol{r}_{i+1}-\boldsymbol{r}_i=\Delta x_i\boldsymbol{i}+\Delta y_i\boldsymbol{j},\qquad \Delta x_i=x_{i+1}-x_i,\qquad \Delta y_i=y_{i+1}-y_i \tag{5.3}$$

で与えられる。式 (5.2) から，各分割点間の温度差は，順次，次のように表すことができる。

$$\begin{aligned}
&\Delta T_{0\to 1}=(\nabla T)_0\cdot\Delta\boldsymbol{r}_0\\
&\Delta T_{1\to 2}=(\nabla T)_1\cdot\Delta\boldsymbol{r}_1\\
&\qquad\vdots\\
&\Delta T_{i\to i+1}=(\nabla T)_i\cdot\Delta\boldsymbol{r}_i\\
&\qquad\vdots\\
&\Delta T_{N-1\to N}=(\nabla T)_{N-1}\cdot\Delta\boldsymbol{r}_{N-1}
\end{aligned}$$

したがって，求める温度差は，これらの和になる。

$$\begin{aligned}
&\Delta T_{0\to 1}+\Delta T_{1\to 2}+\cdots+\Delta T_{i\to i+1}+\cdots+\Delta T_{N-1\to N}\\
&=(\nabla T)_0\cdot\Delta\boldsymbol{r}_0+(\nabla T)_1\cdot\Delta\boldsymbol{r}_1+\cdots+(\nabla T)_i\cdot\Delta\boldsymbol{r}_i+\cdots+(\nabla T)_{N-1}\cdot\Delta\boldsymbol{r}_{N-1}\\
&=\sum_{i=0}^{N-1}(\nabla T)_i\cdot\Delta\boldsymbol{r}_i
\end{aligned} \tag{5.4}$$

この和について，曲線上の分割数を無限にとった極限として，上の曲線に沿った勾配ベクトルの線積分は

$$\boxed{\int_{\mathrm{P}_0}^{\mathrm{P}_N}\nabla T\cdot d\boldsymbol{r}=\lim_{N\to\infty}\sum_{i=0}^{N-1}(\nabla T)_i\cdot\Delta\boldsymbol{r}_i} \tag{5.5}$$

と定義される。

この積分は，実際には

$$\nabla T \cdot d\boldsymbol{r} = \left(\frac{\partial T}{\partial x}\boldsymbol{i} + \frac{\partial T}{\partial y}\boldsymbol{j}\right) \cdot (dx\boldsymbol{i} + dy\boldsymbol{j}) = \frac{\partial T}{\partial x}dx + \frac{\partial T}{\partial y}dy = dT$$

から

$$\boxed{\int_{\mathrm{P}_0}^{\mathrm{P}_N} \nabla T \cdot d\boldsymbol{r} = \int_{\mathrm{P}_0}^{\mathrm{P}_N} dT = T(\mathrm{P}_N) - T(\mathrm{P}_0)} \tag{5.6}$$

となり，積分の始点と終点での温度の値

$$T(\mathrm{P}_0) = T(x_0, y_0), \quad T(\mathrm{P}_N) = T(x_N, y_N)$$

にのみ依存することがわかる。実際，温度場が与えられたとき，点Pから点Qに，どのような経路を通って至ったとしても，その温度差は変わらない。これは直観と一致する。

もし，ベクトル場がスカラー場の勾配から導かれるならば，温度勾配ベクトルに限らず次のことがいえる。

> 式 (5.5) で定義される線積分の値は，経路（曲線）の選び方にかかわらず積分の始点と終点におけるスカラーの値によって決まる。

〔2〕 接線ベクトル

図5.2に示すように，曲線上の分割点の数 N を十分に大きくとると，隣り合う分割点を結んだ変位ベクトルは，曲線上の各点における接線の方向とみなすことができる。式 (5.5) で，$\Delta\boldsymbol{r} \to d\boldsymbol{r}$ としたのはこのことを意味する。

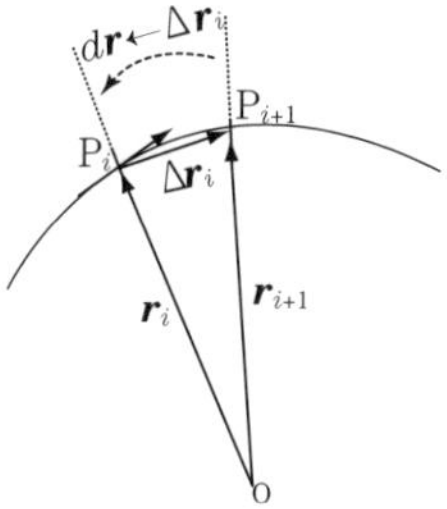

図5.2　接線ベクトル

隣り合う2点間の距離を Δs_i で表すと，Δs_i は

$$\Delta s_i = |\Delta\boldsymbol{r}_i| = \sqrt{(\Delta x_i)^2 + (\Delta y_i)^2}$$

ここで，ベクトル

$$\boxed{\frac{d\boldsymbol{r}}{ds} \equiv \lim_{N \to \infty} \frac{\Delta\boldsymbol{r}_i}{\Delta s_i}} \tag{5.7}$$

を考えると，その向きは $d\boldsymbol{r}$ と同じであり，曲線上の各点でその接線方向を向く。また，その大きさは

$$\left|\frac{d\boldsymbol{r}}{ds}\right|=1 \tag{5.8}$$

となる単位ベクトルである。このような曲線上の各点で接線方向の単位ベクトルを**接線ベクトル**と呼び

$$\boldsymbol{t}=\frac{d\boldsymbol{r}}{ds} \tag{5.9}$$

で表すことにする。

接線ベクトルを用いると，式（5.5）の線積分は

$$\boxed{\int_{\mathrm{P}_0}^{\mathrm{P}_N}\nabla T\cdot d\boldsymbol{r}=\int_{\mathrm{P}_0}^{\mathrm{P}_N}\nabla T\cdot\left(\frac{d\boldsymbol{r}}{ds}\right)ds=\int_{\mathrm{P}_0}^{\mathrm{P}_N}\nabla T\cdot\boldsymbol{t}ds} \tag{5.10}$$

と表すこともできる。

〔3〕 線素ベクトルと面積ベクトル

① 線素ベクトル　$\boxed{d\boldsymbol{r}=\boldsymbol{t}ds}$

$\boldsymbol{t}$：接線ベクトル，ds：線素の長さ

② 面積（面素）ベクトル　$\boxed{d\boldsymbol{S}=\boldsymbol{n}dS}$

$\boldsymbol{n}$：法線ベクトル，dS：面積の大きさ

〔4〕 一般的なベクトル場の線積分

温度勾配ベクトルの例では，ベクトルがスカラー場の勾配として与えられる特別な例を考え，空間の2点間を結ぶ曲線に対して，勾配ベクトルの線積分を式（5.5）のように定義した。

ベクトルがスカラー場の勾配として与えられる特別な場合に限らず，一般に，ベクトル場

$$\boldsymbol{A}(x, y, z)$$

が与えられるとき，3次元空間における空間の曲線 C に沿っての**線積分**を式（5.5）と同様にして次式で定義する。

$$\boxed{\int_C \boldsymbol{A}\cdot d\boldsymbol{r}=\int_{\mathrm{P}}^{\mathrm{Q}}\boldsymbol{A}\cdot d\boldsymbol{r}=\lim_{N\to\infty}\sum_{i=0}^{N-1}\boldsymbol{A}(x_i, y_i, z_i)\cdot\Delta\boldsymbol{r}_i} \tag{5.11}$$

ここで，P，Q は積分の始点 P および終点 Q を表し，また，$\boldsymbol{A}(x_i, y_i, z_i)$ は曲線上の点 (x_i, y_i, z_i) におけるベクトルの値を表す。さらに，式 (5.3) と同様にして

$$\Delta \boldsymbol{r}_i = \Delta x_i \boldsymbol{i} + \Delta y_i \boldsymbol{j} + \Delta z_i \boldsymbol{k}, \qquad \Delta x_i = x_{i+1} - x_i, \quad \Delta y_i = y_{i+1} - y_i, \quad \Delta z_i = z_{i+1} - z_i \tag{5.12}$$

である。

$\boldsymbol{A}(x, y, z)$ および $d\boldsymbol{r}$ を成分で書くと，線積分は

$$\int_{\mathrm{P}}^{\mathrm{Q}} \boldsymbol{A} \cdot d\boldsymbol{r} = \int_{\mathrm{P}}^{\mathrm{Q}} (A_x \boldsymbol{i} + A_y \boldsymbol{j} + A_z \boldsymbol{k}) \cdot (dx \boldsymbol{i} + dy \boldsymbol{j} + dz \boldsymbol{k})$$

$$\boxed{\therefore \quad \int_{\mathrm{P}}^{\mathrm{Q}} \boldsymbol{A} \cdot d\boldsymbol{r} = \int_{\mathrm{P}}^{\mathrm{Q}} (A_x dx + A_y dy + A_z dz)} \tag{5.13}$$

と表される。

〔5〕 **逆向きの積分路**

図 5.3 に示すように，曲線 C の始点 P と終点 Q とを入れ替えた逆向きの経路に沿う積分路を $-C$ で表すことにする。このとき

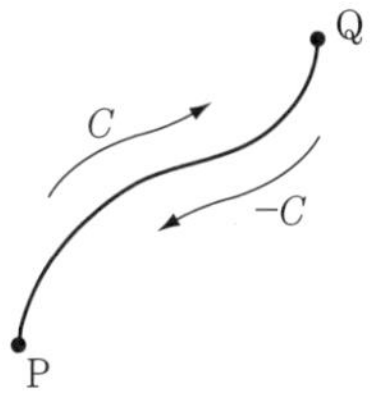

図 5.3　積分路の向きと線積分

$$\boxed{\int_{-C} \boldsymbol{A} \cdot d\boldsymbol{r} = -\int_{C} \boldsymbol{A} \cdot d\boldsymbol{r}} \tag{5.14}$$

成分表示した式 (5.13) で変位を逆向きにとると

$$\int_{\mathrm{P}}^{\mathrm{Q}} (A_x \boldsymbol{i} + A_y \boldsymbol{j} + A_z \boldsymbol{k}) \cdot [(-dx)\, \boldsymbol{i} + (-dy)\, \boldsymbol{j} + (-dz)\, \boldsymbol{k}]$$

$$= -\int_{\mathrm{P}}^{\mathrm{Q}} (A_x \boldsymbol{i} + A_y \boldsymbol{j} + A_z \boldsymbol{k}) \cdot (dx \boldsymbol{i} + dy \boldsymbol{j} + dz \boldsymbol{k})$$

$$= \int_{\mathrm{Q}}^{\mathrm{P}} (A_x \boldsymbol{i} + A_y \boldsymbol{j} + A_z \boldsymbol{k}) \cdot (dx \boldsymbol{i} + dy \boldsymbol{j} + dz \boldsymbol{k})$$

$$\therefore \quad \int_{Q}^{P} \boldsymbol{A} \cdot d\boldsymbol{r} = -\int_{P}^{Q} (A_x dx + A_y dy + A_z dz) \tag{5.15}$$

〔6〕 **積分路の分割**

図5.4 に示すように積分路 C の途中に点Rを考える。点Pから点Rまでの積分路を C_1，点Rから点Pまでの積分路を C_2 とすると

$$\int_{C} \boldsymbol{A} \cdot d\boldsymbol{r} = \int_{C_1} \boldsymbol{A} \cdot d\boldsymbol{r} + \int_{C_2} \boldsymbol{A} \cdot d\boldsymbol{r} \tag{5.16}$$

あるいは

$$\int_{P}^{Q} \boldsymbol{A} \cdot d\boldsymbol{r} = \int_{P}^{R} \boldsymbol{A} \cdot d\boldsymbol{r} + \int_{R}^{Q} \boldsymbol{A} \cdot d\boldsymbol{r} \tag{5.17}$$

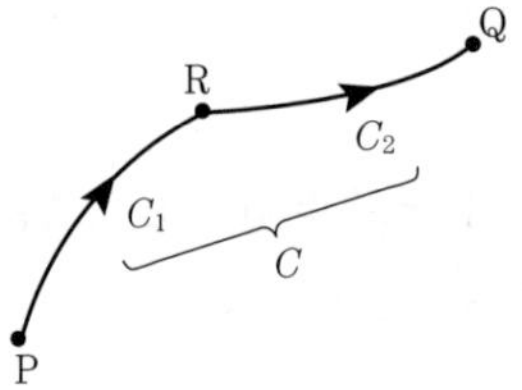

図5.4　積分路の分割

問5.1　ベクトル場

$$\boldsymbol{A}(x, y, z) = A_x \boldsymbol{i} + A_y \boldsymbol{j} + A_z \boldsymbol{k}$$
$$A_x = x, \quad A_y = y, \quad A_z = z$$

について，**図5.5** に示すような (x, y) 平面上 $(z=0)$ の積分路に関する線積分を考える。

（1） 積分路 C_1（直線 $y=0$）についてのベクトル $\boldsymbol{A}$ の線積分を求めよ。
ただし，C_1 の始点O，終点Pの座標を

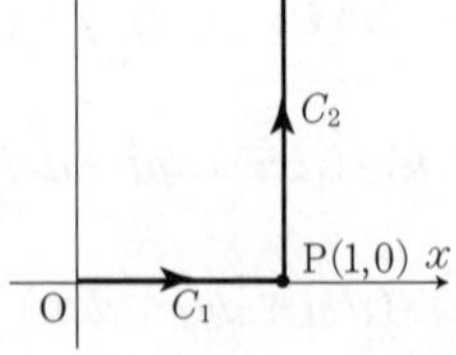

図5.5

始点 $O(x, y)=(0, 0)$，終点 $P(x, y)=(1, 0)$

とする。

〈**ヒント**〉 C_1 上の変位は，$dy=0$，$dz=0$。したがって

$d\boldsymbol{r}=dx\boldsymbol{i}$，$\boldsymbol{A}\cdot d\boldsymbol{r}=xdx$

$$\therefore \int_{C_1}\boldsymbol{A}\cdot d\boldsymbol{r}=\int_0^1 xdx$$

（2） 積分路 C_2（直線 $x=1$）についてのベクトル $\boldsymbol{A}$ の線積分を求めよ。

ただし，C_2 の始点 P，終点 Q の座標を

点 $P(x, y)=(1, 0)$，　点 $Q(x, y)=(1, 2)$

とする。

〈**ヒント**〉 C_2 上の変位は $dx=0$，$dz=0$。したがって $d\boldsymbol{r}=dy\boldsymbol{j}$

（3） 原点 O を始点とし，積分路 C_1，C_2 を経て，点 Q にいたる経路を積分路 C とする。このとき，ベクトル $\boldsymbol{A}$ の積分路 C についての線積分

$$\int_C \boldsymbol{A}\cdot d\boldsymbol{r}=\int_{C_1}\boldsymbol{A}\cdot d\boldsymbol{r}+\int_{C_2}\boldsymbol{A}\cdot d\boldsymbol{r}$$

を求めよ。

問 5.2 ベクトル場 $\boldsymbol{A}$ が次式で与えられている。

$$\boldsymbol{A}(x, y, z)=A_x\boldsymbol{i}+A_y\boldsymbol{j}+A_z\boldsymbol{k}$$
$$A_x=y,\quad A_y=x^2,\quad A_z=xy$$

問 5.1（1），（2）と同じ積分路についての $\boldsymbol{A}$ の線積分を求めよ。

〈**ヒント**〉 積分路 C_1 上で $y=\text{const.}=0$，積分路 C_2 上で $x=\text{const.}=1$

問 5.3 ベクトル場

$$\boldsymbol{A}(x, y, z)=A_x\boldsymbol{i}+A_y\boldsymbol{j}+A_z\boldsymbol{k}$$
$$A_x=x,\quad A_y=y,\quad A_z=z$$

について，曲線 C

$$y=x^2$$

に沿っての線積分を考える（**図 5.6**）。積分の始点 O と終点 P の座標を

始点 O：$(x, y)=(0, 0)$，　終点 P：$(x, y)=(1, 1)$

とする。

〈手順〉

（1） 曲線に沿っての変位ベクトルは，(x, y) 平面内の変位であるから $d\boldsymbol{r}=dx\boldsymbol{i}+dy\boldsymbol{j}$。曲線上を変位するとき，$y$ と x とは独立ではなく，$y=x^2$ の関係にある。x 方向の変位と y 変位を独立にとることはできない。各点における変位ベクトルは，曲線の接線方向を向く。接線の傾きは，$dy/dx=2x$ であり，x 方向に dx 変位するとき，y 方向の変位は

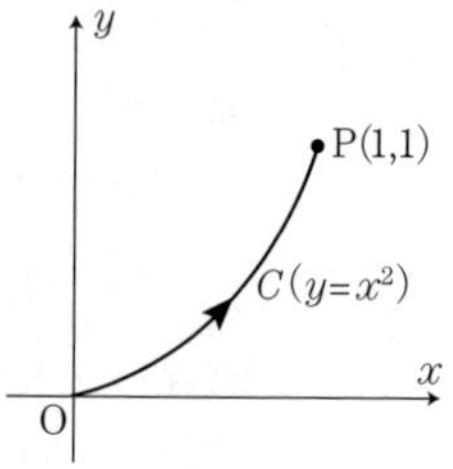

図 5.6

$$dy=2xdx \qquad (x : 0\to 1,\ y : 0\to 1)$$

これから

$$d\boldsymbol{r}=dx\boldsymbol{i}+dy\boldsymbol{j}=dx\boldsymbol{i}+2xdx\boldsymbol{j}$$

（2） 内積 $\boldsymbol{A}\cdot d\boldsymbol{r}$

$$\boldsymbol{A}\cdot d\boldsymbol{r}=A_x dx+A_y dy=xdx+y(2xdx)=xdx+(x^2)(2xdx)$$

（3） 積分

$$\therefore\quad \int_0^{\mathrm{P}}(A_x dx+A_y dy)=\int_{(0,0)}^{(1,1)}(xdx+ydy)$$

$$=\int_0^1[xdx+x^2(2xdx)]=\left[\frac{1}{2}x^2\right]_0^1+\left[\frac{2}{4}x^4\right]_0^1$$

$$=1$$

以下，ベクトル場（A），（B），（C）の概略を図示し，例にならって，上の曲線 C についての線積分の値を求めよ。

（A） $A_x=-y\omega$，　$A_y=x\omega$（問 4.35 参照）

（B） $\boldsymbol{A}=\nabla\varphi$，　$\varphi(x, y)=x^2+y^2$（問 4.6 参照）

（C） $\boldsymbol{B}=\nabla\times\boldsymbol{A}$　$A_x=-\dfrac{1}{2}B_0 y$，　$A_y=\dfrac{1}{2}B_0 x$（問 4.45 参照）

問 5.4 問 5.3 の例で，積分路を逆向きにとったとき，ベクトル $\boldsymbol{A}$ の線積分は

$$-\int_0^{\mathrm{P}}(A_x dx+A_y dy)$$

となることを説明せよ。

問 5.5 ベクトルがスカラーの勾配から導かれるとき，線積分の値は始点 P と終点 Q におけるスカラーの値 $\varphi(\mathrm{P})$ および $\varphi(\mathrm{Q})$ の差にのみ依存し

$$\int_{\mathrm{P}}^{\mathrm{Q}}\nabla\varphi\cdot d\boldsymbol{r}=\varphi(\mathrm{Q})-\varphi(\mathrm{P})$$

となることを学んだ。次の問に答えよ。

（1） **図 5.7** の二つの積分路

積分路 1：C_1+C_2　（点 P_1→点 P_2→点 P_3）

積分路 2：C_3　（問 5.3 曲線 C と同じ $y=x^2$：点 P_1→点 P_3）

について，ベクトル

$$\boldsymbol{A}=\nabla\varphi, \quad \varphi(x,y)=x^2+y^2$$

の線積分の値を，実際に計算せよ。

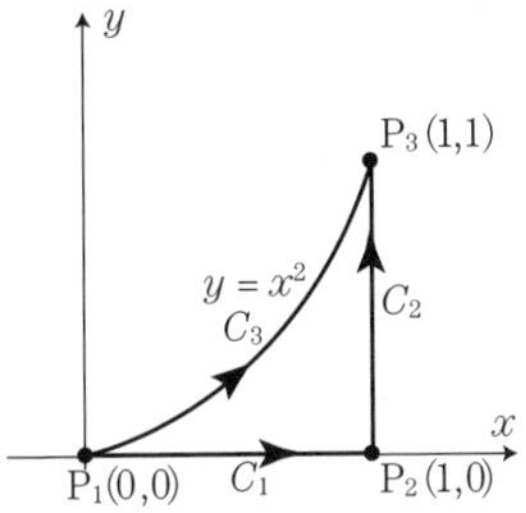

図 5.7

（2） （1）の結果を比較し，線積分の値は積分路によらず同じであることを確かめよ。

（3） $\varphi(x,y)=x^2+y^2$ の等高線の概略を図示せよ（問 4.6 参照）。また，$\varphi(P_3)-\varphi(P_1)=\varphi(1,1)-\varphi(0,0)$ の値を求め，（1），（2）と比較せよ。

問 5.6 **（円環についての線積分）** **図 5.8** に示すような半径 a の円環の積分路についての線積分を考える。この場合，図に示したような円柱座標系 (r,θ,z) を用いるのが便利である。

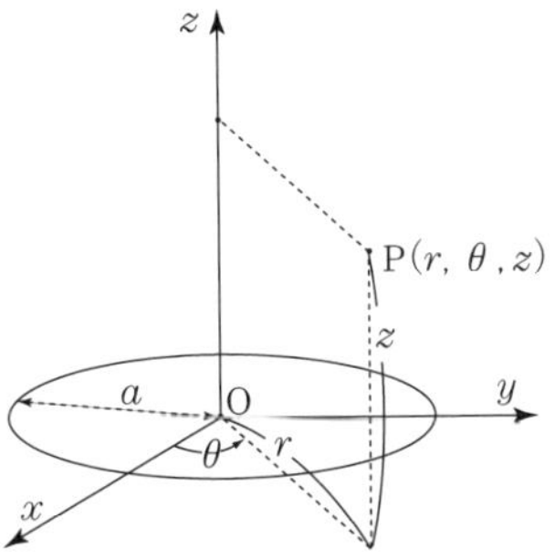

図 5.8

$$x = r\cos\theta$$
$$y = r\sin\theta, \quad r = \sqrt{x^2+y^2}$$
$$z = z$$

円柱座標系と直角座標系における基本単位ベクトルの関係は以下のようになる。

$$\boldsymbol{e}_r = \cos\theta\boldsymbol{i} + \sin\theta\boldsymbol{j}$$
$$\boldsymbol{e}_\theta = -\sin\theta\boldsymbol{i} + \cos\theta\boldsymbol{j}$$
$$\boldsymbol{e}_z = \boldsymbol{k}$$

ここまで何度か円柱座標表示を用いてきているが，ここで円柱座標系の基本単位ベクトルについて整理してみよう。

＜準備：円柱座標系と直角座標系の基本単位ベクトルの関係＞

（1）　$\boldsymbol{r} = x\boldsymbol{i} + y\boldsymbol{j}$ とするとき，r 方向の単位ベクトルが

$$\boldsymbol{e}_r = \frac{\boldsymbol{r}}{r}$$

$$\frac{\boldsymbol{r}}{r} = \frac{x\boldsymbol{i} + y\boldsymbol{j}}{r}$$

$$\therefore \quad \boldsymbol{e}_r = \cos\theta\boldsymbol{i} + \sin\theta\,\boldsymbol{j}$$

で与えられることを確かめよ。

（2）　z 方向の単位ベクトル $\boldsymbol{k}$ を，$\boldsymbol{e}_z = \boldsymbol{k}$ と書くと，点 (r, θ, z) における θ 方向の単位ベクトルは，次のように表されることを説明せよ。

$$\boldsymbol{e}_\theta = \boldsymbol{e}_z \times \boldsymbol{e}_r$$

（3）　次の外積

$$\boldsymbol{e}_\theta = \boldsymbol{e}_z \times \boldsymbol{e}_r = \boldsymbol{k} \times \frac{(x\boldsymbol{i} + y\boldsymbol{j})}{r}$$

を計算し

$$\boldsymbol{e}_\theta = -\sin\theta\boldsymbol{i} + \cos\theta\boldsymbol{j}$$

となることを確かめよ。また，**図 5.9** から幾何学的に上の関係が成り立つことを説明せよ。

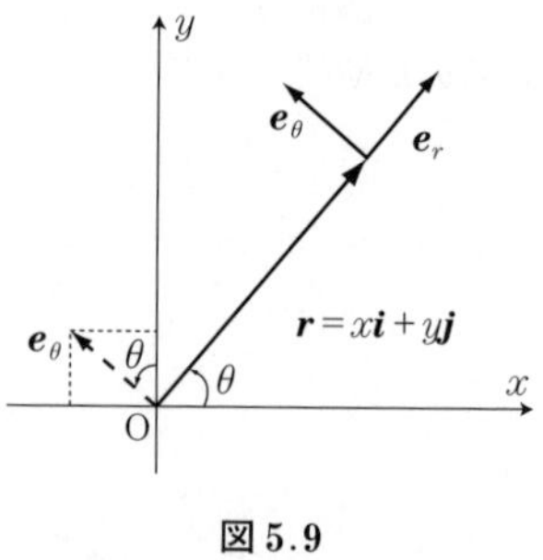

図 5.9

（4） 次の関係が成り立つことを確かめよ。

$$\boldsymbol{e}_r \cdot \boldsymbol{e}_r = 1, \quad \boldsymbol{e}_\theta \cdot \boldsymbol{e}_\theta = 1, \quad \boldsymbol{e}_z \cdot \boldsymbol{e}_z = 1$$
$$\boldsymbol{e}_r \times \boldsymbol{e}_\theta = \boldsymbol{e}_z, \quad \boldsymbol{e}_\theta \times \boldsymbol{e}_z = \boldsymbol{e}_r, \quad \boldsymbol{e}_z \times \boldsymbol{e}_r = \boldsymbol{e}_\theta$$

＜線積分＞

（5） 円環 C に沿っての微小変位が

$$d\boldsymbol{r} = ad\theta \boldsymbol{e}_\theta$$

となることを確かめよ。また，始点 $(r, \theta) = (a, 0)$ から円環に沿って一周するとき，終点の座標をどうとるか。

（6） ベクトル $\boldsymbol{A}$ が次式で表されるとき

$$\boldsymbol{A}(x, y, z) = A_x(x, y, z)\boldsymbol{i} + \boldsymbol{A}_y(x, y, z)\boldsymbol{j} + A_z(x, y, z)\boldsymbol{k}$$

$$A_x(x, y, z) = K\frac{x}{r^2}, \qquad A_y(x, y, z) = K\frac{y}{r^2}, \qquad A_z(x, y, z) = 0$$

$$r = \sqrt{x^2 + y^2}, \qquad K = \text{const.}$$

ベクトル $\boldsymbol{A}$ が

$$\boldsymbol{A}(r) = \frac{K}{r}\boldsymbol{e}_r$$

となることを確かめよ（問 3.15 参照）。

（7） 円環上では，$r = a$ であるから

$$\boldsymbol{A}(r) = \frac{K}{a}\boldsymbol{e}_r$$

この円環 C 上（$r = a$）の次の各点

$$\theta = n\pi/4 \quad (n = 1, 2, \cdots, 8)$$

でベクトルの様子の概略をベクトル図として示し，円環上の変位とベクトル $\boldsymbol{A}$ とが直交することを示せ。

（8） 円環 C を一周するベクトル $\boldsymbol{A}(r)$ の線積分の値はゼロ，すなわち

$$\oint_C \boldsymbol{A} \cdot d\boldsymbol{r} = \int_0^{2\pi} \left(\frac{K}{a}\boldsymbol{e}_r\right) \cdot (ad\theta \boldsymbol{e}_\theta) = \int_0^{2\pi} Kd\theta(\boldsymbol{e}_r \cdot \boldsymbol{e}_\theta) = 0$$

となることを確かめよ。

問 5.7 ベクトル $\boldsymbol{B}$ が

$$\boldsymbol{B}(x, y, z) = B_x(x, y, z)\boldsymbol{i} + B_y(x, y, z)\boldsymbol{j} + B_z(x, y, z)\boldsymbol{k}$$

$$B_x(x, y, z) = -B_0\frac{y}{r^2}, \qquad B_y(x, y, z) = B_0\frac{x}{r^2}, \qquad B_z(x, y, z) = 0$$

$r=\sqrt{x^2+y^2},\qquad B_0=\text{const.}$

で与えられるとき，円環についての線積分を考える。次の問に答えよ。

（1） $\boldsymbol{B}$ の大きさ $B=|\boldsymbol{B}|$ は，θ によらず，r のみに依存することを示せ。

（2） $\boldsymbol{B}$ の方向は θ 方向を向き，したがって，（1）とから $\boldsymbol{B}$ は次のように表されることを示せ。

$$\boldsymbol{B}(r,\theta,z)=\frac{B_0}{r}\,\boldsymbol{e}_\theta$$

（3） 問 5.6 と同様，円環を一周するときの線積分の値を求めよ。ただし，円環の半径は a とする。

（4） 円環を半周するときの線積分の値を求めよ。

問 5.8 問 5.6 と同じ半径の円環を一周する積分路について，次のベクトルの線積分を求めよ。

（1） $B_x(x,y,z)=-B_0(y/r),\qquad B_y(x,y,z)=+B_0(x/r),\qquad B_z(x,y,z)=0$

（2） $B_x(x,y,z)=+B_0(y/r),\qquad B_y(x,y,z)=-B_0(x/r),\qquad B_z(x,y,z)=0$

ただし，問 5.6 と同様，$r=\sqrt{x^2+y^2}$，$B_0=\text{const.}$ とする。

問 5.9 ベクトルがスカラーの勾配から導かれるとき，線積分の値は始点 P と終点 Q におけるスカラーの値 $\varphi(\mathrm{P})$ および $\varphi(\mathrm{Q})$ の差にのみ依存し

$$\int_{\mathrm{P}}^{\mathrm{Q}}\nabla\varphi\cdot d\boldsymbol{r}=\varphi(\mathrm{Q})-\varphi(\mathrm{P})$$

となることを，問 5.5 の例で確かめた。ここでは，スカラー場が

$$\varphi(x,y,z)=\frac{K}{r},\quad \boldsymbol{r}=x\boldsymbol{i}+y\boldsymbol{j}+z\boldsymbol{k}$$

で与えられる場合を考える。次の問に答えよ。

（1） 上のスカラー場の勾配から導かれるベクトル $\boldsymbol{A}$（$\boldsymbol{A}=-\nabla\varphi$）を求めよ（問 4.15，問 4.16 参照）。

（2） **図 5.10** のような (x,y) 平面の三つの積分路 C_1，C_2，C_3 について，$\boldsymbol{A}$ の線積分を行い，その値を比較せよ。ただし，点 P_1，P_2，P_3，P_4，P_5 の座標は

$\mathrm{P}_1(x,y,z)=(r_1,0,0)$

$\mathrm{P}_2(x,y,z)=(r_1/\sqrt{2},r_1/\sqrt{2},0)$

$\mathrm{P}_3(x,y,z)=(2r_1/\sqrt{2},2r_1/\sqrt{2},0)$

$\mathrm{P}_4(x,y,z)=(0,r_1,0)$

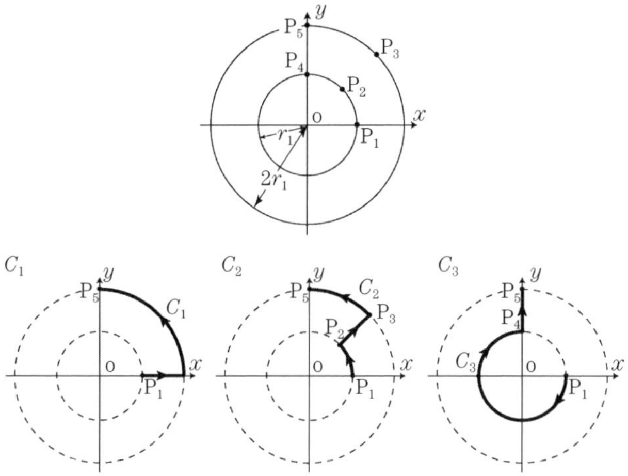

図 5.10

$$P_5(x, y, z) = (0, 2r_1, 0)$$

で与えられている。

問 5.10 勾配ベクトルは，スカラー場から導かれるベクトル場と考えることができる。このようなベクトル場の例として，力学で学んだ保存力場の例がある。保存力場では，位置エネルギーを U とすると，力は

$$\boldsymbol{F} = -\nabla U$$

と表される。

（1） 力の作用のもとで，質点が点 P から点 Q まで変位したとき，力のする仕事は

$$W = \int_{\mathrm{P}}^{\mathrm{Q}} \boldsymbol{F} \cdot d\boldsymbol{r}$$

で表される。力が保存力場であるとき，仕事を求めよ。

（2） 電磁気学で学ぶように，静電場の場合，原点に置かれた点電荷 q の静電ポテンシャルは，原点から距離 $r = \sqrt{x^2 + y^2 + z^2}$ に反比例し

$$\phi(x, y, z) = \frac{K}{r} \quad K：比例定数$$

で与えられる。このとき，点 (x, y, z) における電場，および，電場による力は，各々，次式で与えられる。

$$\boldsymbol{E} = -\nabla\phi, \quad \boldsymbol{F} = q\boldsymbol{E}$$

点電荷が点 P($r = r_P$) から点 Q($r = r_Q$) まで変位したとき，電場のする仕事を求めよ。

問 5.11 **(もう一つの線積分)** 5.1節では，空間に指定された曲線 C に沿って，変位ベクトル $d\boldsymbol{r}$ とベクトル $\boldsymbol{A}$ との内積

$$\boxed{\boldsymbol{A}\cdot d\boldsymbol{r}}$$

をとり，曲線 C についてのベクトル $\boldsymbol{A}$ の線積分を

$$\boxed{\int_C \boldsymbol{A}\cdot d\boldsymbol{r}}$$

として定義した。結果はスカラーであった。

これに対して，ベクトル $\boldsymbol{A}$ と $d\boldsymbol{r}$ との外積をとり

$$\boxed{\boldsymbol{A}\times d\boldsymbol{r}}$$

曲線 C について，次の線積分

$$\boxed{\int_C \boldsymbol{A}\times d\boldsymbol{r}}$$

を考えることができる。外積はベクトル量であるから，積分の結果もベクトル量である。電磁気学では，**ビオ・サバールの法則**を用いて，線状の電流がつくる磁場を計算するときなどに，このような形の線積分がでてくる。ここでは，以下の簡単な例を考える。

(1) 問5.6の例ですでにみたように，**図 5.11** のような (x, y) 平面にある半径 a の円環に沿っての微小変位は，以下のようになることを再度確認せよ。

$$d\boldsymbol{r} = a\,d\theta\,\boldsymbol{e}_\theta$$

(2) ベクトル $\boldsymbol{A}$ として，位置ベクトル $\boldsymbol{r}$ を考える ($\boldsymbol{A} = \boldsymbol{r}$)。円環が $z = 0$ の平面内にあるとき，円環上の点を表す位置ベクトルは円柱座標系で

$$\boldsymbol{r} = x\boldsymbol{i} + y\boldsymbol{j} + z\boldsymbol{k} = a\boldsymbol{e}_r$$

と表されることを示せ。

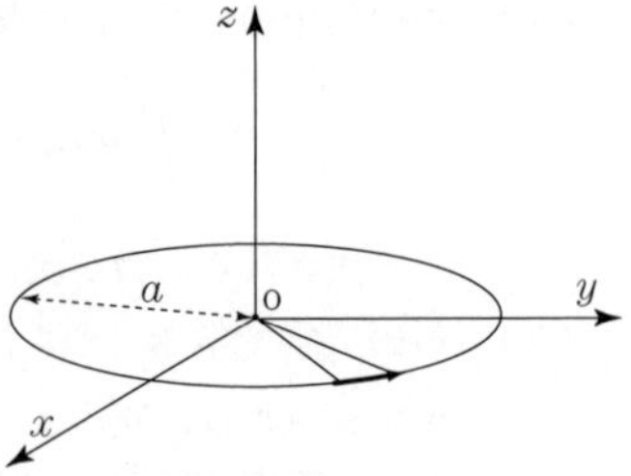

図 5.11

(3) (2) の場合についてベクトル $\boldsymbol{A}\times d\boldsymbol{r}$ を求めよ。

(4) この円環を一周するときの線積分を計算し，結果として得られるベクトルを求めよ。

5.2 面　　積　　分

ベクトルに関する面積分を，3章で考えた太陽光パネルの例で説明する。パネル全体に単位時間当り入射するエネルギーの量，すなわち，エネルギー流束を求めることを考える。パネルに入射する太陽光のエネルギーが面上で一様でない場合，3章で説明したように，パネルの面をいくつかの微小面積要素 ΔS_i に分けて考える必要がある。**図 5.12** で，点 (x_i, y_i, z_i) に位置する i 番目の面積要素 ΔS_i に入射するエネルギー流束 ΔW_f^i は，式 (3.12) から

$$\boxed{\Delta W_f^i = \boldsymbol{h}_i \cdot \Delta \boldsymbol{S}_i} \tag{5.18}$$

で与えられる。ただし，$\boldsymbol{h}_i$ は式 (3.8) で定義したエネルギー流束密度ベクトル $\boldsymbol{h}(x_i, y_i, z_i)$ を表す。すなわち，$\boldsymbol{h}_i(x_i, y_i, z_i)$ は点 (x_i, y_i, z_i) において，エネルギーの流れに垂直な面を単位面積，単位時間当り通過するエネルギーの量である。また，$\Delta \boldsymbol{S}_i$ は，式 (3.11) で定義した面積ベクトルであり，その大きさは ΔS_i，方向は考えている点で，面の法線方向を向く。

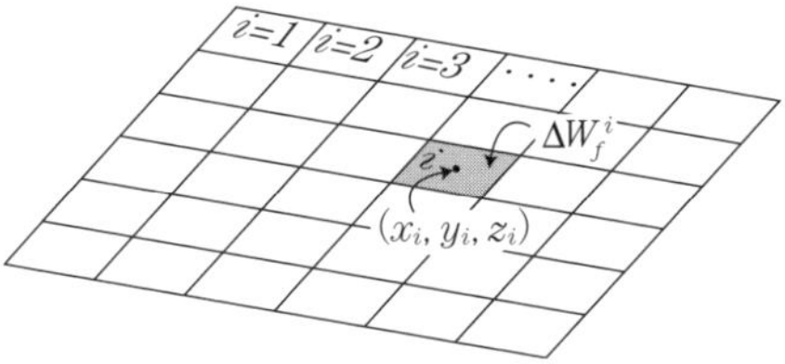

図 5.12　面の微小面積要素への分割

パネル全体に入射するエネルギー流束は，各面積要素へのエネルギー流束の和をとり

$$\begin{aligned}\Delta W_f &= \Delta W_f^1 + \Delta W_f^2 + \cdots + \Delta W_f^i + \cdots \Delta W_f^N \\ &= \boldsymbol{h}_1 \cdot \Delta \boldsymbol{S}_1 + \boldsymbol{h}_2 \cdot \Delta \boldsymbol{S}_2 + \cdots + \boldsymbol{h}_i \cdot \Delta \boldsymbol{S}_i + \cdots + \boldsymbol{h}_N \cdot \Delta \boldsymbol{S}_N\end{aligned}$$

$$\boxed{\therefore \quad \Delta W_f = \sum_{i=1}^{N} \boldsymbol{h}_i \cdot \Delta \boldsymbol{S}_i} \tag{5.19}$$

となる。ここで，分割数 N を無限に大きくした極限（$N\to\infty$）として，エネルギー流束密度ベクトル $\boldsymbol{h}(x,y,z)$ に対して，この面に関する**面積分**を

$$\int_S \boldsymbol{h}\cdot d\boldsymbol{S}=\lim_{N\to\infty}\sum_{i=1}^{N}\boldsymbol{h}_i\cdot\Delta\boldsymbol{S}_i \tag{5.20}$$

で定義する。ただし，積分記号の添え字 S は面全体にわたる積分を表す。

面上の各点で，面に対する法線ベクトル $\boldsymbol{n}$ とすると，$d\boldsymbol{S}=\boldsymbol{n}dS$ であるから，式（5.20）は

$$\int_S \boldsymbol{h}\cdot d\boldsymbol{S}=\int_S \boldsymbol{h}\cdot\boldsymbol{n}dS=\int_S h_n dS \tag{5.21}$$

と表すこともできる。すなわち，式（5.21）の面積分は，ベクトル $\boldsymbol{h}$ の面に対する法線成分 $h_n=\boldsymbol{h}\cdot\boldsymbol{n}$ と微小面積 dS との積を，面全体にわたって積分することを意味する。面積分の結果求まる物理量は，この場合，太陽光パネル全体に入射する単位時間当りのエネルギー，すなわち，**エネルギー流束**を表している。

エネルギー流束密度ベクトルに限らず，一般に，ベクトル場 $\boldsymbol{A}(x,y,z)$ に対して，空間の曲面上で，同様の積分

$$\int_S \boldsymbol{A}\cdot d\boldsymbol{S}=\int_S \boldsymbol{A}\cdot\boldsymbol{n}dS \tag{5.22}$$

を考えることができる。

3章の流れ場の例で考えた流束密度ベクトル，式（3.17）

$$\boldsymbol{f}(x,y,z)=\rho\boldsymbol{v}$$

について，空間のある面について面積分

$$\int_S \boldsymbol{f}\cdot d\boldsymbol{S}=\int_S \rho\boldsymbol{v}\cdot d\boldsymbol{S}=\int_S \rho\boldsymbol{v}\cdot\boldsymbol{n}dS \tag{5.23}$$

を計算すると，結果得られる物理量は，この面を単位時間当り通過する流体の質量，すなわち，**質量流束**となる。

問 5.12 **図 5.13** に示すような太陽光パネル全体に入射するエネルギー流束の値

を求める。面上でのエネルギー流束密度ベクトルは，次式で与えられる。

$$\boldsymbol{h}(x,y)=h_0[1-(x/a)^2](-\boldsymbol{k})$$

すなわち，太陽光は，パネルに垂直に入射しており，y 方向には一様であるが，x 方向に分布を持つ。このとき，次の問に答えよ。

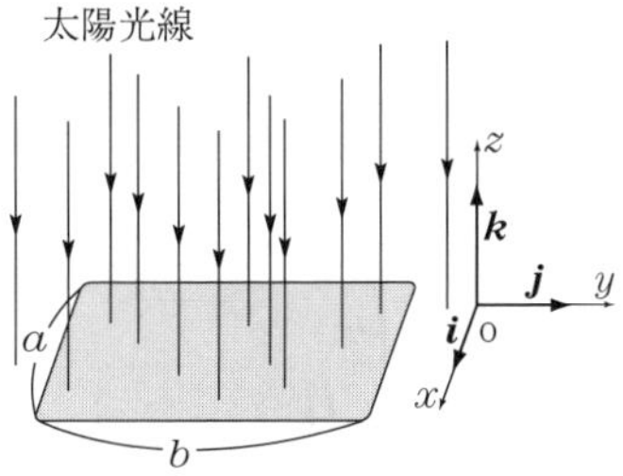

図 5.13

（1） この場合，パネル面上の各点で，面に対する法線ベクトルは，$\boldsymbol{n}=-\boldsymbol{k}$ であり，したがって，$d\boldsymbol{S}=dxdy(-\boldsymbol{k})$ と考えることができる。このとき，式（5.20）の面積分は，次のように与えられることを確かめよ。

$$\Phi_{W_f}=\int_S \boldsymbol{h}\cdot d\boldsymbol{S}=\int_0^a\int_0^b h_0[1-(x/a)^2]\,dxdy$$

（2）（1）の積分を行い Φ_{W_f} を求めよ。

（3） $h_0=60\ \mathrm{W/m^2}$，$a=1\ \mathrm{m}$，$b=2\ \mathrm{m}$ のとき，この太陽光パネル全体に入るエネルギー流束は，何ワットになるか。

（4） $\boldsymbol{h}(x,y)$ が場所によらず一定 $\boldsymbol{h}(x,y)=h(-\boldsymbol{k})$ の場合，$\Phi_{W_f}=hab$ となることを確かめよ。

問 5.13 問 5.12 で，面上でのエネルギー流束密度ベクトルが，次式で与えられるとき

$$\boldsymbol{h}(x,y)=h_x\boldsymbol{i}+h_y\boldsymbol{j}+h_z(-\boldsymbol{k})$$

$$h_x=h_0\exp(-x/a),\quad h_y=h_0,\quad h_z=h_0\exp(-y/b)$$

次の問いに答えよ。

（1） パネル全体のエネルギー流束 W_f を，h_0，a，b を用いて表せ。

（2） $h_0=100\ \mathrm{W/m^2}$，$a=1\ \mathrm{m}$，$b=2\ \mathrm{m}$ のとき，この太陽光パネル全体に入るエネルギー流束は，何ワットになるか。

問 5.14 **図 5.14**（a）に示すようなパイプ中の流体の流れを考える。質量流束密度が

$$\boldsymbol{f}(x,y,z)=\rho\boldsymbol{v}$$

ただし

$$\rho=\mathrm{const.}$$

$$\boldsymbol{v}=v_z(x,y,z)\,\boldsymbol{k}$$

$$v_z(x,y,z)-v_0[1-(r/a)^2]$$

$$v_0=\mathrm{const.}$$

$$r^2=x^2+y^2$$

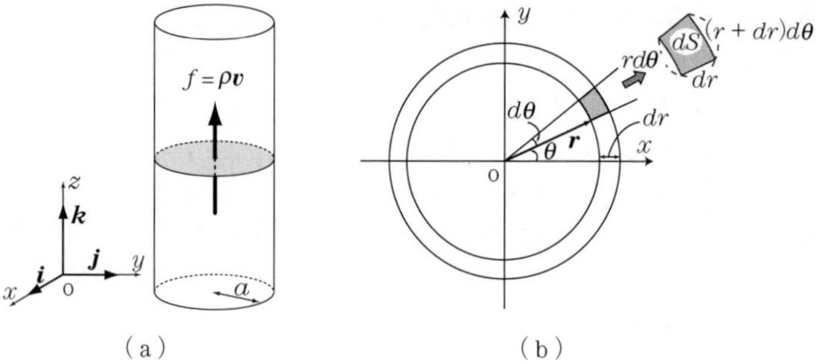

図 5.14

で与えられるとき，このパイプの断面を単位時間に通過する流体の質量 Φ_{M_f} を次の手順で求めよ。

（1） パイプ断面で，図（b）に示すような円柱座標系を考える（$x=r\cos\theta, y=r\sin\theta$）と，微小面積要素 dS は，次式で与えられることを確かめよ。

$$dS=rdrd\theta$$

（2） この断面の法線ベクトルを答えよ。

（3）（1），（2）から，Φ_{M_f} は次式で与えられることを確かめよ。

$$\Phi_{M_f}=\int_S \boldsymbol{f}\cdot d\boldsymbol{S}=\int_0^a\int_0^{2\pi}\rho v_z rdrd\theta$$

（4）（3）の積分を計算せよ。

（5） $\rho v_z=1=\mathrm{const.}$ のとき，（3）の積分はパイプの断面積に等しくなることを示せ。

問 5.15　**（線源からの湧出しと円筒面に関する面積分）** 問 3.15 の流体の例で考えたように，z 軸上に一様に分布する湧出し（線源）から等方的に流体が湧き出すときの速度場は，円柱座標系で θ, z によらず r のみに依存し

$$\boldsymbol{v}(r,\theta,z)=\frac{K}{r}\left(\frac{\boldsymbol{r}}{r}\right),$$
$$\boldsymbol{r}=x\boldsymbol{i}+y\boldsymbol{j},\quad r=\sqrt{x^2+y^2},$$
$$K=\mathrm{const.}$$

で与えられる。**図 5.15** に示すような z 軸を囲む半径 r の円筒面（高さ L）に対する質量流束を以下の手順で求めよ。

（1） 半径 r の円筒の側面上の微小面積ベクトルが次式で与えられることを説明せよ。

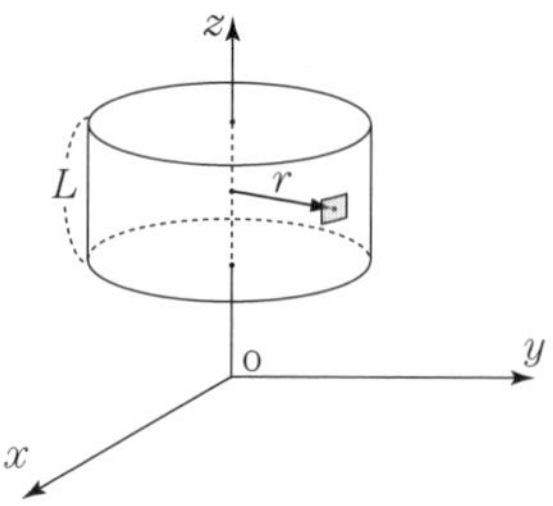

図 5.15

$$d\boldsymbol{S}=\boldsymbol{n}dS,\quad \boldsymbol{n}=\frac{\boldsymbol{r}}{r},\quad dS=rd\theta dz$$

（2） （1）の微小面積を横切る質量流束を $d\Phi_{M_f}$ とするとき

$$d\Phi_{M_f}=\boldsymbol{f}\cdot d\boldsymbol{S}=\rho\boldsymbol{v}\cdot d\boldsymbol{S}$$

を計算せよ。

（3） 流体の密度が $\rho=$const. のとき，円筒面全体の質量流束 Φ_{M_f} が

$$\Phi_{M_f}=\int_S \boldsymbol{f}\cdot d\boldsymbol{S}=\int_z^{z+L}\int_0^{2\pi} f(r)\,rd\theta dz$$

で与えられること，および，Φ_{M_f} は r によらず一定であることを示せ。また，z 軸上での単位長さ当りの湧出し量を M_f とする。Φ_{M_f} と M_f との間にはどのような関係が成り立つか？　さらに，定数 K を M_f で表せ。

（4） もし，ベクトル場 $\boldsymbol{A}(x,y,z)$ が，θ 方向に分布を持ち

$$\boldsymbol{A}(r,\theta,z)=K\frac{\sin\theta}{r}\left(\frac{\boldsymbol{r}}{r}\right)$$

で与えられるとき，図 5.15 の円筒表面に関する $\boldsymbol{A}$ の流束を求めよ。

問 5.16 **（点源からの湧出しと球面に関する面積分）** ベクトル $\boldsymbol{E}(x,y,z)$ が，空間の各点 (x,y,z) において

$$\boldsymbol{E}(x,y,z)=\frac{K}{r^2}\left(\frac{\boldsymbol{r}}{r}\right),\ \text{ただし，}\ \boldsymbol{r}=x\boldsymbol{i}+y\boldsymbol{j}+z\boldsymbol{k},\ r=\sqrt{x^2+y^2+z^2}$$

で与えられている。

ベクトル $\boldsymbol{E}$ は，問 3.11 の点光源からの光の放射の場合（**図 5.16**）のエネルギー流束密度ベクトル $\boldsymbol{h}$ や，問 3.16 の点源からの流体の湧出しの場合の質量流束密度ベクトル $\boldsymbol{f}$ と同じ形をしている。

図 5.17 に示す半径 a の球面に関して，ベクトル $\boldsymbol{E}$ の面積分を考える。

（1） 図 5.17 に示した球座標系で，球面上の点 (a,θ,ϕ) におけるベクトル $\boldsymbol{E}$ は

$$\boldsymbol{E}=\frac{K}{a^2}\frac{\boldsymbol{a}}{a}$$

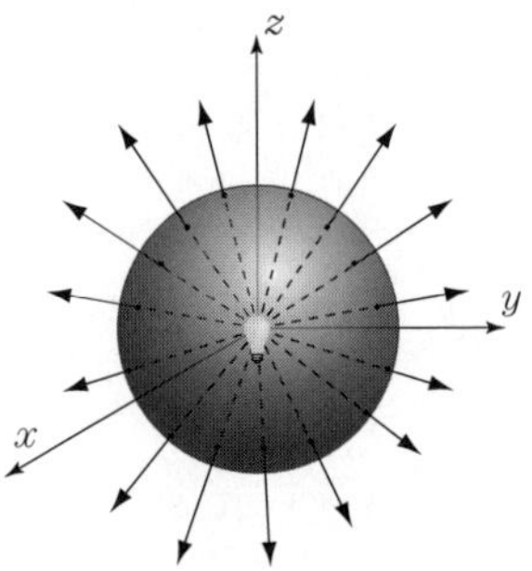

図 5.16

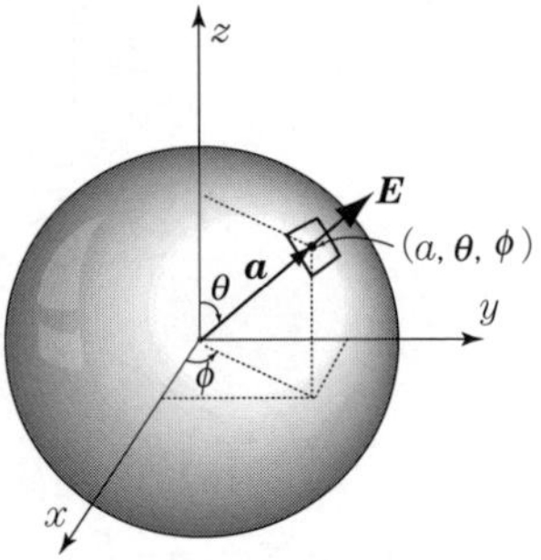

図 5.17

となることを確かめよ。ただし

$$\boldsymbol{a}=a\sin\theta\cos\phi\boldsymbol{i}+a\sin\theta\sin\phi\boldsymbol{j}+a\cos\theta\boldsymbol{k}$$

（2） 面上の点 (a,θ,ϕ) における微小要素を表す面積ベクトルは次式で与えられることを確かめよ（**図 5.18**）。

$$d\boldsymbol{S}=dS\left(\frac{\boldsymbol{a}}{a}\right)$$

ただし，$dS=a^2\sin\theta d\theta d\phi$

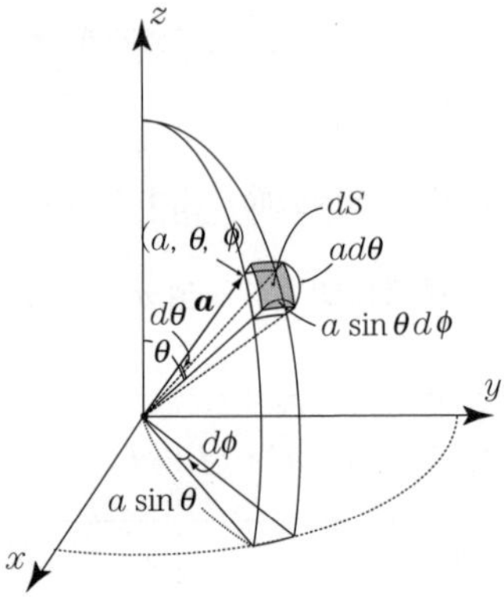

図 5.18

（3） したがって，求める面積分は

$$\int_S \boldsymbol{E}\cdot d\boldsymbol{S}=\int_S \boldsymbol{E}\cdot\boldsymbol{n}dS=\int_0^{2\pi}\int_0^{\pi}\frac{K}{a^2}a^2\sin\theta d\theta d\phi=4\pi K$$

となることを確かめよ。

（4） $\boldsymbol{E}$ と方向は同じであるが，その大きさが角度分布を持つ，次のようなベクトル場 $\boldsymbol{A}(x,y,z)$ を考える。

$$\boldsymbol{A}(a,\theta,\phi)=K\frac{\cos\theta\cos\phi}{a^2}\frac{\boldsymbol{a}}{a}$$

この球面に関する $\boldsymbol{A}$ の面積分，すなわち，$\boldsymbol{A}$ の流束はどうなるか？

5.3 ガウスの定理

〔1〕 閉曲面についての面積分

5.2 節の太陽光パネルの例では，面積分を平らな面について定義した。また，前節の問でいくつか例をみたように，考える面が曲面（例えば，円筒の側面や球面）であっても，面の分割数を十分に大きくとれば，分割した各々の微小面積をほぼ平面とみなすことができる。したがって，面積分を式（5.20）と同様に定義することができる。本節では，球面のような閉じた曲面（閉曲面）の面積分で特に重要となる**ガウスの定理**（Gauss's theorem）について説明する（**図 5.19**（b））。

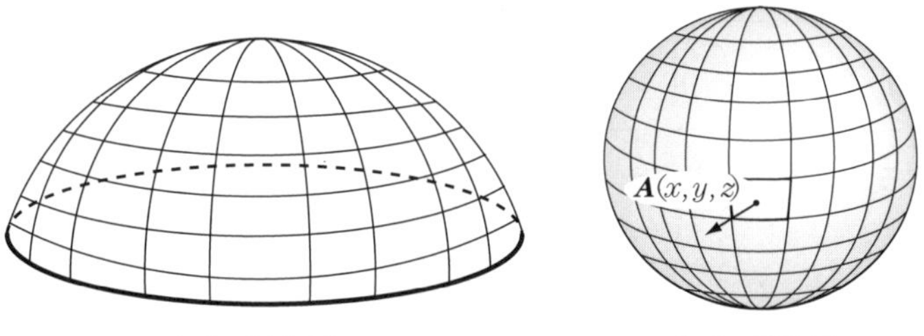

（a） 開曲面　　（b） 閉曲面

図 5.19 開曲面と閉曲面

〔2〕 ガウスの定理

一般に，連続なベクトル場 $\boldsymbol{A}(x,y,z)$ が与えられたとき，閉曲面 S についてのベクトル $\boldsymbol{A}$ の面積分

$$\boxed{\int_S \boldsymbol{A}\cdot d\boldsymbol{S}} \qquad (5.24)$$

を考える。これと 4.4 節で定義したベクトルの発散 div $\boldsymbol{A}$ を，閉曲面 S が囲む領域 V の全体にわたって積分した

$$\int_V \operatorname{div} \boldsymbol{A} dV \tag{5.25}$$

との間には，次の関係が成立する。

$$\int_S \boldsymbol{A} \cdot d\boldsymbol{S} = \int_V \operatorname{div} \boldsymbol{A} dV \tag{5.26}$$

これを，**ガウスの発散定理**，あるいは，単に**ガウスの定理**と呼ぶ。閉曲面であることを明確に示すために，左辺は次のように表現することもある。

$$\oiint_S \boldsymbol{A} \cdot d\boldsymbol{S}$$

ガウスの定理は電磁気学で電場を求める際などに用いられる。そのため応用面でもきわめて重要な定理である。

〔3〕 **流れ場の例**

ここでは，具体例として流れ場の中に**図 5.20** のような閉曲面 S を考え，流束密度ベクトル $\boldsymbol{f}$ について，式（5.26）のガウスの定理

$$\int_S \boldsymbol{f} \cdot d\boldsymbol{S} = \int_V \operatorname{div} \boldsymbol{f} dV \tag{5.27}$$

が成立することを確かめる。

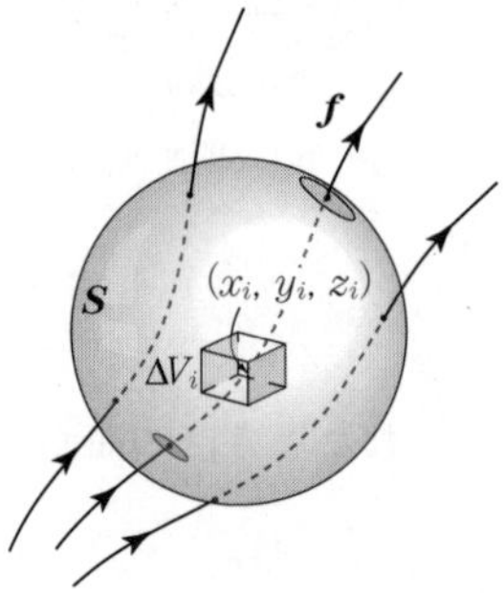

図 5.20　流れ場中の閉曲面 S で囲まれる領域内にある微小体積要素

まず，領域 V を多数（N 個）の微小領域に分割し，図 5.20 に示すような点 (x_i, y_i, z_i) を囲む i 番目の微小体積 ΔV_i を考える。すでに，4.4 節ベクトル場の発散で考えたように，単位時間当り ΔV_i の表面を通過して ΔV_i に正味

流入（あるいは流出）する流体の質量は

$$\left(\sum_{k=1}^{6}\boldsymbol{f}_k\cdot\Delta\boldsymbol{S}_k\right)_i=(\mathrm{div}\,\boldsymbol{f})_i\Delta V_i \tag{5.28}$$

で与えられる（式（4.58）および問 4.25（2）参照)。ただし，左辺の

$$\sum_{k=1}^{6}\boldsymbol{f}_k\cdot\Delta\boldsymbol{S}_k \tag{5.29}$$

は，直方体 ΔV_i の六つの表面（$k=1,2,\cdots,6$）についての流束の和を表す。$\boldsymbol{f}_k$，$\Delta\boldsymbol{S}_k$ は，各表面における流束密度ベクトルおよび面積ベクトルを表す。また，$(\quad)_i$ は $\boldsymbol{i}$ 番目の微小体積 ΔV_i を考えていることを示している。

このような微小体積 ΔV_i のすべての和をとると

$$\sum_{i=1}^{N}\left(\sum_{k=1}^{6}\boldsymbol{f}_k\cdot\Delta\boldsymbol{S}_k\right)_i=\sum_{i=1}^{N}(\mathrm{div}\,\boldsymbol{f})_i\Delta V_i \tag{5.30}$$

となる。

式（5.30）の左辺は，分割数 N を十分大きくした極限（$N\to\infty$）では領域の表面に関する $\boldsymbol{f}$ についての表面積分

$$\boxed{\lim_{N\to\infty}\sum_{i=1}^{N}\left(\sum_{k=1}^{6}\boldsymbol{f}_k\cdot\Delta\boldsymbol{S}_k\right)_i\to\int_S\boldsymbol{f}\cdot d\boldsymbol{S}} \tag{5.31}$$

となる。領域内部では，隣り合う微小体積についての表面流束がたがいに打ち消し合うためである。

このことを理解するために，**図 5.21** に示すように，i-1 番目と i 番目の隣会う微小体積を考える。i-1 番目と i 番目の体積要素が共有する面について，$\boldsymbol{f}_k(=\boldsymbol{f}_{k'})$ および面積 $\Delta S_k(=\Delta S_{k'})$ は共通であるが，面の法線ベクトルの向きがたがいに逆向きであり，$(\boldsymbol{n}_{k'})_{i-1}=-(\boldsymbol{n}_k)_i$，したがって $(\Delta\boldsymbol{S}_{k'})_{i-1}=-(\Delta\boldsymbol{S}_k)_i$ となる。これから

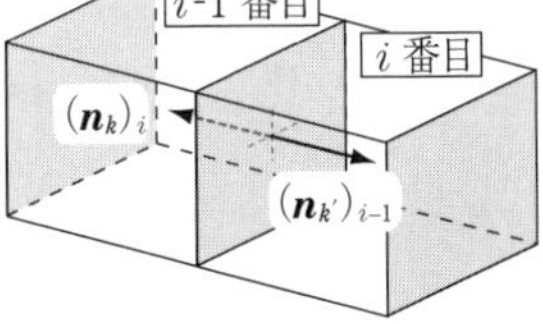

図 5.21　隣り合う微小体積要素の共有する面における流束

$$(\boldsymbol{f}_{k'}\cdot\Delta\boldsymbol{S}_{k'})_{i-1}=-(\boldsymbol{f}_k\cdot\Delta\boldsymbol{S}_k)_i \quad \text{あるいは} \quad (\boldsymbol{f}_{k'}\cdot\Delta\boldsymbol{S}_{k'})_{i-1}+(\boldsymbol{f}_k\cdot\Delta\boldsymbol{S}_k)_i=0 \tag{5.32}$$

このため，式（5.30）において，領域内部では $\boldsymbol{f}_k\cdot\Delta\boldsymbol{S}_k$ の i についての和は，たがいにキャンセルしゼロとなる。その結果，領域の表面における $\boldsymbol{f}_k\cdot\Delta\boldsymbol{S}_k$ のみが全体の和に寄与することになる。

次に，式（5.30）の右辺は，分割数無限大（$N\to\infty$）の極限をとると領域全体にわたる体積分

$$\boxed{\lim_{N\to\infty}\sum_{i=1}^{N}(\mathrm{div}\,\boldsymbol{f})_i\Delta V_i\to\int_V \mathrm{div}\,\boldsymbol{f}dV} \tag{5.33}$$

になることが容易にわかる。

以上から式 (5.30) の両辺で $N\to\infty$ の極限をとり，式 (5.31)，式 (5.33) を用いることにより，ガウスの定理，式 (5.27) が成立することが確かめられた。

〔4〕 **発散の意味：再考！（微分形のガウスの定理）**

4.4 節で考えたように，定常的なエネルギーの流れ場では，エネルギー流束密度ベクトル $\boldsymbol{h}$ の発散 $\nabla\cdot\boldsymbol{h}(=\mathrm{div}\,\boldsymbol{h})$ は，式（4.67）から

$$\boxed{\nabla\cdot\boldsymbol{h}=S_W} \tag{5.34}$$

と与えられる。ただし，S_W は

$$\boxed{S_W=\left(\frac{\partial q}{\partial t}\right)_{source/sink} : \text{空間の各点におけるエネルギーの発生量（単位時間，単位体積当り）}} \tag{5.35}$$

を意味する。

また，定常的な流体の流れ場では，質量流束ベクトル $\boldsymbol{f}=\rho\boldsymbol{v}$ の発散 $\nabla\cdot\boldsymbol{f}$ $(=\mathrm{div}\,\boldsymbol{f})$ は，問 4.25（5），（6）から

$$\boxed{\nabla\cdot\boldsymbol{f}=S_M} \tag{5.36}$$

と与えられる。ただし，S_M は

$$\boxed{S_M : \begin{array}{l}\text{空間の各点における流体の湧出し量}\\\text{(単位時間，単位体積当り)}\end{array}} \tag{5.37}$$

を意味する。

すなわち，定常的な流れ場において，ベクトル場の発散 $\nabla\cdot\boldsymbol{h}$ および $\nabla\cdot\boldsymbol{f}$ は，いずれも空間中の各点 (x,y,z) 考えている物理量（エネルギー/質量）の発生・消滅

$$S_W(x,y,z),\quad S_M(x,y,z)$$

に等しくなることがわかる。

式 (5.34) は，ガウスの定理の証明の過程でみてきたように，空間の各点(を囲む微小体積要素) においてガウスの定理を表現したものと考えることができる。したがって，**積分形のガウスの定理**である式 (5.26) に対して，式 (5.34) を**微分形のガウスの定理**と呼ぶこともある。

〔5〕 ガウスの定理の意味

図 5.22 に示すような閉曲面を考える。空間の各点に対して，式 (5.34) が成立する。そこで，式 (5.34) に対してガウスの定理，式 (5.26) を適用すると

$$\boxed{\int_S \boldsymbol{h}\cdot d\boldsymbol{S} = \int_V \nabla\cdot\boldsymbol{h}\,dV = \int_V S_W(x,y,z)\,dV} \tag{5.38}$$

すなわち

$$\boxed{\int_S \boldsymbol{h}\cdot d\boldsymbol{S} = \int_V S_W(x,y,z)\,dV} \tag{5.39}$$

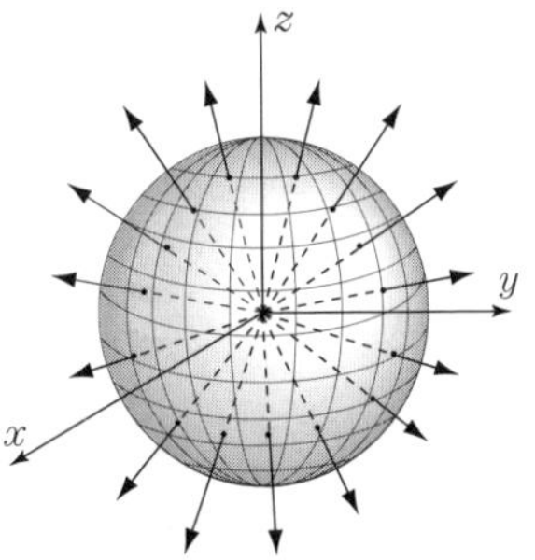

図 5.22

この式の意味は

$$\text{(表面を通過するエネルギー流束)} = \text{(体積中におけるエネルギー発生量の合計)} \tag{5.40}$$

同様に，流体の質量の流れ，式 (5.36) にガウスの定理，式 (5.27) を適用すると

$$\int_S \boldsymbol{f}\cdot d\boldsymbol{S} = \int_V \nabla\cdot\boldsymbol{f}dV = \int_V S_M(x,y,z)\,dV \tag{5.41}$$

すなわち

$$\int_S \boldsymbol{f}\cdot d\boldsymbol{S} = \int_V S_M(x,y,z)\,dV \tag{5.42}$$

この式の意味するところは

$$\text{(表面を通過する流体の質量流束)} = \text{(体積中における流体湧出し量の合計)} \tag{5.43}$$

である。

〔6〕 ガウスの定理の応用

〔5〕からわかるように，定常的な流れ場において発生量の空間分布がわかれば，領域全体にわたってそれを積分することにより，ガウスの定理からその領域の表面を通過する流束を知ることができる。逆に，表面の流束がわかれば，領域内部の発生量の合計を知ることができる。

すなわち，ガウスの定理は

考えている領域中での発生量の合計　→　表面での流束

逆に

表面での流束　→　考えている領域中での発生量の合計

を見積もる際に有用となる。

われわれは，じつはこのような考え方をすでに多数みてきている。例えば，問 3.11 の点光源のからのエネルギーの放射の例，問 3.15，問 3.16 の流体の

湧出しと表面流束の例では，このような考え方を用いてきた。ガウスの定理，式 (5.27) は，これを数学的に表現したものと考えることができる。決して，難しいものではなく，日常的にわれわれが知らず知らず使っている**保存**の考え方を，数学的なモデルとして一般化したものと考えることができる。

電磁気学において詳しく学ぶように，ガウスの定理は，電荷分布 $\rho_e(x, y, z)$ が与えられた場合に，電場 $\boldsymbol{E}$ の大きさを求める問題などに有用である。特に，点光源からの光の放射，点源からの放射状の流体の湧出しの例からわかるように，考えている系に対称性，等方性がある場合に，ガウスの定理が有効となる場合が多い。

〔7〕 点源の数学的表現：デルタ関数

3.2 節で考えた点光源の例では，光が点から放射されるとして扱った。しかしながら，実際には光源は有限な大きさを持っている。温泉からのお湯の湧出しも，湧出し口は有限の大きさを持つ。しかしながら，お風呂が十分大きく，大きなスケールでのお湯の対流などを扱う場合には，湧出し口を点として扱っても差し支えないことも多い。物理現象を扱う際には，このように数学的に理想化して対象を扱うことがしばしばある。

ここでは，点源を扱うのに非常に便利なデルタ関数について簡単に説明する。物理，工学では，デルタ関数を用いて点源を表現することがしばしば行われる。デルタ関数は超関数と呼ばれるもので厳密な数学的な定義については，他書に譲る。

ここで，**図 5.23** に示すような球状の熱源を考える。球の中心は，座標の原

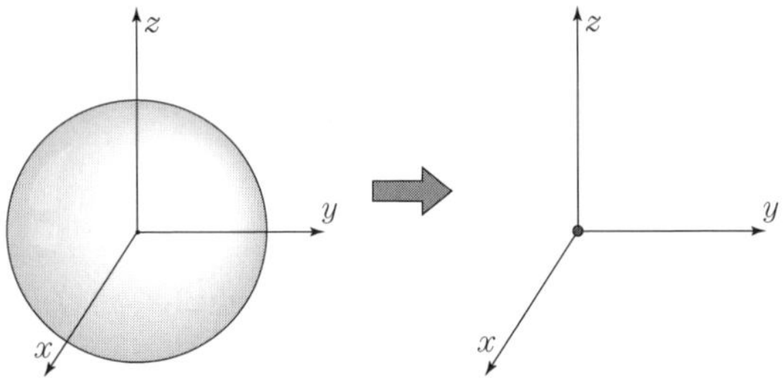

図 5.23

点に位置する。この球の半径を a とする。この球内では，一様に単位体積当り

$$S_W = S_0 \text{ [W/m}^3\text{]} \tag{5.44}$$

の熱が発生しているとする。この球状の熱源が発生する全熱量 W_f〔W〕は

$$W_f = S_0 \cdot \left(\frac{4}{3}\pi a^3\right) = S_0 \Delta V \tag{5.45}$$

逆に

$$S_W = \frac{W_f}{\Delta V} \tag{5.46}$$

となる。ここで，この熱源が発生する熱量 W_f を一定に保ちながら，この球の体積をゼロ（$a \to 0$：$\Delta V \to 0$）にすることを考える。すなわち，熱量 W_f の“点”熱源を考える。式（5.46）から

$$S_W(\boldsymbol{r}) = \begin{cases} 0 & \boldsymbol{r} \neq 0 \\ \infty & \boldsymbol{r} = 0 \end{cases} \tag{5.47}$$

になる必要がある。そこで，空間の各位置での熱の発生量 $S_W(\boldsymbol{r})$ を数学的に

$$\boxed{S_W(\boldsymbol{r}) = S_0 \delta(\boldsymbol{r})} \tag{5.48}$$

と表現する。ここで，$\delta(\boldsymbol{r})$ をデルタ関数と呼ぶ。

デルタ関数は次のような性質を持つ。

$$\boxed{\delta(\boldsymbol{r}) = \begin{cases} 0 & \boldsymbol{r} \neq 0 \\ \infty & \boldsymbol{r} = 0 \end{cases}} \tag{5.49}$$

さらに，点源（この場合，原点）を囲む領域について体積積分を行うと

$$\boxed{\int_V \delta(\boldsymbol{r})\, dV = 1 \quad (V\text{：原点 } \boldsymbol{r}=0 \text{ を含む領域})} \tag{5.50}$$

でなければならない。(x, y, z) 座標系で積分は

$$\iiint_V \delta(x, y, z)\, dxdydz = 1 \tag{5.51}$$

ただし，積分は，点源を含む領域 V に含まれる点 (x, y, z) にわたっての積分を表す。もし，点源を含まない領域 V' について積分すると，式（5.49）の

デルタ関数の性質から

$$\int_{V'} \delta(\boldsymbol{r}')\, dV' = 0 \quad \text{あるいは} \quad \iiint_{V'} \delta(x', y', z')\, dx' dy' dz' = 0 \tag{5.52}$$

となる。

以上のような性質を持つデルタ関数を導入すると，原点を含む領域では

$$W_f = \int_V S_W(\boldsymbol{r})\, dV = S_0 \int_V \delta(\boldsymbol{r})\, dV = S_0 \tag{5.53}$$

となる。原点を含みさえすれば，V は原点を含む無限小の領域であってもかまわない。一方，原点以外の場所で

$$W_f = \int_V S_W(\boldsymbol{r})\, dV = S_0 \int_V \delta(\boldsymbol{r})\, dV = 0 \tag{5.54}$$

となり，点源を数学的に容易にモデル化することができる。

たしかに，式（5.49）のようにデルタ関数は原点で無限大になるような特異性を持つが，その積分は，式（5.50）のように有限の値を持つ。概念的には，**図 5.24** のように理解することができる。すなわち，図 5.24 の長方形の面積を考える。面積（$S = \delta(x)\Delta x$）を一定として，底辺をゼロにする極限（$\Delta x \to 0$）を考えると，高さ $\delta(x)$ は，原点以外でゼロ，原点で無限大になる。

原点以外の場所 $\boldsymbol{r} = \boldsymbol{r}_0(x_0, y_0, z_0)$ に，点源が存在する場合には

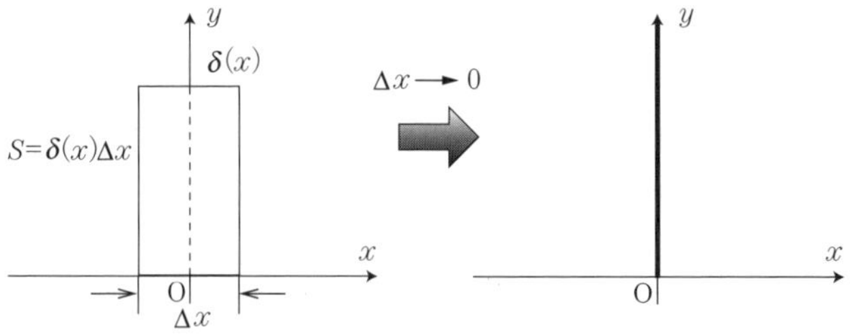

図 5.24　デルタ関数の概念的な説明

$$\delta(\boldsymbol{r}-\boldsymbol{r}_0)=\begin{cases} 0 & \boldsymbol{r}\neq\boldsymbol{r}_0 \\ \infty & \boldsymbol{r}=\boldsymbol{r}_0 \end{cases} \tag{5.55}$$

$$\int_V \delta(\boldsymbol{r}-\boldsymbol{r}_0)\,dV=1 \quad (V：点\ \boldsymbol{r}=\boldsymbol{r}_0\ を含む領域) \tag{5.56}$$

$$\int_V \delta(\boldsymbol{r}-\boldsymbol{r}_0)\,dV=0 \quad (V：点\ \boldsymbol{r}=\boldsymbol{r}_0\ を含まない領域) \tag{5.57}$$

という性質を持つ関数として，デルタ関数を考えればよい。

問 5.17　**図 5.25** に示すような噴水を考える。噴水からは，単位時間当り一定の水量が湧き出している。点線で示すような領域の表面を通過する水量を求めたところ，単位時間当り 1 kg/s であった。噴水から単位時間にどれだけの水量が湧き出しているか？ただし，途中の空間での水の蒸発などは考えない。

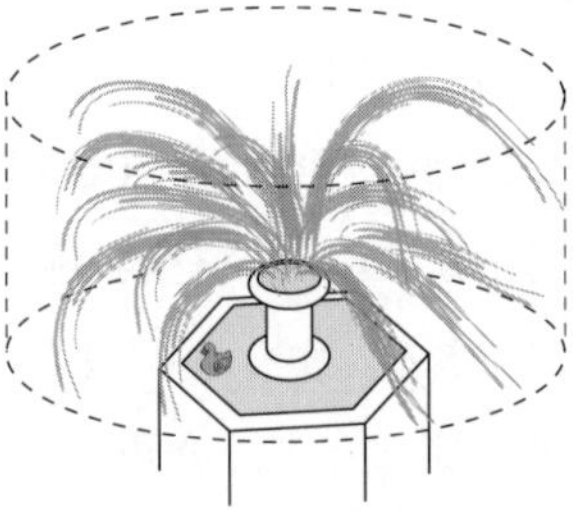

図 5.25

問 5.18　定常的な点源からの流体の湧出しを考える。速度場が

$$\boldsymbol{v}(x,y,z)=\frac{K}{r^2}\left(\frac{\boldsymbol{r}}{r}\right),\quad \boldsymbol{r}=x\boldsymbol{i}+y\boldsymbol{j}+z\boldsymbol{k}$$

で与えられている。流体の密度を一定 ρ(=const.) とする。次の問に答えよ。

〈**ヒント**〉 問 5.16

（1） 原点を囲む半径 a の球面 S について流束 Φ_{M_f} を求めよ。

（2） 原点における単位時間当りの湧出し量を M_f とする。球面 S 内の領域 V にガウスの定理を適用し，（1）の結果とから，係数 K の値を決めよ。

（3） 流体として水を考える。$M_f=4\pi$〔kg/s〕のとき，原点から $r=0.1$ m 離れた位置での流速の大きさを求めよ。

（4） 原点以外の点では $\nabla\cdot(\rho\boldsymbol{v})=0$ となることを確かめよ。その意味を説明せよ。

（5） 原点を含まない任意の閉曲面について，流束 Φ_{M_f} を求めよ。

問 5.19　ベクトル場 $\boldsymbol{E}$ を考える。$\boldsymbol{E}$ の方向は位置ベクトル（$\boldsymbol{r}=x\boldsymbol{i}+y\boldsymbol{j}+z\boldsymbol{k}$）

の方向を向き，その大きさは原点から考えている点までの距離の二乗（r^2）に逆比例する。すなわち，$\boldsymbol{E}$ は次の形で与えられている。

$$\boxed{\boldsymbol{E}=K\frac{1}{r^2}\left(\frac{\boldsymbol{r}}{r}\right)} \qquad K=\text{const.}$$

以下の問に答えよ。

（1） ベクトル場がこのような形で与えられる例をできる限り挙げよ。

（2） 原点以外の点で，$\nabla\cdot\boldsymbol{E}=\nabla\cdot(K\boldsymbol{r}/r^3)=0$ が成り立つことを示せ。

（3） ベクトル場がこのような形で与えられるとき，**図 5.26**（a）に示すような原点を囲む**任意の形**をした閉曲面 S について，ベクトル $\boldsymbol{E}$ の流束が

$$\boxed{\int_S \boldsymbol{E}\cdot d\boldsymbol{S}=4\pi K}$$

となることを示せ。

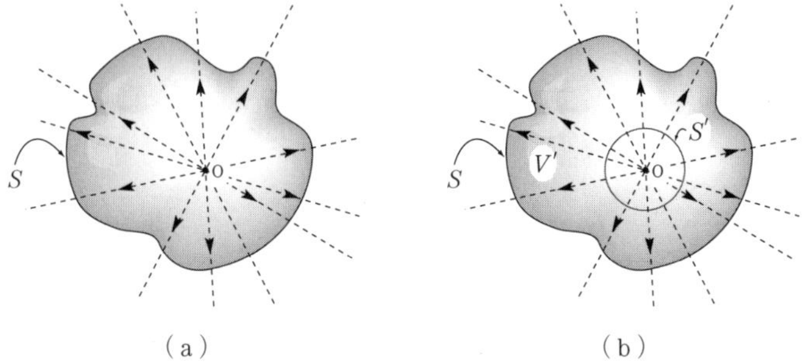

図 5.26

〈**ヒント**〉 図 5.26（b）のように，閉曲面 S と原点の間に，原点を囲む半径 a の球面 S' を考える。閉曲面 S とこの球面 S' とを囲む領域を V' とする。この領域 V' にガウスの定理を適用すると

$$\int_{V'}\nabla\cdot\boldsymbol{E}dV=\int_S \boldsymbol{E}\cdot d\boldsymbol{S}+\int_{S'}\boldsymbol{E}\cdot d\boldsymbol{S}$$

となる。左辺は，（2）の結果から零になる。また，面 S' についての面積分で，$d\boldsymbol{S}$ の法線ベクトル $\boldsymbol{n}$ の方向は，領域 V' の内側から外側に向かう［$\boldsymbol{n}=-(\boldsymbol{r}/r)$］。

問 5.20 **図 5.27** に示すように，半径 a の導線のまわりを絶縁帯が覆っている。導線を流れる電流により，導線中で発熱が生じている。このジュール熱による単位時間，単位体積当りの発熱量 S_W〔W/m³〕は，空間的に一様，かつ，時間的に一定

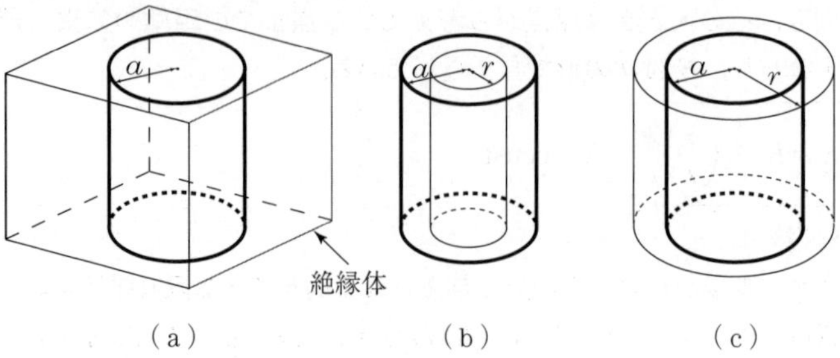

図 5.27

であるとする。導線および絶縁体は，z 方向に無限に長いとする。また，絶縁体は径方向に無限に広がっているとする。このとき，系の対称性を考えると熱流（エネルギー流束密度ベクトル $\boldsymbol{h}$）の方向は径方向（r 方向）となり，z 軸からの距離 r が同じであれば，熱流の大きさ h も等しくなると考えることができる。そこで，$\boldsymbol{h}=h(r)\boldsymbol{e}_r$ と置くことにする。次の問に答えよ。

（1） 導線内に z 軸から半径 $r(0<r<a)$，高さ L の円筒面 S を考える。この円筒面内部の領域 V で単位時間，単位体積当りジュール熱より発生する熱量

$$S_{total}=\int_V S_W dV$$

を求めよ。

（2） この円筒面 S を通過する熱エネルギーの流束

$$\Phi_{W_f}=\int_{S_{in}} \boldsymbol{h}\cdot d\boldsymbol{S}$$

を求めよ。

（3） （1），（2）とガウスの定理を用いることにより，半径 $r(0<r<a)$ の位置における熱流束密度の大きさ $h(r)$ を求めよ。$h(r)$ は r に比例することを確かめよ。

（4） （1），（2），（3）と同様の考え方を用いて，絶縁体内の z 軸から半径 $r(a<r)$ の位置における熱流の大きさ $h(r)$ を求めよ。$h(r)$ は $1/r$ に比例することを確かめよ。ただし，導線と絶縁体の接触面で熱流は連続であると仮定する。

（5） $S_W=1\,\mathrm{W/m^3}$，$a=0.1\,\mathrm{m}$ であるとする。熱流の大きさ $h(r)$ を半径 r の関数としてグラフに示せ。

問 5.21 **（グリーンの定理）** 次の二つのベクトルを考える。

$$\boldsymbol{A}_1=u\nabla v,\quad \boldsymbol{A}_2=v\nabla u$$

（1）　ベクトル $\boldsymbol{A}_1 = u\nabla v$，$\boldsymbol{A}_2 = v\nabla u$，各々の発散を計算し，次式が成り立つことを示せ。

$$\nabla\cdot\boldsymbol{A}_1 = u\nabla^2 v + \nabla u\cdot\nabla v$$

$$\nabla\cdot\boldsymbol{A}_2 = v\nabla^2 u + \nabla u\cdot\nabla v$$

（2）　閉曲面 S で囲まれた領域 V について，ガウスの定理を適用し，次式が成立することを確かめよ。

$$\int_V \nabla\cdot\boldsymbol{A}_1 dV = \int_S (u\nabla v)\cdot d\boldsymbol{S}$$

$$\int_V \nabla\cdot\boldsymbol{A}_2 dV = \int_S (v\nabla u)\cdot d\boldsymbol{S}$$

（3）　（1），（2）より，次のグリーンの定理が成立することを確かめよ。

$$\boxed{\int_V (u\nabla^2 v - v\nabla^2 u)\, dV = \int_S (u\nabla v - v\nabla u)\cdot d\boldsymbol{S}}$$

5.4　ベクトル場の循環

図 5.28 に示すようにベクトル場 $\boldsymbol{A}(x, y, z)$ を，空間中の閉曲線 C について線積分して得られる

$$\boxed{\oint_C \boldsymbol{A}\cdot d\boldsymbol{r}} \tag{5.58}$$

を閉曲線 C についての**循環**（circulation）と呼ぶ。ベクトル場の循環については，5.1 節の円環に沿っての線積分で，いくつかの例をすでに計算した。ここでは，問を解くことにより，循環について理解を深める。4.5 節で定義したベクトル $\boldsymbol{A}$ の回転 $\nabla\times\boldsymbol{A}$ と，循環との間には，次節で学ぶ**ストークスの定理**が成り立つ。ストークスの定理は，電磁気学でもよく用いる定理でありきわめて

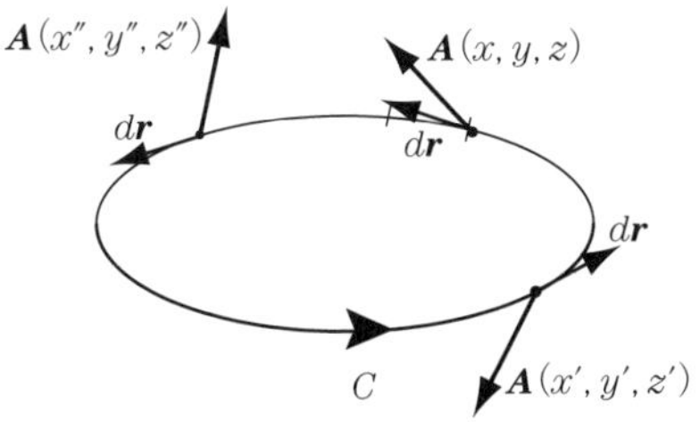

図 5.28　ベクトル場の循環

重要である。以下の問では，ストークスの定理を容易に理解するためのウォーミングアップを行う。できる限り，自分で問題を解くことを勧める。

問 5.22　**（閉曲線の例）**　**図 5.29** のような正方形の閉じた積分路を考え，反時計まわり（点 O → 点 P → 点 Q → 点 R → 点 O の順）に，この積分路を巡る。次のベクトルについて

$$\boldsymbol{A}(xyz) = A_x\boldsymbol{i} + A_y\boldsymbol{j} + A_z\boldsymbol{k}$$

$$A_x = -\omega y, \quad A_y = \omega x, \quad A_z = 0$$

$$\omega = \text{const.}$$

この積分路を一周するときの循環を求める。

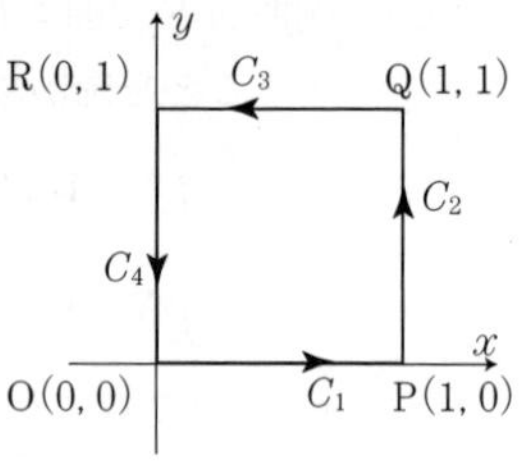

図 5.29

（1）　各辺 C_1，C_2，C_3，C_4 に沿った線積分が，以下の形で与えられることを確かめよ。

$$C_1：\int_{C_1}\boldsymbol{A}\cdot d\boldsymbol{r} = \int_0^1 A_x dx$$

$$C_2：\int_{C_2}\boldsymbol{A}\cdot d\boldsymbol{r} = \int_0^1 A_y dy$$

$$C_3：\int_{C_3}\boldsymbol{A}\cdot d\boldsymbol{r} = \int_1^0 A_x dx$$

$$C_4：\int_{C_4}\boldsymbol{A}\cdot d\boldsymbol{r} = \int_1^0 A_y dy$$

（2）　（1）をもとに，ベクトル $\boldsymbol{A}$ のこの積分路に関する循環

$$\oint_C \boldsymbol{A}\cdot d\boldsymbol{r} = \int_{C_1}\boldsymbol{A}\cdot d\boldsymbol{r} + \int_{C_2}\boldsymbol{A}\cdot d\boldsymbol{r} + \int_{C_3}\boldsymbol{A}\cdot d\boldsymbol{r} + \int_{C_4}\boldsymbol{A}\cdot d\boldsymbol{r}$$

の値を求めよ。

問 5.23　問 5.22 で，積分路を逆まわり（点 O → 点 R → 点 Q → 点 P → 点 O の順）に一周するときの積分路を $-C$ と表すことにする。このとき

$$\boxed{\oint_{-C}\boldsymbol{A}\cdot d\boldsymbol{r} = -\oint_C \boldsymbol{A}\cdot d\boldsymbol{r}} \tag{5.59}$$

が成り立つことを確かめよ。

問 5.24　問 5.22 と同じ閉じた積分路 C について，以下のベクトルの循環の値を求めよ。

（1）　$A_x = \omega y$，　$A_y = -\omega x$　（$\omega = \text{const.}$）

ヒント：例えば，積分路 C_2 上では，$x = 1$ であるから，$A_y = -\omega$ である。

（2）　$\boldsymbol{A} = \nabla\varphi$，　$\varphi(x, y) = x^2 + y^2$

（3）　$\boldsymbol{B} = \nabla\times\boldsymbol{A}$　$A_x = -\dfrac{1}{2}B_0 y$，　$A_y = \dfrac{1}{2}B_0 x$

問 5.25 次の二つの 2 次元速度場について，次の問に答えよ（問 4.35 参照）。

速度場 1 $\boldsymbol{v}(x,y)=v_x\boldsymbol{i}+v_y\boldsymbol{j}$, $v_x=-\omega y$, $v_y=\omega x$, $\omega=\text{const.}$

速度場 2 $\boldsymbol{v}(x,y)=v_x\boldsymbol{i}+v_y\boldsymbol{j}$, $v_x=\omega x$, $v_y=\omega y$, $\omega=\text{const.}$

（1） 速度場 1，2 の各々について，その概略をベクトル図として図示し，流れの様子を比較せよ。

（2） 速度場 1，2 の各々について，**図 5.30** のような閉じた積分路に沿っての循環

$$\oint_C \boldsymbol{v}\cdot d\boldsymbol{r}$$

を計算し，比較せよ。速度場 2 については，循環はゼロになることを確かめよ。

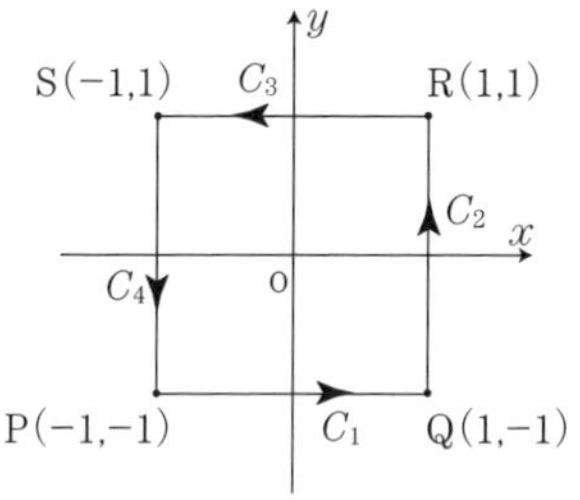

図 5.30

問 5.26 ベクトル場 $\boldsymbol{E}$ がスカラー ϕ の勾配として

$$\boxed{\boldsymbol{E}=-\nabla\phi}$$

で与えられるとき，任意の閉曲線に関する循環は

$$\boxed{\oint_C \boldsymbol{E}\cdot d\boldsymbol{r}=0}$$

で与えられることを示せ。

問 5.27 **（二つの積分路の共有する部分についての相殺）** **図 5.31** のように閉曲線 C を二つの閉曲線 C_1，C_2 に分けて考える。このとき，閉曲線 C についての循環と，閉曲線 C_1 に沿っての循環と C_2 に沿っての循環との和が等しいこと，すなわち

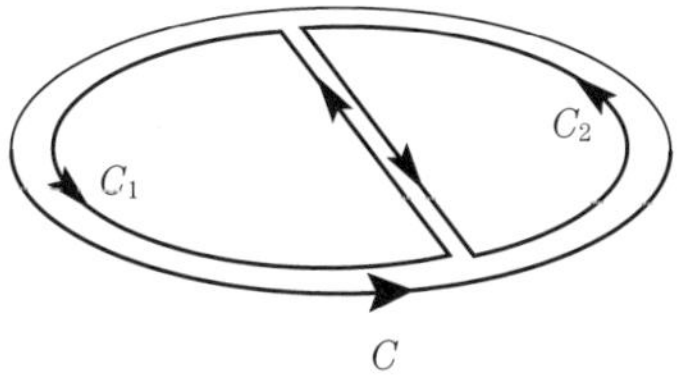

図 5.31 積分路の分割と打消し合い

$$\oint_C \boldsymbol{v}\cdot d\boldsymbol{r} = \oint_{C_1} \boldsymbol{v}\cdot d\boldsymbol{r} + \oint_{C_2} \boldsymbol{v}\cdot d\boldsymbol{r} \tag{5.60}$$

が成り立つことを説明せよ。

問 5.28　**図 5.32** に示すように，点 $\mathrm{P}(x,y)$ を囲む微小な長方形の積分路を考える。この積分路に関して，ベクトル

$$\boldsymbol{A}(x,y) = A_x(x,y)\,\boldsymbol{i} + A_y(x,y)\,\boldsymbol{j}$$

の循環を，以下の手順で求める。次の問に答えよ。

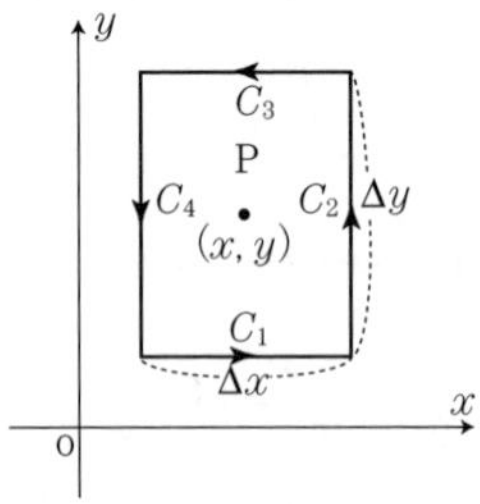

図 5.32

（1）　辺 C_1 についての線積分が以下のようになることを示せ。

$$C_1:\int_{C_1} \boldsymbol{A}\cdot d\boldsymbol{r} \approx A_x\left(x, y-\frac{\Delta y}{2}\right)\Delta x \approx \left[A_x(x,y) - \frac{\partial A_x}{\partial y}\frac{\Delta y}{2}\right]\Delta x$$

〈**ヒント**〉　辺 C_1 を表す変位ベクトルは

$$\Delta \boldsymbol{r}_1 = \Delta x \boldsymbol{i}$$

で与えられる。Δx は十分短く，ベクトル $\boldsymbol{A}(x,y)$ は C_1 上で一定とみなし，辺 C_1 の中点 (x_1, y_1) の値で，C_1 上のベクトル $\boldsymbol{A}(x,y)$ の値を代表させる。このとき

$$\int_{C_1} \boldsymbol{A}\cdot d\boldsymbol{r} \approx \boldsymbol{A}\cdot\Delta\boldsymbol{r}_1 = A_x(x_1, y_1)\Delta x$$

となる。ただし，辺 C_1 の中点 (x_1, y_1) の座標は，各々

$$x_1 = x$$

$$y_1 = y - \frac{\Delta y}{2}$$

となる。このとき

$$\int_{C_1} \boldsymbol{A}\cdot d\boldsymbol{r} \approx A_x(x_1, y_1)\Delta x \approx A_x\left(x, y-\frac{\Delta y}{2}\right)\Delta x$$

となる。ここで，さらに $A_x(x, y-\Delta y/2)$ をテイラー展開すると

$$A_x\left(x, y-\frac{\Delta y}{2}\right) \approx A_x(x,y) - \frac{\partial A_x}{\partial y}\frac{\Delta y}{2}$$

以上から

$$C_1：\int_{C_1}\boldsymbol{A}\cdot d\boldsymbol{r}\approx A_x\left(x,y-\frac{\Delta y}{2}\right)\Delta x\approx\left[A_x(x,y)-\frac{\partial A_x}{\partial y}\frac{\Delta y}{2}\right]\Delta x$$

（2）（1）と同様の考え方を用いて，積分路 C_2，C_3，C_4 についての線積分は次のようになることを示せ。

$$C_2：\int_{C_2}\boldsymbol{A}\cdot d\boldsymbol{r}\approx A_y\left(x+\frac{\Delta x}{2},y\right)\Delta y\approx\left[A_y(x,y)+\frac{\partial A_y}{\partial x}\frac{\Delta x}{2}\right]\Delta y$$

$$C_3：\int_{C_3}\boldsymbol{A}\cdot d\boldsymbol{r}\approx A_x\left(x,y+\frac{\Delta y}{2}\right)\Delta x\approx-\left[A_x(x,y)+\frac{\partial A_x}{\partial y}\frac{\Delta y}{2}\right]\Delta x$$

$$C_4：\int_{C_4}\boldsymbol{A}\cdot d\boldsymbol{r}\approx -A_y\left(x-\frac{\Delta x}{2},y\right)\Delta y\approx-\left[A_y(x,y)-\frac{\partial A_y}{\partial x}\frac{\Delta x}{2}\right]\Delta y$$

（3）（1），（2）から，ベクトル $\boldsymbol{A}(x,y)$ に対して，この微小長方形のまわりの循環

$$\oint_C\boldsymbol{A}\cdot d\boldsymbol{r}=\int_{C_1}\boldsymbol{A}\cdot d\boldsymbol{r}+\int_{C_2}\boldsymbol{A}\cdot d\boldsymbol{r}+\int_{C_3}\boldsymbol{A}\cdot d\boldsymbol{r}+\int_{C_4}\boldsymbol{A}\cdot d\boldsymbol{r}$$

を計算せよ。

（4）ベクトル $\boldsymbol{A}(x,y)$ の回転 $\nabla\times\boldsymbol{A}$ を計算せよ。

（5）（3）と（4）とを比較することにより

$$\oint_C\boldsymbol{A}\cdot d\boldsymbol{r}=\sum_{i=1}^{4}\boldsymbol{A}(x_i,y_i)\cdot\Delta\boldsymbol{r}_i=(\nabla\times\boldsymbol{A})\cdot\Delta\boldsymbol{S}$$

が成り立つことを示せ。ただし，$\Delta\boldsymbol{S}$ はこの微小長方形を表す面積ベクトル

$$\Delta\boldsymbol{S}=\Delta S\boldsymbol{k},\quad \Delta S=\Delta x\Delta y$$

であり，ΔS はこの長方形の面積，$\boldsymbol{k}$ は面に対する法線ベクトルで，この場合，z 方向（紙面に垂直で，上向き）を向く。

5.5　ストークスの定理

一般に，連続なベクトル場 $\boldsymbol{A}(x,y,z)$ が与えられたとき，**図 5.33** のような閉曲線 C に沿ってのベクトル $\boldsymbol{A}$ の循環

$$\oint_C\boldsymbol{A}\cdot d\boldsymbol{r}$$

を考える。この循環と，4 章で定義したベクトルの回転 $\nabla\times\boldsymbol{A}$（$=\mathrm{rot}\,\boldsymbol{A}$）を，

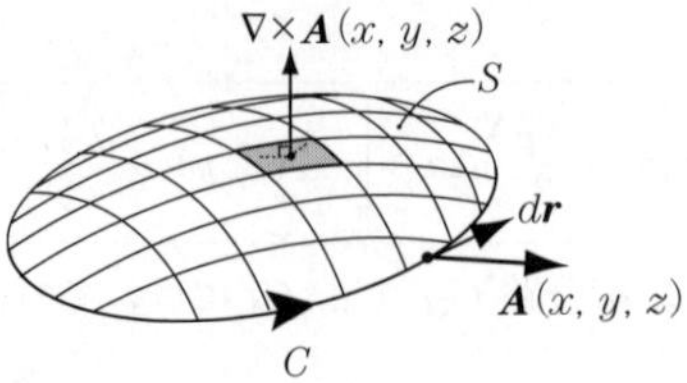

図 5.33　ストークスの定理

この閉曲線が囲む曲面 S の表面全体にわたって積分した

$$\int_S \nabla\times\boldsymbol{A}\cdot d\boldsymbol{S} \tag{5.61}$$

との間には，式（5.62）の関係が成立する。

$$\boxed{\oint_C \boldsymbol{A}\cdot d\boldsymbol{r}=\int_S \nabla\times\boldsymbol{A}\cdot d\boldsymbol{S}} \tag{5.62}$$

これを，**ストークスの定理**（Stokes's theorem）と呼ぶ。

流れ場の例：ストークスの定理の証明

式（5.62）の一般的な証明は，他の機会に譲る。ここでは，次の簡単な 2 次元速度場の例を考える。

$$\boldsymbol{v}(x, y)=v_x(x, y)\,\boldsymbol{i}+v_y(x, y)\,\boldsymbol{j} \tag{5.63}$$

図 5.34 に示すような点（x, y）を囲み，各辺が Δx，Δy の微小面積を考え，ストークスの定理 式（5.62）が成り立つことを確かめる。

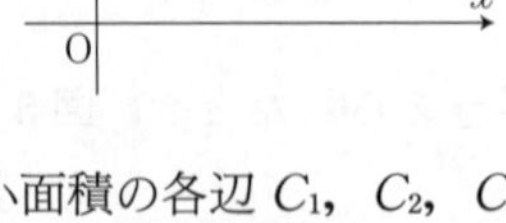

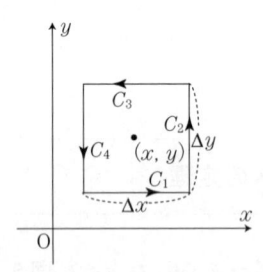

図 5.34　点（x, y）を囲む閉曲線と微小面積要素

この微小面積の各辺 C_1，C_2，C_3，C_4 を通って，この微小面積のまわりを一周するとき，速度場の循環は

$$\sum_{C_k}(\boldsymbol{v}\cdot\Delta\boldsymbol{r})_k=(\boldsymbol{v}\cdot\Delta\boldsymbol{r})_1+(\boldsymbol{v}\cdot\Delta\boldsymbol{r})_2+(\boldsymbol{v}\cdot\Delta\boldsymbol{r})_3+(\boldsymbol{v}\cdot\Delta\boldsymbol{r})_4 \tag{5.64}$$

で与えられる。ここで，$(\boldsymbol{v}\cdot\Delta\boldsymbol{r})_k$（$k=1,2,3,4$）は，循環に対する各辺 C_1，

C_2, C_3, C_4 からの寄与である。辺の長さ Δx, Δy は十分小さく，各辺における速度 $\boldsymbol{v}(x,y,z)$ の値は，辺の中点での値で近似的に与えられるものとする。すでに，問 5.28 で考えたように

$$(\boldsymbol{v}\cdot\Delta\boldsymbol{r})_1=v_x\left(x,y-\frac{\Delta y}{2}\right)\Delta x\simeq\left[v_x(x,y)-\frac{\partial v_x}{\partial y}\frac{\Delta y}{2}\right]\Delta x \tag{5.65}$$

$$(\boldsymbol{v}\cdot\Delta\boldsymbol{r})_2=v_y\left(x+\frac{\Delta x}{2},y\right)\Delta y\simeq\left[v_y(x,y)+\frac{\partial v_y}{\partial x}\frac{\Delta x}{2}\right]\Delta y \tag{5.66}$$

$$(\boldsymbol{v}\cdot\Delta\boldsymbol{r})_3=-v_x\left(x,y+\frac{\Delta y}{2}\right)\Delta x\simeq-\left[v_x(x,y)+\frac{\partial v_x}{\partial y}\frac{\Delta y}{2}\right]\Delta x \tag{5.67}$$

$$(\boldsymbol{v}\cdot\Delta\boldsymbol{r})_4=-v_y\left(x-\frac{\Delta x}{2},y\right)\Delta y\simeq-\left[v_y(x,y)-\frac{\partial v_y}{\partial x}\frac{\Delta x}{2}\right]\Delta y \tag{5.68}$$

以上，辺々の和をとり，この微小面積のまわりの循環は

$$\sum_{C_k}(\boldsymbol{v}\cdot\Delta\boldsymbol{r})_k=\left(\frac{\partial v_y}{\partial x}-\frac{\partial v_x}{\partial y}\right)\Delta S,\quad \Delta S=\Delta x\Delta y \tag{5.69}$$

となる。ここで，ΔS はこの微小面積の大きさである。

一方，式 (5.63) の回転を計算すると

$$\nabla\times\boldsymbol{v}=\left(\frac{\partial v_y}{\partial x}-\frac{\partial v_x}{\partial y}\right)\boldsymbol{k} \tag{5.70}$$

となり，その方向は z 方向を向く。ここで，$\boldsymbol{k}$ は z 方向の単位ベクトルである。また，この微小面積要素は，(x,y) 平面内にあり，その法線ベクトルは z 方向を向く。したがって，この微小面積を表す面積ベクトルは，次のように与えられる。

$$\Delta\boldsymbol{S}=\Delta S\boldsymbol{k}$$

これと式 (5.70) とより，$\nabla\times\boldsymbol{v}$ と $\Delta\boldsymbol{S}$ との内積は

$$(\nabla\times\boldsymbol{v})\cdot\Delta\boldsymbol{S}=\left(\frac{\partial v_y}{\partial x}-\frac{\partial v_x}{\partial y}\right)\Delta S \tag{5.71}$$

となる。これは，式 (5.69) と一致する。

以上から，この微小面積に対して，そのまわりの循環 $\sum_{C_k}(\boldsymbol{v}\cdot\Delta\boldsymbol{r})_k$ と

$(\nabla\times\boldsymbol{v})\cdot\Delta\boldsymbol{S}$ とは等しく

$$\boxed{\sum_{C_k}(\boldsymbol{v}\cdot\Delta\boldsymbol{r})_k=(\nabla\times\boldsymbol{v})\cdot\Delta\boldsymbol{S}} \tag{5.72}$$

が成り立つことがわかる。

より一般に，考える閉曲線が**図 5.35** のように，任意の形状をしている場合でも，この閉曲線が囲む面を多数の微小面積要素に分割して，その各々について，上の考え方を適用すれば，式（5.62）が成立することは，容易に理解できる。

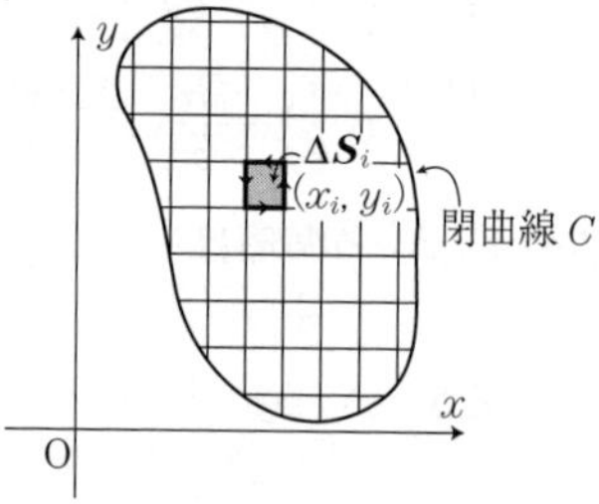

図 5.35　閉曲線 C 内の微小面積要素

実際に点 (x_i, y_i) のまわりに微小面積 ΔS_i を考えると，この微小面積のまわりの循環は，式（5.72）で確かめたように

$$\left(\sum_{C_k}(\boldsymbol{v}\cdot\Delta\boldsymbol{r})_k\right)_i=(\nabla\times\boldsymbol{v})_i\cdot\Delta\boldsymbol{S}_i \tag{5.73}$$

図 5.35 の閉曲線 C が囲む領域全体では，i についての和をとって

$$\sum_{i=1}^{N}\left(\sum_{C_k}(\boldsymbol{v}\cdot\Delta\boldsymbol{r})_k\right)_i=\sum_{i=1}^{N}(\nabla\times\boldsymbol{v})_i\cdot\Delta\boldsymbol{S}_i \tag{5.74}$$

さらに，分割数 N を無限大にした極限では，この式の右辺は面全体にわたる面積分として

$$\lim_{N\to\infty}\sum_{i=1}^{N}(\nabla\times\boldsymbol{v})_i\cdot\Delta\boldsymbol{S}_i\to\int_S\nabla\times\boldsymbol{v}\cdot d\boldsymbol{S} \tag{5.75}$$

と考えることができる。

一方，左辺の和のうち，問 5.4，問 5.27 で考えたように，隣り合う二つの面積要素が共有する辺に関する線積分は，値は同じで，符号が反対となる。したがって，たがいに打消し合う。このため，全体の和には寄与しない。

分割数が無限大の極限では，最も外側の閉曲線 C についての線積分のみが

残り

$$\lim_{N\to\infty}\sum_{i=1}^{N}\left(\sum_{C_k}(\boldsymbol{v}\cdot\Delta\boldsymbol{r})_k\right)_i\to\oint_C \boldsymbol{v}\cdot d\boldsymbol{r} \tag{5.76}$$

と考えることができる。

以上から，ストークスの定理

$$\boxed{\oint_C \boldsymbol{v}\cdot d\boldsymbol{r}=\int_S\nabla\times\boldsymbol{v}\cdot d\boldsymbol{S}} \tag{5.77}$$

が成り立つことがわかる。

問 5.29

〔1〕 **回転の意味：再考！**

図 5.36（a）に示すような半径 a の円柱状の棒が，z 軸のまわりに角速度 ω で回転している。次の問に答えよ。

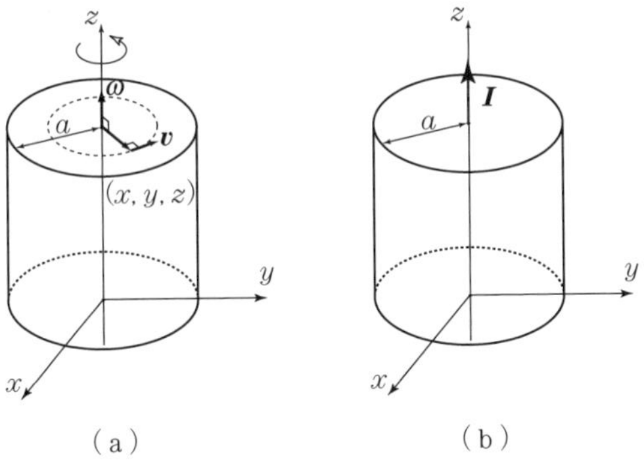

図 5.36

（1） 剛体内の点 (x,y,z) において，速度ベクトル $\boldsymbol{v}$ は，z 成分を持たないことを説明せよ。

（2） 剛体内の点 (x,y,z) において，速度ベクトル $\boldsymbol{v}$ の大きさは，z 座標によらないことを説明せよ。したがって，（1）とから $\boldsymbol{v}$ は，次式となる。

$$\boldsymbol{v}(x,y)=v_x(x,y)\,\boldsymbol{i}+v_y(x,y)\,\boldsymbol{j}$$

（3） 剛体内の点 (x,y,z) において速度ベクトル $\boldsymbol{v}$ は，図 5.36（a）に示したように，考える点と z 軸との距離 $r\,(=\sqrt{x^2+y^2})$ を半径とする円の接線方向を向く。このとき，$\boldsymbol{v}$ の回転

$$\boxed{\nabla\times\boldsymbol{v}}$$

はいずれの方向を向くか？　図 5.36（a）に，$\nabla\times\boldsymbol{v}$ の方向を図示せよ。

（4）速度ベクトルの大きさは，剛体内の各点で z 軸との距離 $r(=\sqrt{x^2+y^2})$ にのみ依存することを説明せよ。

（5）角速度ベクトルを

$$\boxed{\boldsymbol{\omega}=\omega\boldsymbol{k}}$$

とするとき

$\nabla\times\boldsymbol{v}$ と $\boldsymbol{\omega}$

との間の関係を求めよ。

〈**ヒント**〉 式（4.86）参照。

〔2〕 **無限直線電流の作る磁場**

図 5.36（b）のように，半径 a の円柱状の無限に長い導体に，z 軸の正方向に電流 I が流れている。

（1）導体中で電流は一様に流れている。z 軸に垂直な断面の単位面積当りを通過する電流の大きさ（電流密度）j_e を求めよ。その向きは，z 軸の正方向であるから，導体内の各点 (x,y,z) における電流密度は，ベクトルとして，次のように表現できる。

$$\boxed{\boldsymbol{j}_e=j_e\boldsymbol{k}}$$

図 5.36（b）中に，$\boldsymbol{j}_e$ の様子の概略を図示せよ。

（2）この電流 $\boldsymbol{j}_e$ の作る磁場（磁束密度ベクトル $\boldsymbol{B}$）を考える。このとき $\boldsymbol{j}_e$ と $\boldsymbol{B}$ との間には，電磁気学で学ぶように**アンペールの法則**（次式）が成り立つ。

$$\boxed{\nabla\times\boldsymbol{B}=\mu_0\boldsymbol{j}_e}\qquad \mu_0：比例定数（真空の透磁率）$$

このとき，z 軸から距離 $r(=\sqrt{x^2+y^2})$ の点で $\boldsymbol{B}$ の方向は，いずれの方向を向くか？　図 5.36（b）にわかりやすく図示せよ。

問 5.30　**（ストークスの定理の応用）**

問 5.29 の図 5.36（b）について，以下の問に答えよ。

（1）問 5.29 のような無限に長い円柱状直線導体の場合，磁束密度ベクトル $\boldsymbol{B}$ の大きさは，空間の各点で z 軸との距離 $r(=\sqrt{x^2+y^2})$ にのみに依存する。考えている点が導体の内部にある（$0<r<a$）場合について，半径 r の円を

積分路とし，ストークスの定理を次のように適用し，$\boldsymbol{B}$ の大きさを求めよ。

$$\int_S (\nabla\times\boldsymbol{B})\cdot d\boldsymbol{S}=\oint_C \boldsymbol{B}\cdot d\boldsymbol{r}, \qquad \int_S (\nabla\times\boldsymbol{B})\cdot d\boldsymbol{S}=\int_S \mu_0\boldsymbol{j}_e\cdot d\boldsymbol{S}$$

〈**ヒント**〉 必要に応じて 5.1 節，5.2 節の円柱座標系における線積分，面積分を参考にせよ。

$$d\boldsymbol{S}=rd\theta dr\boldsymbol{k}, \quad \boldsymbol{j}_e=I/(\pi a^2)\,\boldsymbol{k}, \quad d\boldsymbol{r}=rd\theta\boldsymbol{e}_\theta, \quad \boldsymbol{B}=B(r)\,\boldsymbol{e}_\theta$$

（2） 考えている点が円柱の外側（$a<r$）にある場合の $\boldsymbol{B}$ の大きさを求めよ。

（3） $\boldsymbol{B}$ の大きさを z 軸からの距離 r の関数として，概略をプロットせよ。

問 5.31 空間中に閉曲線 C を考える（**図 5.37**）。さらに，この閉曲線 C が囲む曲面を S とする。このとき，この閉曲線 C に関する“ベクトル $\boldsymbol{E}(x,y,z,t)$ の循環”と，曲面 S に関する“ベクトル $\boldsymbol{B}(x,y,z,t)$ の流束（磁束）” Φ_B について，次の関係式

$$\oint_C \boldsymbol{E}\cdot d\boldsymbol{r}=-\frac{\partial\Phi_B}{\partial t}, \quad \text{ただし，}\Phi_B=\int_S \boldsymbol{B}\cdot d\boldsymbol{S}$$

が成り立つ（**ファラデーの電磁誘導の法則**）。このとき

$$\nabla\times\boldsymbol{E}=-\frac{\partial\boldsymbol{B}}{\partial t}$$

が成立することを，ストークスの定理を使って示せ。

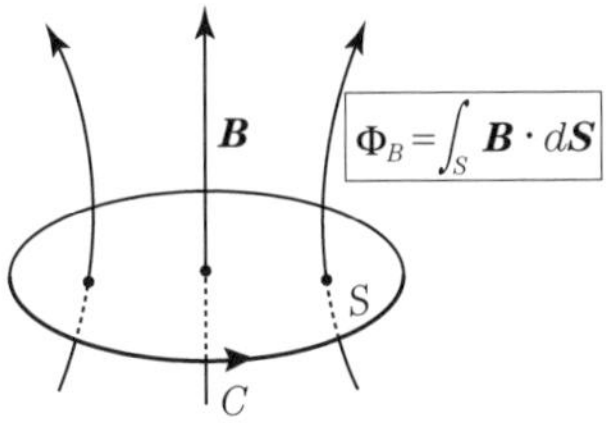

図 5.37

問 5.32 （**ストークスの定理と面積分**） 角速度 ω で z 軸のまわりを回転する円板状剛体を考える（4.5 節）。**図 5.38** に示したように剛体は (x,y) 平面内にある。

（1） 速度場が

$$\boldsymbol{v}(x,y)=-\omega y\boldsymbol{i}+\omega x\boldsymbol{j}$$

となることを確かめよ。

（2） （1）から $\nabla\times\boldsymbol{v}$ を計算せよ。

（3） (x,y) 平面内に任意の閉曲線 C を考える。こ

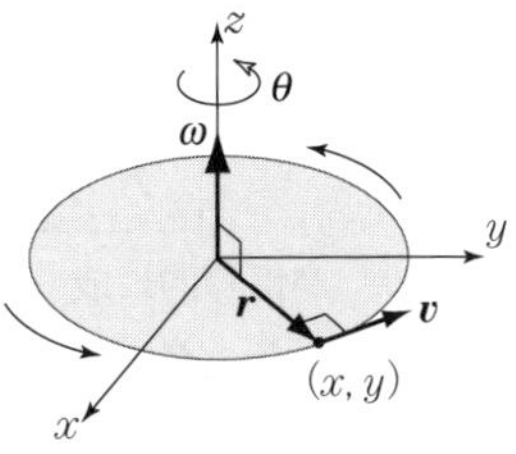

図 5.38

の閉曲面の面積を A とすると，A は面積分を用いて

$$A=\iint_S dxdy$$

と表される。このとき，次式が成り立つことを確かめよ。

$$\int_S (\nabla\times\boldsymbol{v})\cdot d\boldsymbol{S}=2\omega A$$

（4）（3）とストークスの定理から，次式が成り立つことを示せ。

$$\oint_C \boldsymbol{v}\cdot d\boldsymbol{r}=2\omega A$$

（5）以上から，(x,y) 平面内にある任意の閉曲線 C が囲む面積 A は，次のベクトル

$$\boldsymbol{f}(x,y)=-y\boldsymbol{i}+x\boldsymbol{j}$$

の閉曲線 C についての循環と以下の関係にあることを示せ。

$$A=\frac{1}{2}\oint_C \boldsymbol{f}\cdot d\boldsymbol{r}=\frac{1}{2}\oint_C (xdy-ydx)$$

問 5.33 空間中に曲面 S を考える。ベクトル $\boldsymbol{A}$ がこの曲面につねに垂直であるとき，ベクトル $\boldsymbol{A}$ の回転 $\nabla\times\boldsymbol{A}$ は，①この曲面につねに平行である，または，②ゼロである，のいずれかであることをストークスの定理を用いて説明せよ。

問 5.34 **（渦なし場）** ストークスの定理を用いて

$$\nabla\times\nabla\varphi\equiv 0$$

となることを示せ。

問 5.35 **（湧き口なし場）** 空間中に閉曲面 S を考える。この閉曲面内の領域を V で表す。このとき，次の問に答えよ。

（1）閉曲面 S について

$$\int_S (\nabla\times\boldsymbol{A})\cdot d\boldsymbol{S}=0$$

が恒等的に成り立つことを示せ。

（2）また，$\boldsymbol{B}=\nabla\times\boldsymbol{A}$ と考え，ガウスの定理

$$\int_S \boldsymbol{B}\cdot d\boldsymbol{S}=\int_V \nabla\cdot\boldsymbol{B}dV$$

を適用することにより

$$\boxed{\nabla\cdot(\nabla\times\boldsymbol{A})\equiv 0}$$

が成り立つことを示せ。

問 5.36 流れ場の速度が

$$\boldsymbol{v}(x,y)=v_x\boldsymbol{i}+v_y\boldsymbol{j}\qquad v_x=\omega y,\qquad v_y=-\omega x,\qquad \omega=\text{const.}$$

で与えられるとき，次の問に答えよ。

（1） 流れ場の概略の様子をベクトル図として図示せよ。

（2） **図 5.39** に示す積分路 C_1，C_2，C_3，C_4 に沿って線積分を行う。次の周回積分の値を求めよ。

$$\oint \boldsymbol{v}\cdot d\boldsymbol{r}=\int_{C_1}\boldsymbol{v}\cdot d\boldsymbol{r}+\int_{C_2}\boldsymbol{v}\cdot d\boldsymbol{r}+\int_{C_3}\boldsymbol{v}\cdot d\boldsymbol{r}+\int_{C_4}\boldsymbol{v}\cdot d\boldsymbol{r}$$

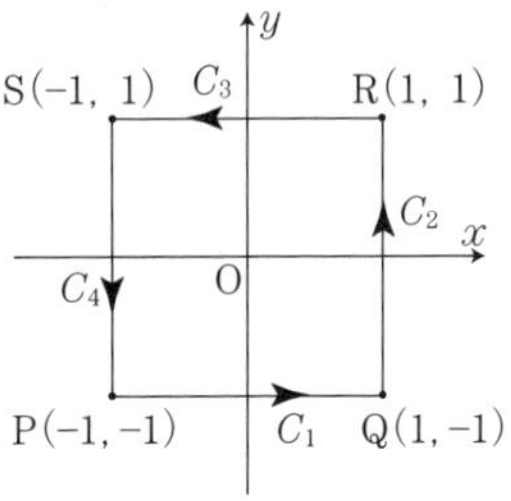

図 5.39

（3） $\nabla\times\boldsymbol{v}$ を求めよ。

（4） （2）の積分路が囲む正方形の面について，$\boldsymbol{A}=\nabla\times\boldsymbol{v}$ の面積分を求めよ。

$$\int_S \boldsymbol{A}\cdot d\boldsymbol{S}=\int_S \nabla\times\boldsymbol{v}\cdot d\boldsymbol{S}$$

（5） （2）で求めた線積分の結果と（4）の面積分の結果とを比較し

$$\int_S \nabla\times\boldsymbol{v}\cdot d\boldsymbol{S}=\oint \boldsymbol{v}\cdot d\boldsymbol{r}$$

が成り立つことを確かめよ。

問 5.37 本節では 2 次元の速度場を考え，ストークスの定理が成立することを示した。次の 3 次元の速度場を考える。

$$\boldsymbol{v}(x,y,z)=v_x(x,y,z)\,\boldsymbol{i}+v_y(x,y,z)\,\boldsymbol{j}+v_z(x,y,z)\,\boldsymbol{k}$$

空間の点 (x,y,z) のまわりに**図 5.40** に示すような長方形の微小面積を考え，ストークスの定理が成り立つことを確かめる。次の問に答えよ。

（1） 微小面積のまわりの各辺が，次のように表されることを確かめよ。

C_1：　$\Delta\boldsymbol{r}_1=\Delta x\boldsymbol{i}$

C_2：　$\Delta\boldsymbol{r}_2=\Delta y\boldsymbol{j}+\Delta z\boldsymbol{k}$

C_3：　$\Delta\boldsymbol{r}_3=\Delta x(-\boldsymbol{i})$

C_4：　$\Delta\boldsymbol{r}_4=\Delta y(-\boldsymbol{j})+\Delta z(-\boldsymbol{k})$

（2） $\Delta x,\Delta y,\Delta z$ が十分小さいとき，C_1 について速度ベクトル $\boldsymbol{v}$ と $\Delta\boldsymbol{r}_1$ との内積 $(\boldsymbol{v}\cdot\Delta\boldsymbol{r})_1$ は

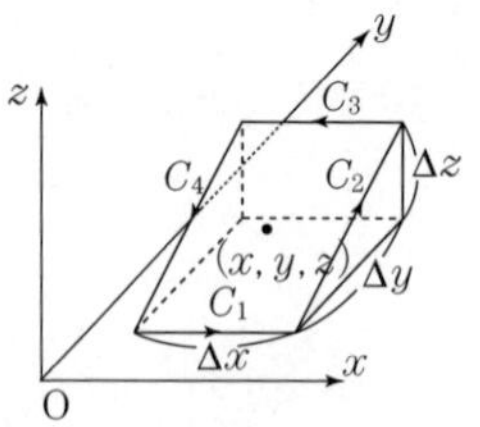

（a） 積分路

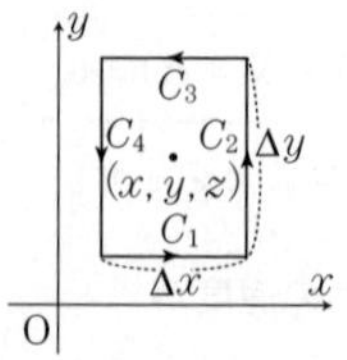

（b） 積分路の (x, y) 平面への投影

図 5.40

$$(\boldsymbol{v}\cdot\Delta\boldsymbol{r})_1 = v_x\left(x, y-\frac{\Delta y}{2}, z-\frac{\Delta z}{2}\right)\Delta x$$

$$= \left[v_x(x, y, z) - \frac{\partial v_x}{\partial y}\frac{\Delta y}{2} - \frac{\partial v_x}{\partial z}\frac{\Delta z}{2}\right]\Delta x$$

と考えることができる。同様にして

$$(\boldsymbol{v}\cdot\Delta\boldsymbol{r})_2 \simeq \left[v_y(x, y, z) + \frac{\partial v_y}{\partial x}\frac{\Delta x}{2}\right]\Delta y + \left[v_z(x, y, z) + \frac{\partial v_z}{\partial x}\frac{\Delta x}{2}\right]\Delta z$$

$$(\boldsymbol{v}\cdot\Delta\boldsymbol{r})_3 \simeq -\left[v_x(x, y, z) + \frac{\partial v_x}{\partial y}\frac{\Delta y}{2} + \frac{\partial v_x}{\partial z}\frac{\Delta z}{2}\right]\Delta x$$

$$(\boldsymbol{v}\cdot\Delta\boldsymbol{r})_4 \simeq -\left[v_y(x, y, z) - \frac{\partial v_y}{\partial x}\frac{\Delta x}{2}\right]\Delta y - \left[v_z(x, y, z) - \frac{\partial v_z}{\partial x}\frac{\Delta x}{2}\right]\Delta z$$

となることを示せ。

（3） （2）からこの微小面積のまわりの循環は

$$\sum_{k=1}^{4}(\boldsymbol{v}\cdot\Delta\boldsymbol{r})_k = \left(\frac{\partial v_y}{\partial x} - \frac{\partial v_x}{\partial y}\right)\Delta x\Delta y - \left(\frac{\partial v_x}{\partial z} - \frac{\partial v_z}{\partial x}\right)\Delta x\Delta z$$

となることを示せ。

（4） この微小面積を表す面積ベクトルが

$$\Delta\boldsymbol{S} = \Delta x\Delta y\boldsymbol{k} - \Delta x\Delta z\boldsymbol{j}$$

となることを示せ。

〈**ヒント**〉 この微小面積の二つ辺を表すベクトル $\Delta\boldsymbol{r}_1$ と $-\Delta\boldsymbol{r}_4$ との外積

$$\Delta\boldsymbol{r}_1\times(-\Delta\boldsymbol{r}_4)$$

を考える。外積の大きさ $|\Delta\boldsymbol{r}_1\times(-\Delta\boldsymbol{r}_4)|$ は，1章外積の項で述べたように，これら二つの辺がつくる平行四辺形（この場合には長方形）の面積 ΔS に等しい。また，その方向は，$\Delta\boldsymbol{r}_1$ と $-\Delta\boldsymbol{r}_4$ の両方に垂直な方向，すなわち，面の法線方向を向く。したがって

$$\Delta\boldsymbol{S} = \Delta\boldsymbol{r}_1\times(-\Delta\boldsymbol{r}_4) = \Delta S\boldsymbol{n}, \qquad \Delta S = |\Delta\boldsymbol{r}_1\times(-\Delta\boldsymbol{r}_4)|,$$

$$\boldsymbol{n} = \frac{\Delta\boldsymbol{r}_1\times(-\Delta\boldsymbol{r}_4)}{|\Delta\boldsymbol{r}_1\times(-\Delta\boldsymbol{r}_4|}$$

ここで

$$\Delta \boldsymbol{r}_1 \times (-\Delta \boldsymbol{r}_4) = (\Delta x \boldsymbol{i}) \times (\Delta y \boldsymbol{j} + \Delta z \boldsymbol{k})$$
$$= \Delta x \Delta y (\boldsymbol{i} \times \boldsymbol{j}) + \Delta x \Delta z (\boldsymbol{i} \times \boldsymbol{k})$$

である。

（5） $\nabla \times \boldsymbol{v}$ を計算せよ。

（6） （4）と（5）の結果から，$(\nabla \times \boldsymbol{v}) \cdot \Delta \boldsymbol{S}$ を計算せよ。

（7） （3）の結果と（6）の結果とを比較することにより，この微小面積のまわりの循環と $(\nabla \times \boldsymbol{v}) \cdot \Delta \boldsymbol{S}$ とが等しいこと，すなわち

$$\sum_{k=1}^{4} (v \cdot \Delta \boldsymbol{r})_k = (\nabla \times \boldsymbol{v}) \cdot \Delta \boldsymbol{S}$$

が成り立つことを示せ。

5.6 渦なし場と湧き口なし場

〔1〕 渦なし場

ベクトル場 $\boldsymbol{E}$ がスカラー場の勾配から導かれるような以下の場合

$$\boxed{\boldsymbol{E} = -\nabla \phi}$$

空間のいたるところで，次式が成立する（4.6節参照）。

$$\boxed{\nabla \times \boldsymbol{E} = 0}$$

したがって，ストークスの定理より任意の閉曲線 C について次式が成立する。

$$\boxed{\oint_C \boldsymbol{E} \cdot d\boldsymbol{r} = 0}$$

電磁気学で学ぶ静電場 $\boldsymbol{E}$ はスカラーポテンシャルによって，$\boldsymbol{E} = -\nabla \phi$ のように表現できる。したがって，静電場は渦なし場である。

〔2〕 湧き口なし場

ベクトル場 $\boldsymbol{B}$ が，ベクトル場 $\boldsymbol{A}$ の回転から導かれる場合，すなわち $\boldsymbol{B}$ が $\boldsymbol{A}$ の回転として次式で与えられるとき

$$\boxed{\boldsymbol{B} = \nabla \times \boldsymbol{A}}$$

空間のいたるところで，以下の式を満たす（4.7 節参照）。

$$\boxed{\nabla\cdot\boldsymbol{B}=0}$$

したがって，ガウスの定理より任意の閉曲面 S について，次式が成立する。

$$\boxed{\oiint_S \nabla\times\boldsymbol{A}\cdot d\boldsymbol{S}=0}$$

電磁気学では，磁束密度ベクトル $\boldsymbol{B}$ がこのような性質を持ち，磁束密度ベクトル $\boldsymbol{B}$ はベクトルポテンシャル $\boldsymbol{A}$ によって $\boldsymbol{B}=\nabla\times\boldsymbol{A}$ のように表現できる。

まとめの Quiz

1 線積分

（1）**曲線 C に関するベクトル A の線積分**

ベクトル $\boldsymbol{A}$ と曲線 C に沿った微小変位 $d\boldsymbol{r}$ との内積 $\boldsymbol{A}\cdot d\boldsymbol{r}$ について，曲線 C の始点 P から終点 Q まで積分することにより，線積分を定義する。このように定義される線積分を $\boldsymbol{A}$ および $d\boldsymbol{r}$ の成分を用いて表現すると

$$\int_C \boldsymbol{A}\cdot d\boldsymbol{r}=\int_P^Q \boldsymbol{A}\cdot d\boldsymbol{r}=\int_P^Q \boxed{\qquad\qquad}$$

（2）**ベクトルがスカラーの勾配から導かれるときの線積分**

線積分の値は始点 P と終点 Q におけるスカラーの値 $\varphi(P)$ および $\varphi(Q)$ の差にのみに依存し

$$\int_P^Q \nabla\varphi\cdot d\boldsymbol{r}=\boxed{\qquad\qquad}$$

（3）**逆向きの積分路**

曲線 C の始点 P と終点 Q とを入れ替えた逆向きの経路に沿う積分路を $-C$ で表すことにする。このとき

$$\int_{-C} \boldsymbol{A}\cdot d\boldsymbol{r}=\boxed{\qquad\qquad}$$

（4）**積分路の分割**

積分路 C の途中に点 R を考える。点 P から点 R までの積分路を C_1，点 R から点 P までの積分路を C_2 とすると

$$\int_C \boldsymbol{A}\cdot d\boldsymbol{r} = \boxed{\qquad\qquad\qquad}$$

（5） **半径 a の円環 C に沿っての微小変位**

円筒座標系 (r, θ, z) を用いると

$$d\boldsymbol{r} = \boxed{\qquad}\ \boldsymbol{e}_\theta$$

ここで，$\boldsymbol{e}_\theta$ は $\boxed{\qquad}$ 方向の単位ベクトルで，直角座標系の単位ベクトルと，以下の関係がある。

$$\boldsymbol{e}_\theta = \boxed{\qquad\qquad\qquad\qquad}$$

2 面積分

（1） **ベクトル $\boldsymbol{A}$ の面 S に関する面積分**

$$\int_S \boxed{\qquad}\cdot d\boldsymbol{S}$$

ここで，$d\boldsymbol{S}$ は，$\boxed{\qquad\qquad}$ を表す。$d\boldsymbol{S}$ の大きさを dS，また，この面の単位法線ベクトルを $\boldsymbol{n}$ とすると

$$d\boldsymbol{S} = \boxed{\qquad}$$

（2） **エネルギー流束密度ベクトル $\boldsymbol{h}$ の面 S について面積分（$\boldsymbol{h}$ の流束）**

$$\Phi_{W_f} = \int_S \boldsymbol{h}\cdot d\boldsymbol{S}$$

は，この面を $\boxed{\qquad\qquad\qquad\qquad}$ を意味する。

（3） **（質量）流束密度ベクトル $\boldsymbol{f}$ の面 S について面積分（$\boldsymbol{f}$ の流束）**

$$\Phi_{M_f} = \int_S \boldsymbol{f}\cdot d\boldsymbol{S} = \int_S \boxed{\qquad}\cdot d\boldsymbol{S}$$

は，この面を $\boxed{\qquad\qquad\qquad\qquad}$ を意味する。

ただし，ρ，$\boldsymbol{v}$ は，各々，$\boxed{\qquad\qquad}$ と $\boxed{\qquad\qquad}$ とを表す。

（4） **円形のパイプ“断面”に対する微小面積ベクトル：$d\boldsymbol{S}$**

円柱座標系 (r, θ, z) を用いると

$$d\boldsymbol{S}=\boldsymbol{n}dS, \qquad \boldsymbol{n}=\boldsymbol{k}, \qquad dS=\boxed{}$$

ただし，$\boldsymbol{k}$ は z 方向の基本単位ベクトル。

（5） **半径 r の円筒の側面に対する微小面積ベクトル：$d\boldsymbol{S}$**

円柱座標系（r,θ,z）を用いると

$$d\boldsymbol{S}=\boldsymbol{n}dS, \qquad \boldsymbol{n}=\boxed{}, \qquad dS=\boxed{}$$

（6） **半径 a の球面の微小面積ベクトル：$d\boldsymbol{S}$**

球座標系（r,θ,ϕ）を用いると

$$d\boldsymbol{S}=\boldsymbol{n}dS, \qquad \boldsymbol{n}=\boxed{}, \qquad dS=\boxed{}$$

（7） **$\boldsymbol{r}/r^3$ の形を持つベクトルの球面に関する面積分**

ベクトル $\boldsymbol{E}(x,y,z)$ が，空間の各点（x,y,z）において

$$\boldsymbol{E}(x,y,z)=\frac{K}{r^2}\left(\frac{\boldsymbol{r}}{r}\right), \qquad \boldsymbol{r}=x\boldsymbol{i}+y\boldsymbol{j}+z\boldsymbol{k},$$

$$r=\sqrt{x^2+y^2+z^2}, \qquad K=\text{const.}$$

で与えられるとき，半径 a の球面について，$\boldsymbol{E}(x,y,z)$ の面積分は

$$\int_S \boldsymbol{E}\cdot d\boldsymbol{S}=\boxed{}$$

3 ガウスの定理

（1） **ガウスの定理**

空間の閉曲面を S，この内部の領域を V と表現する。ベクトル場 $\boldsymbol{A}$ に対して，次のガウスの定理が成り立つ。

$$\boxed{}$$

閉曲面であることを明確に示すために，左辺は次のように表現することもある。

$$\oiint_S \boldsymbol{A}\cdot d\boldsymbol{S}$$

（2） **定常的なエネルギーの流れ場**

エネルギー流束密度ベクトル $\boldsymbol{h}$ の発散，$\nabla\cdot\boldsymbol{h}(=\text{div}\,\boldsymbol{h})$ は

$$\nabla\cdot\boldsymbol{h}=\boxed{\qquad\qquad}$$

ここで，右辺は，$\boxed{\qquad\qquad\qquad\qquad\qquad}$ を意味する。

空間中に閉曲面 S を考え，ガウスの定理を適用すると

$$\int_S \boldsymbol{h}\cdot d\boldsymbol{S}=\int_V \boxed{\qquad\qquad} dV$$

したがって，定常的なエネルギーの流れにおいて

閉曲面を通過するエネルギー流束＝$\boxed{\qquad\qquad\qquad\qquad}$

（3）　**定常的な流体の質量の流れ**

質量流束密度ベクトル $\boldsymbol{f}$ の発散 $\nabla\cdot\boldsymbol{f}$（$=\mathrm{div}\,\boldsymbol{f}$）は

$$\nabla\cdot\boldsymbol{f}=\boxed{\qquad\qquad}$$

ここで，右辺は，$\boxed{\qquad\qquad\qquad\qquad\qquad}$ を意味する。

空間中に閉曲面 S を考え，ガウスの定理を適用すると

$$\int_S \boldsymbol{f}\cdot d\boldsymbol{S}=\int_V \boxed{\qquad\qquad} dV$$

したがって，定常的な流体の流れでは

$\boxed{\qquad\qquad\qquad\qquad}$ ＝ この閉曲面が囲む体積中での流体の湧出し量の合計（単位時間当り）

（4）　**点源のデルタ関数による表現**

原点に点熱源がある。点熱源はデルタ関数を用いて

$$S_W(\boldsymbol{r})=\boxed{\qquad\qquad}$$

と表現される。ただし，S_0 は熱源が空間に一様に分布しているとしたときの単位体積，単位時間当りの発熱量であり，$S_W(\boldsymbol{r})$ を原点を含む領域で積分すると，この点熱源の単位時間当りの発熱量になる。ここで，デルタ関数は

$$\delta(\boldsymbol{r})=\begin{cases}\boxed{\quad} & \boldsymbol{r}\neq 0\\ \boxed{\quad} & \boldsymbol{r}=0\end{cases}$$

$$\int_V \delta(\boldsymbol{r})\,dV=\boxed{\qquad}\qquad (V：点\ \boldsymbol{r}=0\ を含む領域)$$

$$\int_V \delta(\boldsymbol{r})\,dV = \boxed{} \qquad (V：点\ \boldsymbol{r}=0\ を含まない領域)$$

という性質を持つ。

（5） **$\boldsymbol{r}/r^3$ の形を持つベクトル：原点を囲む任意の形の閉曲面に対する面積分**

ベクトル $\boldsymbol{E}(x, y, z)$ が，空間の各点 (x, y, z) において

$$\boldsymbol{E} = K\frac{1}{r^2}\left(\frac{\boldsymbol{r}}{r}\right)$$

ただし，$\boldsymbol{r} = x\boldsymbol{i} + y\boldsymbol{j} + z\boldsymbol{k}$,　　$r = \sqrt{x^2+y^2+z^2}$,　　$K = \text{const.}$

で与えられるとき，原点を囲む任意の形をした閉曲面 S について，

ベクトル $\boldsymbol{E}$ の流束は

$$\int_S \boldsymbol{E}\cdot d\boldsymbol{S} = \boxed{}$$

4 ベクトル場の循環

ベクトル $\boldsymbol{A}$ を空間中の閉曲線 C について線積分して得られる

$$\boxed{}$$

をベクトル $\boldsymbol{A}$ の循環と呼ぶ。

5 ストークスの定理

（1） **ストークスの定理**

ベクトル場 $\boldsymbol{A}$ が与えられたとき，閉曲線 C に沿ってのベクトル $\boldsymbol{A}$ の循環

$$\boxed{}$$

と，ベクトル $\boldsymbol{A}$ の回転 $\nabla\times\boldsymbol{A}$ ($=\text{rot}\ \boldsymbol{A}$) を，この閉曲線 C が囲む曲面 S 全体にわたって積分した

$$\boxed{}$$

との間には，次の関係が成立する。

$$\boxed{}$$

（2） **剛体の回転**

z 軸を回転軸とし，角速度の大きさが ω で回転する剛体の角速度ベクトルは

角速度ベクトル　$\boldsymbol{\omega} = \boxed{}$

剛体の点 $\boldsymbol{r}(x, y, z)$ における速度ベクトル $\boldsymbol{v}$ の方向は

［　　　］の方向を向く

$\boldsymbol{v}$ の回転 $\nabla\times\boldsymbol{v}$ の方向は

［　　　］の方向を向く

$\nabla\times\boldsymbol{v}$ と $\boldsymbol{\omega}$ との間には，次の関係がある。

［　　　］

したがって，$\boldsymbol{r}, \boldsymbol{v}, \boldsymbol{\omega}$ を図示すると，以下のようになる。

［　　　］

6 渦なし場

ベクトル $\boldsymbol{E}$ がスカラー ϕ の勾配から次のように導かれる場合

$\boldsymbol{E}=$［　　　］

空間のいたるところで

$\nabla\times\boldsymbol{E}=$［　　　］

任意の閉曲線 C について

$\oint_C \boldsymbol{E}\cdot d\boldsymbol{r}=$［　　　］

7 湧き口なし場

ベクトル $\boldsymbol{B}$ が，ベクトル $\boldsymbol{A}$ の回転から導かれる場合

$\boldsymbol{B}=$［　　　］

空間のいたるところで

$\nabla\cdot\boldsymbol{B}=$［　　　］

任意の閉曲面 S について

$\oiint_S \nabla\times\boldsymbol{A}\cdot d\boldsymbol{S}=$［　　　］

6. 曲線座標系

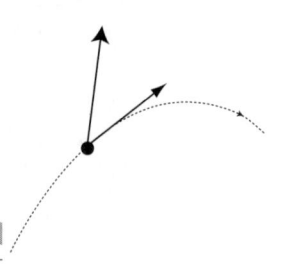

6.1 直角座標系

〔1〕 <u>直角座標系</u> (x, y, z)

本章では，曲線座標系における座標の考え方をまとめて説明する。また，応用上重要な曲線座標系における勾配，発散，回転などの微分演算についてより系統的にまとめる。

その準備として，ここではまず，直角座標系における座標 (x, y, z) の意味を考えてみよう。**図 6.1** に示すように，直角座標系では，空間の点 P の座標を決めるために，この点を通る三つの平面

$$\boxed{x = C_1, \qquad y = C_2, \qquad z = C_3 \quad (C_1, C_2, C_3 = \text{const.})} \tag{6.1}$$

を考え，これから，$(x, y, z) = (C_1, C_2, C_3)$ として点 P を決めている。すなわち，これら三つの平面はたがいに交わっており，その交線は，点 P を通る三

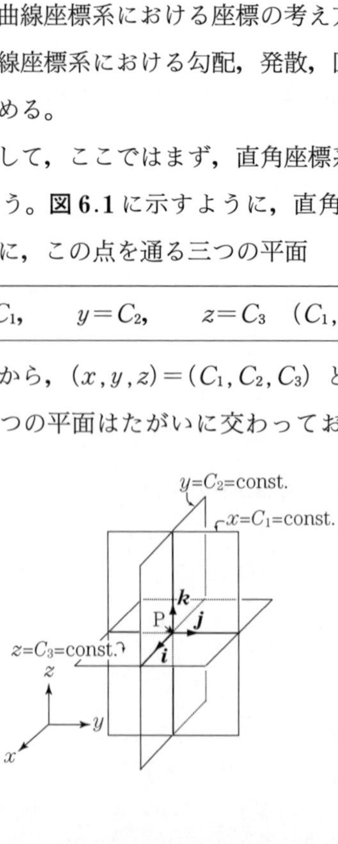

図 6.1 直角座標系

つの直線を構成している。その交点が，点 P ということになる。

これらの三つの交線は，たがいに垂直であり，当然のことながら，$x=C_1=$ const. と $y=C_2=$const. との交線上では，z 座標のみが変化し，他の座標は変化しない。他の交線についても同様である。この意味で，三つの交線の方向は，たがいに独立と考えることができる。これら垂直な三つの交線の方向を向く大きさ 1 のベクトルを，これまで $\boldsymbol{i}$，$\boldsymbol{j}$，$\boldsymbol{k}$ で表し，直角座標系における基本単位ベクトルと呼んできた。

じつは，6.2 節で説明する曲線座標系も同様な考え方に基づいている。すなわち，空間に三つの曲面を考え，これら曲面の交線が，たがいに交わる点として，座標を定義する。

〔2〕 **基本単位ベクトルとスケールファクター**

曲線座標系を理解するために，ここで，もう少し，直角座標系における基本単位ベクトルの性質を深く考えてみることにしよう。図 6.1 から明らかなように，基本単位ベクトル $\boldsymbol{i}$，$\boldsymbol{j}$，$\boldsymbol{k}$ は，各々，$x=$const.，$y=$const.，および $z=$ const. の面に垂直になっている。ここで，4.2 節で学んだように，スカラー量 ϕ の勾配ベクトル $\nabla\phi$ は，空間の各点での等高面（$\phi=$const. の面）に垂直な方向を向くことを思い出そう。したがって，$\phi\to x$ と考えると，基本単位ベクトル $\boldsymbol{i}$ は，空間の各点で ∇x の方向を向いており平面 C_1 に垂直である。すなわち，$\boldsymbol{i}/\!/\nabla x$ である。したがって，その比例定数を h_x として，$\boldsymbol{i}=h_x\nabla x$ のように表現することができる。$\boldsymbol{j}$，$\boldsymbol{k}$ についても同様に，$\boldsymbol{j}/\!/\nabla y$，$\boldsymbol{k}/\!/\nabla z$ となる。以上をまとめて，直角座標系における基本単位ベクトルは，式（6.1）の三つの面の勾配ベクトルとして，以下のように表すことができる。

$$\boxed{\boldsymbol{i}=h_x\nabla x, \qquad \boldsymbol{j}=h_y\nabla y, \qquad \boldsymbol{k}=h_z\nabla z} \tag{6.2}$$

さらに，$\nabla=\boldsymbol{i}\partial/\partial x+\boldsymbol{j}\partial/\partial x+\boldsymbol{k}\partial/\partial x$ から，式（6.2）の比例定数，h_x，h_y，h_z は

$$\boxed{h_x=1, \qquad h_y=1, \qquad h_z=1} \tag{6.3}$$

で与えられる。これら，h_x，h_y，h_z は**スケールファクター**と呼ばれ，曲線座標系において，座標間の距離，微分演算などを考える場合にきわめて重要となる。

6.2 曲 線 座 標 系

曲線座標系における座標の考え方も，6.1 節で説明した直角座標系における座標の考え方と同様に考えることができる。ここでは，曲線座標系の具体例として，すでに何度かでてきている円柱座標系と球座標系を考える。

6.2.1 円 柱 座 標 系

〔**1**〕 **円柱座標系**（r, θ, z）

円柱座標系では，**図 6.2** に示すように

i） 原点からの距離が一定（r＝const.）の円柱面

ii） x 軸からの回転角が一定の平面（θ＝const.）

iii） z 方向の高さが一定の平面（z＝const.）

の三つの面を考える。

$$r=\text{const.},\qquad \theta=\text{const.},\qquad z=\text{const.} \tag{6.4}$$

6.1 節の場合と同様，円柱座標系では，これらの面

$$\boxed{r=C_1,\qquad \theta=C_2,\qquad z=C_3\quad (C_1, C_2, C_3=\text{const.})} \tag{6.5}$$

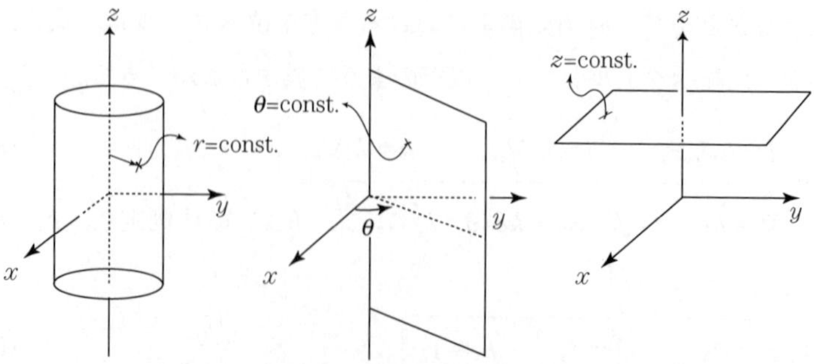

図 6.2　円柱座標系を構成する三つの曲面

を用いて空間の点を定義する。すなわち，これら三つの面の交線が点Pで交わるときの r，θ および z の値（言い換えると，式（6.5）の C_1，C_2，C_3 の値）を用いて，空間の点を指定する。

直角座標系では，三つの面，すべてが平面であったが，円柱座標系の場合，一つは，円筒面である。しかしながら，これら三つの曲面によって，三つの交線が得られる点は，直角座標の場合と何ら変わらない。**図 6.3** に示すように，これら三つの交線のうち，二つは直線，一つは円になる。より具体的には，i）$r=C_1$，$\theta=C_2$ の交線は，z 軸に平行な直線，ii）$\theta=C_2$，$z=C_3$ との交線は，原点を通る直線，さらに，iii）$r=C_1$，$z=C_3$ との交線は，円になっていることが図 6.3 からわかる。

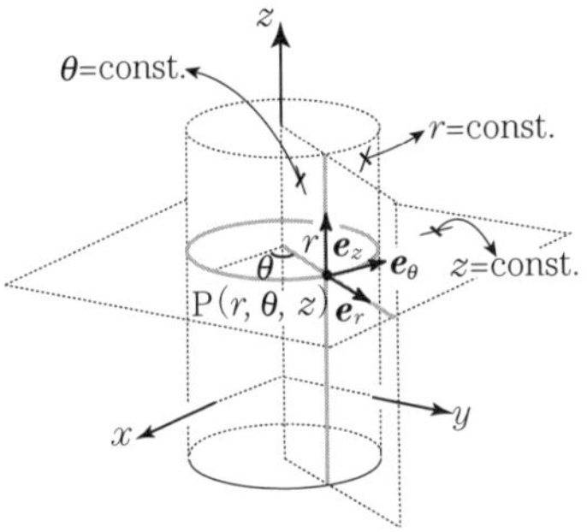

図 6.3 円柱座標系における面の交線と基本単位ベクトル

点Pで，これら三つの交線（円については，その接線）は，たがいに垂直に交わっている。また，上の i）z 軸に平行な直線を移動するときには，z 座標のみが変化し，r，θ 座標は，変化しない。同様に，ii）の原点を通る直線上では，r 座標のみが，また，iii）円上では，θ 座標のみが変化する。以上のことから，空間の各点で，これら三つの交線を用いて，たがいに垂直な（独立な）三つの方向を定義することができる。

円柱座標系では，その基本単位ベクトルを，上に述べた三つの独立な方向を向く，大きさ1のベクトルとして定義する。ここでは，$\boldsymbol{e}_r$，$\boldsymbol{e}_\theta$ および $\boldsymbol{e}_z$ として，図 6.3 に示した。直角座標の場合と同様に，これら単位ベクトルの間には，次の関係が成立する。

$$\boldsymbol{e}_r\cdot\boldsymbol{e}_r=1,\quad \boldsymbol{e}_\theta\cdot\boldsymbol{e}_\theta=1,\quad \boldsymbol{e}_z\cdot\boldsymbol{e}_z=1$$
$$\boldsymbol{e}_r\cdot\boldsymbol{e}_\theta=0,\quad \boldsymbol{e}_\theta\cdot\boldsymbol{e}_z=0,\quad \boldsymbol{e}_z\cdot\boldsymbol{e}_r=0 \tag{6.6}$$

$$\boldsymbol{e}_r\times\boldsymbol{e}_r=0,\quad \boldsymbol{e}_\theta\times\boldsymbol{e}_\theta=0,\quad \boldsymbol{e}_z\times\boldsymbol{e}_z=0$$
$$\boldsymbol{e}_r\times\boldsymbol{e}_\theta=\boldsymbol{e}_z,\quad \boldsymbol{e}_\theta\times\boldsymbol{e}_z=\boldsymbol{e}_r,\quad \boldsymbol{e}_z\times\boldsymbol{e}_r=\boldsymbol{e}_\theta \tag{6.7}$$

ただし，直角座標系では基本単位ベクトルの向きは常に一定の向きであったのに対して，円柱座標系では $\boldsymbol{e}_r$，$\boldsymbol{e}_\theta$ の向きは，空間の各点で異なることに注意する必要がある。

円柱座標系では，式（6.6）から空間中の任意のベクトル $\boldsymbol{f}$ は，f_r，f_θ，f_z を，各々，その r，θ，z 方向成分として

$$\boldsymbol{f}=f_r\boldsymbol{e}_r+f_\theta\boldsymbol{e}_\theta+f_z\boldsymbol{e}_z \tag{6.8}$$

と表すことができる。

〔2〕 基本単位ベクトルとスケールファクター

図6.3からわかるように，$\boldsymbol{e}_r$，$\boldsymbol{e}_\theta$ および $\boldsymbol{e}_z$ は，各々，$r=$const.，$\theta=$const.，$z=$const. の面に垂直な方向を向いている。また，∇r，$\nabla\theta$ および ∇z は，各々，$r=$const.，$\theta=$const.，$z=$const. の面に垂直な方向を向く。したがって，$\boldsymbol{e}_r /\!/ \nabla r$，$\boldsymbol{e}_\theta /\!/ \nabla\theta$，$\boldsymbol{e}_z /\!/ \nabla z$ であり，これから $\boldsymbol{e}_r$，$\boldsymbol{e}_\theta$ および $\boldsymbol{e}_z$ は，式（6.2）と同様に次式のように表現できる。

$$\boldsymbol{e}_r=h_r\nabla r,\quad \boldsymbol{e}_\theta=h_\theta\nabla\theta,\quad \boldsymbol{e}_z=h_\theta\nabla z \tag{6.9}$$

直角座標の場合，式（6.2）でスケールファクター h_x，h_y，h_z は，すべて定数で1だった。しかしながら，円柱座標系の場合のスケールファクター h_r，h_θ および h_z は

$$h_r=1,\quad h_\theta=r,\quad h_z=1 \tag{6.10}$$

で与えられ，必ずしも定数とはならない。この点に注意を必要とする。スケールファクターの意味は，〔3〕で考察する。

〔3〕 スケールファクターの意味

式 (6.10) において，スケールファクター $h_\theta = r$ であることは，以下のようにして理解できる。図 6.3 で，他の座標を固定して，θ だけ $d\theta$ がだけ変化する場合を考える。すなわち，図 6.3 の円周に沿った微小変位を考える。このとき，変位の大きさ (移動距離) ds_θ は，図 6.3 の円周に沿った変位であるから

$$ds_\theta = rd\theta \tag{6.11}$$

となることはすぐわかる。一方，$\boldsymbol{ds}_\theta /\!/ \boldsymbol{e}_\theta$ であるから ds_θ は

$$ds_\theta = \boldsymbol{e}_\theta \cdot \boldsymbol{ds}_\theta \tag{6.12}$$

からも計算することができる。ここで，式 (6.9) から，$\boldsymbol{e}_\theta = h_\theta \nabla \theta$，また，角度の変化分に対応する x 座標，y 座標の変化分を，各々，dx，dy とすると

$$\boldsymbol{ds}_\theta = dx\boldsymbol{i} + dy\boldsymbol{j} \tag{6.13}$$

したがって

$$\begin{aligned} ds_\theta &= h_\theta \nabla \theta \cdot (dx\boldsymbol{i} + dy\boldsymbol{j}) \\ &= h_\theta \left(\frac{\partial \theta}{\partial x} \boldsymbol{i} + \frac{\partial \theta}{\partial y} \boldsymbol{j} \right) \cdot (dx\boldsymbol{i} + dy\boldsymbol{j}) \\ &= h_\theta \underline{\left(\frac{\partial \theta}{\partial x} dx + \frac{\partial \theta}{\partial y} dy \right)} \end{aligned} \tag{6.14}$$

となる。下線部は $\theta = \theta(x, y)$ の全微分に相当し，$d\theta$ である（式 (4.10) 参照)。このことから

$$ds_\theta = h_\theta d\theta \tag{6.15}$$

となる。式 (6.11) と式 (6.15) とを比較することにより

$$h_\theta = r$$

であることがわかる。同様の考察から，$h_r = 1$，$h_z = 1$ になることも容易に確かめられる。

直角座標系では座標の変化分が距離に対応していた。例えば，x 座標が dx だけ変化するとき，dx は x 方向への移動距離に対応していた。曲線座標系では，直角座標系と異なり，座標の変化分が，必ずしも距離に対応しない。上で考察した円柱座標の場合，θ が $d\theta$ だけ変化するとき，$d\theta$ はあくまでも，角

度 θ の変化分である。スケールファクターは，座標の変化分を対応する移動距離に変換するファクターと理解することもできる。

問 6.1 円柱座標系で，r=const.，θ=const.，z=const. の面の式を，(x, y, z) 座標系で表現すると，各々，次のようになることを説明せよ。

$$r = r(x, y) = \sqrt{x^2 + y^2} = C_1$$

$$\theta = \theta(x, y) = \tan^{-1}\left(\frac{y}{x}\right) = C_2$$

$$z = z = C_3$$

問 6.2 スケールファクターが，$h_r = 1$，$h_z = 1$ となることを，式（6.11）〜式（6.15）までと同様な考え方から導け。

問 6.3 ベクトル $\boldsymbol{A}$ の r 方向成分，θ 方向成分，z 方向成分を，各々，$\boldsymbol{A}$ と基本単位ベクトルとの内積を用いて表現せよ。

問 6.4 図 6.3 の点 $\mathrm{P}(r, \theta, z)$ からの微小変位を考える。θ，z 座標を固定し，r 座標が dr だけ，微小変化したときの変位ベクトルを $d\boldsymbol{s}_r$ とする。同様に，θ 座標，z 座標が，それぞれ独立に，$d\theta$ および dz だけ微小変化したときの変位ベクトルを，各々，$d\boldsymbol{s}_\theta$ および $d\boldsymbol{s}_z$ とする。このとき，次の問に答えよ。

（1）$d\boldsymbol{s}_r$，$d\boldsymbol{s}_\theta$，$d\boldsymbol{s}_z$ を，各々，スケールファクター h_x，h_y，h_z，基本単位ベクトル $\boldsymbol{e}_r$，$\boldsymbol{e}_\theta$，$\boldsymbol{e}_z$，座標の微小変化分 dr，$d\theta$，dz を用いて表せ。

（2）次のスカラー三重積の計算せよ。

$$d\boldsymbol{s}_r \cdot (d\boldsymbol{s}_\theta \times d\boldsymbol{s}_z)$$

1.5 節を参考に，このベクトル三重積が，$d\boldsymbol{s}_r$，$d\boldsymbol{s}_\theta$，$d\boldsymbol{s}_z$ が囲む微小体積（6 面体）に相当することを示せ。

（3）（1），（2）から，円柱座標系における微小体積は

$$\boxed{dV = r\,dr\,d\theta\,dz}$$

で表されることを確かめよ。

6.2.2 球 座 標 系

〔1〕 球座標系 (r, θ, ϕ)

球座標系 (r, θ, ϕ) では，**図 6.4** に示すように

ｉ）原点からの距離が一定（r=const.）の球面

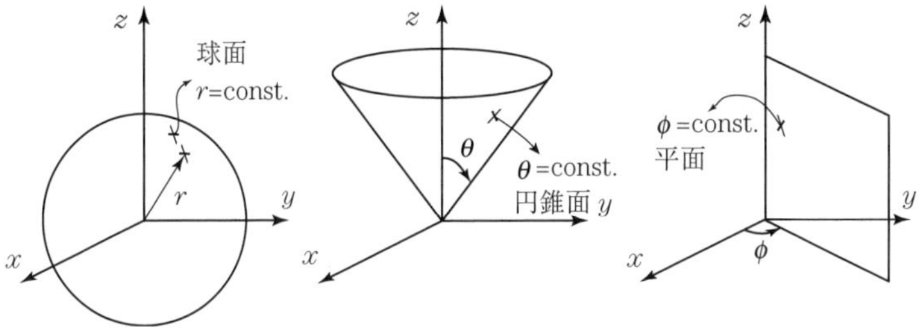

図 6.4 球座標系を構成する三つの曲面

ii） z 軸からの回転角が一定の円錐面（θ=const.）

iii） x 軸からの回転角が一定の平面（ϕ=const.）

の三つの面を考える。

これら三つの面

$$\boxed{r=C_1, \qquad \theta=C_2, \qquad \phi=C_3 \quad (C_1, C_2, C_3=\text{const.})} \tag{6.16}$$

を考えることにより，円柱座標系の場合と同様に，3 本の交線を得ることができる。**図 6.5** からわかるように，これらの交線のうち，二つは円，一つは直線になる。球座標系においても，これら 3 本の交線は，1 点で交わる。球座標系では，このときの (r, θ, ϕ) の値（すなわち，C_1，C_2，C_3 の値）を用いて空間の点を指定する。

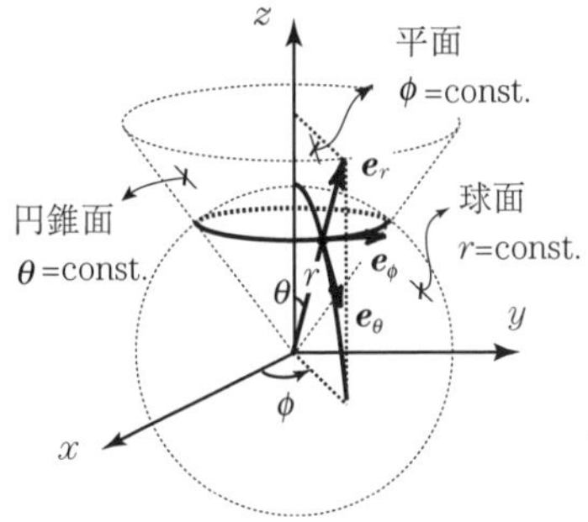

図 6.5 球座標系を構成する三つの面の交線と基本単位ベクトル

球座標系の基本単位ベクトルの定義の仕方も円柱座標の場合と同じである。上に述べた 3 本の交線の方向（正確には，交線の接線の方向）を向く，大きさ 1 のベクトルとして基本単位ベクトルを定義する。ここでは，球座標系の基本単位ベクトルを，$\boldsymbol{e}_r$，$\boldsymbol{e}_\theta$ および $\boldsymbol{e}_\phi$ で表し，図 6.5 にその方向を示してある。$\boldsymbol{e}_r$，$\boldsymbol{e}_\theta$ および $\boldsymbol{e}_\phi$ は，たがいに直交するから基本単位ベクトルの間には，次の関係が成り立つ。

$$\boxed{\begin{array}{lll} \boldsymbol{e}_r\cdot\boldsymbol{e}_r=1, & \boldsymbol{e}_\theta\cdot\boldsymbol{e}_\theta=1, & \boldsymbol{e}_\phi\cdot\boldsymbol{e}_\phi=1 \\ \boldsymbol{e}_r\cdot\boldsymbol{e}_\theta=0, & \boldsymbol{e}_\theta\cdot\boldsymbol{e}_\phi=0, & \boldsymbol{e}_\phi\cdot\boldsymbol{e}_r=0 \end{array}} \tag{6.17}$$

$$\boxed{\begin{array}{lll} \boldsymbol{e}_r\times\boldsymbol{e}_r=0, & \boldsymbol{e}_\theta\times\boldsymbol{e}_\theta=0, & \boldsymbol{e}_z\times\boldsymbol{e}_z=0 \\ \boldsymbol{e}_r\times\boldsymbol{e}_\theta=\boldsymbol{e}_\phi, & \boldsymbol{e}_\theta\times\boldsymbol{e}_\phi=\boldsymbol{e}_r, & \boldsymbol{e}_\phi\times\boldsymbol{e}_r=\boldsymbol{e}_\theta \end{array}} \tag{6.18}$$

球座標系において，3 次元空間の任意のベクトル $\boldsymbol{f}$ は，基本単位ベクトル $\boldsymbol{e}_r$，$\boldsymbol{e}_\theta$，$\boldsymbol{e}_\phi$ を用いて，次のように表すことができる。

$$\boxed{\boldsymbol{f}=f_r\boldsymbol{e}_r+f_\theta\boldsymbol{e}_\theta+f_\phi\boldsymbol{e}_\phi} \tag{6.19}$$

ただし，球座標系では $\boldsymbol{e}_r$，$\boldsymbol{e}_\theta$，$\boldsymbol{e}_\phi$ は，空間の各点で異なる向きになることに注意する必要がある。

〔2〕 基本単位ベクトルとスケールファクター

図 6.5 から明らかなように，$\boldsymbol{e}_r$，$\boldsymbol{e}_\theta$ および $\boldsymbol{e}_z$ は，各々，$r=$const.，$\theta=$const.，$\phi=$const. の面に垂直である。これから，$\boldsymbol{e}_r /\!/ \nabla r$，$\boldsymbol{e}_\theta /\!/ \nabla\theta$，$\boldsymbol{e}_\phi /\!/ \nabla\phi$ となる。したがって，直角座標系，円柱座標系の場合と同様に，$\boldsymbol{e}_r$，$\boldsymbol{e}_\theta$ および $\boldsymbol{e}_\phi$ は，球座標系のスケールファクターを h_r，h_θ，h_ϕ で表すことにすると

$$\boxed{\boldsymbol{e}_r=h_r\nabla r, \quad \boldsymbol{e}_\theta=h_\theta\nabla\theta, \quad \boldsymbol{e}_\phi=h_\phi\nabla\phi} \tag{6.20}$$

ここで，スケールファクター h_r，h_θ および h_ϕ は，次のように与えられる。

$$\boxed{h_r=1, \quad h_\theta=r, \quad h_\phi=r\sin\theta} \tag{6.21}$$

問 6.5 球座標系で，$r=$const.，$\theta=$const.，$\phi=$const. の面の式を，(x, y, z) 座標系で表現すると，各々，次のようになることを説明せよ。

$$r=r(x, y, z)=\sqrt{x^2+y^2+z^2}$$

$$\theta=\theta(x, y, z)=\cos^{-1}\left(\frac{z}{\sqrt{x^2+y^2+z^2}}\right)$$

$$\phi=\phi(x,y)=\tan^{-1}\left(\frac{y}{x}\right)$$

問 6.6　球座標のスケールファクターが，式（6.21）で与えられることを，円柱座標系の場合［式（6.11）～式（6.15）までの説明］を参考にして示せ。

問 6.7　ベクトル $\boldsymbol{A}$ の r 方向成分，θ 方向成分，ϕ 方向成分を，各々，$\boldsymbol{A}$ と基本単位ベクトルとの内積を用いて表現せよ。

問 6.8　図 6.5 の点 $\mathrm{P}(r,\theta,\phi)$ からの微小変位を考える。θ,ϕ 座標を固定し，r 座標が dr だけ，微小変化したときの変位ベクトルを $d\boldsymbol{s}_r$ とする。同様に，θ 座標，ϕ 座標が，それぞれ独立に，$d\theta$ および $d\phi$ だけ微小変化したときの変位ベクトルを，各々，$d\boldsymbol{s}_\theta$ および $d\boldsymbol{s}_\phi$ とする。このとき，次の問に答えよ。

（1）$d\boldsymbol{s}_r$，$d\boldsymbol{s}_\theta$，$d\boldsymbol{s}_\phi$ を，各々，スケールファクター h_r，h_θ，h_ϕ，基本単位ベクトル $\boldsymbol{e}_r$，$\boldsymbol{e}_\theta$，$\boldsymbol{e}_\phi$，座標の微小変化分 dr，$d\theta$，$d\phi$ を用いて表せ。

（2）次のスカラー三重積の計算をせよ。

$$d\boldsymbol{s}_r\cdot(d\boldsymbol{s}_\theta\times d\boldsymbol{s}_\phi)$$

1.5 節を参考に，このベクトル三重積が，$d\boldsymbol{s}_r$，$d\boldsymbol{s}_\theta$，$d\boldsymbol{s}_\phi$ が囲む微小体積（6 面体）に相当することを示せ。

（3）（1），（2）から，球座標系における微小体積は

$$\boxed{dV=r^2\sin\theta drd\theta d\phi}$$

で表されることを確かめよ。

6.2.3　一般曲線座標系

ここまでの例をもとに，曲線座標系について，より一般的な形でまとめておく。

〔1〕 <u>**曲線座標系**</u>（u_1,u_2,u_3）

曲線座標系（u_1,u_2,u_3）において

$$\boxed{\begin{aligned}&u_1(x,y,z)=C_1,\qquad u_2(x,y,z)=C_2,\qquad u_3(x,y,z)=C_3\\&(C_1,C_2,C_3=\mathrm{const.})\end{aligned}}\tag{6.22}$$

は，空間の曲面の式を表す。先の円柱座標系の例（6.2.1 項）で考えると

$$r = r(x, y) = \sqrt{x^2 + y^2} = C_1 \quad \text{：円筒面} \tag{6.23}$$

$$\theta = \theta(x, y) = \tan^{-1}\left(\frac{y}{x}\right) = C_2 \quad \text{：平面} \tag{6.24}$$

$$z = z = C_3 \quad \text{：平面} \tag{6.25}$$

を表す。これら三つ曲面は，3本の曲線（交線）を与える。円柱座標の例では，ｉ）円筒面 C_1 と平面 C_2 との交線は直線に，ii）平面 C_3 と円筒面 C_1 との交線は円に，さらに，iii）平面 C_2 と平面 C_3 との交線は直線になる。

曲線座標 (u_1, u_2, u_3) では，この3本の曲線の交点として，座標が定まる。特に，これら3本の曲線（交線）の接線が，空間の任意の点で直交するとき，**直交曲線座標系**と呼ぶ。

直交曲線座標系では，3本の曲線（交線）の接線は，空間の任意の点で直交する。したがって，この方向の単位ベクトル $\boldsymbol{e}_1$，$\boldsymbol{e}_2$ および $\boldsymbol{e}_3$ を，曲線座標系 (u_1, u_2, u_3) での基本単位ベクトルに選ぶことができる。これら基本単位ベクトルは，たがいに直交するから，以下の関係が成り立つ。

$$\boxed{\boldsymbol{e}_i \cdot \boldsymbol{e}_j = \delta_{ij} = \begin{cases} 1 & i = j \\ 0 & i \neq j \end{cases}} \tag{6.26}$$

また，右手系の直角座標の場合の $\boldsymbol{i} \cdot (\boldsymbol{j} \times \boldsymbol{k}) = 1$ などの関係に対応して，直交曲線座標系においても次の関係が成立することは容易にわかる。

$$\boxed{\boldsymbol{e}_1 \cdot (\boldsymbol{e}_2 \times \boldsymbol{e}_3) = 1, \qquad \boldsymbol{e}_2 \cdot (\boldsymbol{e}_3 \times \boldsymbol{e}_1) = 1, \qquad \boldsymbol{e}_3 \cdot (\boldsymbol{e}_1 \times \boldsymbol{e}_2) = 1} \tag{6.27}$$

曲線座標系 (u_1, u_2, u_3) において，任意のベクトルは，これら基本単位ベクトルを用いて

$$\boxed{\boldsymbol{f}(u_1, u_2, u_3) = f_1 \boldsymbol{e}_1 + f_2 \boldsymbol{e}_2 + f_3 \boldsymbol{e}_3} \tag{6.28}$$

と表すことができる。この場合，ベクトルの成分，f_1，f_2 および f_3 は，次のように求めることができる。

$$\boxed{f_j = \boldsymbol{f} \cdot \boldsymbol{e}_j \quad (j = 1,\ 2,\ 3)} \tag{6.29}$$

〔2〕 基本単位ベクトルとスケールファクター

基本単位ベクトル $\boldsymbol{e}_1$，$\boldsymbol{e}_2$ および $\boldsymbol{e}_3$ は，各々，u_1=const.，u_2=const. および u_3=const. の面に垂直な方向を向く。また，∇u_1，∇u_2 および ∇u_3 も，u_1=const.，u_2=const. および u_3=const. の面に垂直である。したがって，$\boldsymbol{e}_1$，$\boldsymbol{e}_2$ および $\boldsymbol{e}_3$ は

$$\boldsymbol{e}_1 /\!/ \nabla u_1, \qquad \boldsymbol{e}_2 /\!/ \nabla u_2, \qquad \boldsymbol{e}_3 /\!/ \nabla u_3$$

である。これから，$\boldsymbol{e}_1$，$\boldsymbol{e}_2$ および $\boldsymbol{e}_3$ は，スケールファクター h_1，h_2 および h_3 を用いて

$$\boxed{\boldsymbol{e}_1 = h_1 \nabla u_1, \qquad \boldsymbol{e}_2 = h_2 \nabla u_2, \qquad \boldsymbol{e}_3 = h_3 \nabla u_3} \tag{6.30}$$

と表すことができる。

〔3〕 スケールファクターの意味

スケールファクターは，座標の変化分を対応する移動距離に変換するファクターと理解することができる。例えば，u_1，u_2 を一定として，u_3 が du_3 だけ変化した場合を考える。対応する変位ベクトルを $d\boldsymbol{s}_3$ で表す。このとき，変位の大きさ（移動距離）ds_3 は，スケールファクター h_3 を用いて

$$ds_3 = h_3 du_3 \tag{6.31}$$

と表すことができる。これが成り立つことは，次のように理解できる。$u_3(x, y, z)$ の変化分 du_3 は，(x, y, z) 座標系で

$$du_3 = \frac{\partial u_3}{\partial x} dx + \frac{\partial u_3}{\partial y} dy + \frac{\partial u_3}{\partial z} dz$$

$$= \left(\frac{\partial u_3}{\partial x} \boldsymbol{i} + \frac{\partial u_3}{\partial y} \boldsymbol{j} + \frac{\partial u_3}{\partial z} \boldsymbol{k} \right) \cdot (dx\boldsymbol{i} + dy\boldsymbol{j} + dz\boldsymbol{k})$$

ここで，第一項，第二項は，各々，∇u_3 および変位ベクトル $d\boldsymbol{s}_3$ と考えることができる。

$$d\boldsymbol{s}_3 = dx\boldsymbol{i} + dy\boldsymbol{j} + dz\boldsymbol{k} \tag{6.32}$$

$$\nabla u_3 = \frac{\partial u_3}{\partial x} \boldsymbol{i} + \frac{\partial u_3}{\partial y} \boldsymbol{j} + \frac{\partial u_3}{\partial z} \boldsymbol{k} \tag{6.33}$$

以上から，$u_3(x,y,z)$ の変化分 du_3 は，以下のように表される。

$$du_3=\nabla u_3\cdot \boldsymbol{ds}_3 \tag{6.34}$$

一方，曲線座標系で ds_3 は，式（6.29）を用いて，$\boldsymbol{ds}_3$ と $\boldsymbol{e}_3$ との内積をとり

$$ds_3=\boldsymbol{ds}_3\cdot \boldsymbol{e}_3$$

式（6.30）から，$\boldsymbol{e}_3=h_3\nabla_3$，また，式（6.34）から $du=\nabla u_3\cdot \boldsymbol{ds}_3$ であるから

$$ds_3=h_3(\nabla u_3\cdot \boldsymbol{ds}_3)=h_3du_3$$

となり，たしかに式（6.31）が成立する。

〔4〕 曲線座標系における微小体積要素の表現

〔3〕から，曲線座標の微小変化 du_1，du_2，du_3 に対応する変位の大きさ ds_1，ds_2，ds_3 は，スケールファクターを用いて

$$\boxed{ds_1=h_1du_1, \qquad ds_2=h_2du_2, \qquad ds_3=h_3du_3} \tag{6.35}$$

ds_1, ds_2, ds_3 は，直交する 3 本の曲線上の線素の長さであり（**図 6.6**），したがって，これらの線素によって囲まれる微小体積要素の体積は，次式で与えられる。

$$\boxed{dV=ds_1ds_2ds_3=h_1h_2h_3du_1du_2du_3} \tag{6.36}$$

円柱座標系では，$h_r=1$，$h_\theta=r$，$h_z=1$

$$dV=rdrd\theta dz \tag{6.37}$$

球座標系では，$h_r=1$，$h_\theta=r$，$h_\phi=r\sin\theta$

$$dV=r^2\sin\theta drd\theta d\phi \tag{6.38}$$

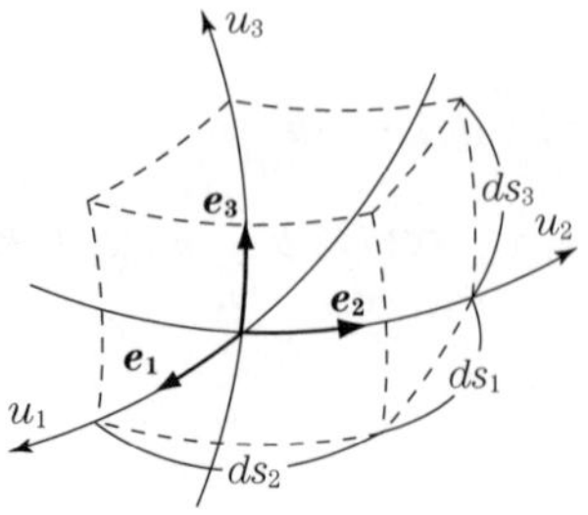

図 6.6　曲線座標系における微小体積要素の表現

6.3 曲線座標系におけるベクトル微分演算

6.3.1 曲線座標系における勾配ベクトル

直角座標系におけるスカラー場 $f=f(x,y,z)$ の勾配ベクトルは，式 (4.25) で与えられた。曲線座標系 (u_1,u_2,u_3) において，スカラー場 $f(u_1,u_2,u_3)$ の勾配ベクトルは，スケールファクター h_1，h_2 および h_3 を用いて，次のように表現される。

$$\nabla f=\frac{1}{h_1}\frac{\partial f}{\partial u_1}\boldsymbol{e}_1+\frac{1}{h_2}\frac{\partial f}{\partial u_2}\boldsymbol{e}_2+\frac{1}{h_3}\frac{\partial f}{\partial u_3}\boldsymbol{e}_3 \tag{6.39}$$

【例 6.1】 円柱座標系

$u_1\to r$，$u_2\to\theta$，$u_3\to z$，$\boldsymbol{e}_1\to\boldsymbol{e}_r$，$\boldsymbol{e}_2\to\boldsymbol{e}_\theta$，$\boldsymbol{e}_3\to\boldsymbol{e}_z(=\boldsymbol{k})$，さらに，$h_r=1$，$h_\theta=r$，$h_z=1$ より

$$\nabla f=\frac{\partial f}{\partial r}\boldsymbol{e}_r+\frac{1}{r}\frac{\partial f}{\partial \theta}\boldsymbol{e}_\theta+\frac{\partial f}{\partial z}\boldsymbol{e}_z \tag{6.40}$$

【例 6.2】 球座標系

$u_1\to r$，$u_2\to\theta$，$u_3\to\phi$，$\boldsymbol{e}_1\to\boldsymbol{e}_r$，$\boldsymbol{e}_2\to\boldsymbol{e}_\theta$，$\boldsymbol{e}_3\to\boldsymbol{e}_\phi$，さらに，$h_r=1$，$h_\theta=r$，$h_\phi=r\sin\theta$ より

$$\nabla f=\frac{\partial f}{\partial r}\boldsymbol{e}_r+\frac{1}{r}\frac{\partial f}{\partial \theta}\boldsymbol{e}_\theta+\frac{1}{r\sin\theta}\frac{\partial f}{\partial \phi}\boldsymbol{e}_\phi \tag{6.41}$$

〈式 (6.39) の略証〉

直角座標系において，勾配ベクトルを定義したときのことを思い出してみよう（4.2 節参照）。3 次元空間で，$d\boldsymbol{r}$ だけ微小変位したとき，スカラー場 $f=f(x,y,z)$ の変化分 df は

$$\begin{aligned} df&=\frac{\partial f}{\partial x}dx+\frac{\partial f}{\partial y}dy+\frac{\partial f}{\partial z}dz\\ &=\underline{\left(\frac{\partial f}{\partial x}\boldsymbol{i}+\frac{\partial f}{\partial y}\boldsymbol{j}+\frac{\partial f}{\partial z}\boldsymbol{k}\right)}\cdot(dx\boldsymbol{i}+dy\boldsymbol{j}+dz\boldsymbol{k}) \end{aligned} \tag{6.42}$$

ここで，下線部を勾配ベクトルとして定義した。このとき，df は次式のように表すことができた。

$$df=\nabla f\cdot d\boldsymbol{r} \tag{6.43}$$

曲線座標系においても同様に，$f(u_1, u_2, u_3)$ の変化分は

$$df=\frac{\partial f}{\partial u_1}du_1+\frac{\partial f}{\partial u_2}du_2+\frac{\partial f}{\partial u_3}du_3 \tag{6.44}$$

ここで

$$\begin{aligned} du_1&=\frac{\partial u_1}{\partial x}dx+\frac{\partial u_1}{\partial y}dy+\frac{\partial u_1}{\partial z}dz=\nabla u_1\cdot d\boldsymbol{r} \\ du_2&=\frac{\partial u_2}{\partial x}dx+\frac{\partial u_2}{\partial y}dy+\frac{\partial u_2}{\partial z}dz=\nabla u_2\cdot d\boldsymbol{r} \\ du_3&=\frac{\partial u_3}{\partial x}dx+\frac{\partial u_3}{\partial y}dy+\frac{\partial u_3}{\partial z}dz=\nabla u_3\cdot d\boldsymbol{r} \end{aligned} \tag{6.45}$$

より

$$df=\left(\frac{\partial f}{\partial u_1}\nabla u_1+\frac{\partial f}{\partial u_2}\nabla u_2+\frac{\partial f}{\partial u_3}\nabla u_3\right)\cdot d\boldsymbol{r} \tag{6.46}$$

式（6.43）と比較すると，上式の（　）の中が ∇f に相当している。ゆえに

$$\boxed{\nabla f=\frac{\partial f}{\partial u_1}\nabla u_1+\frac{\partial f}{\partial u_2}\nabla u_2+\frac{\partial f}{\partial u_3}\nabla u_3} \tag{6.47}$$

式（6.30）より

$$\boxed{\nabla u_1=\boldsymbol{e}_1/h_1, \qquad \nabla u_2=\boldsymbol{e}_2/h_2, \qquad \nabla u_3=\boldsymbol{e}_3/h_3} \tag{6.48}$$

この関係を式（6.47）に用いると，式（6.39）が得られる。

問 6.9　電磁気学では，電場 $\boldsymbol{E}$ と電位 V の関係は，$\boldsymbol{E}=-\nabla V$ で表される。これを円柱座標系および球座標系で表現せよ。

6.3.2　曲線座標系におけるベクトル場の発散

曲線座標系（u_1, u_2, u_3）において，ベクトル場

$$\boldsymbol{f}=\boldsymbol{f}(u_1, u_2, u_3)=f_1(u_1, u_2, u_3)\,\boldsymbol{e}_1+f_2(u_1, u_2, u_3)\,\boldsymbol{e}_2+f_3(u_1, u_2, u_3)\,\boldsymbol{e}_3 \tag{6.49}$$

の発散は，スケールファクター h_1，h_2 および h_3 を用いて次式で与えられる。

$$\nabla\cdot\boldsymbol{f}=\frac{1}{h_1h_2h_3}\left[\frac{\partial}{\partial u_1}(h_2h_3f_1)+\frac{\partial}{\partial u_2}(h_3h_1f_2)+\frac{\partial}{\partial u_3}(h_1h_2f_3)\right] \tag{6.50}$$

【例 6.3】　円柱座標系

$u_1\to r$，$u_2\to\theta$，$u_3\to z$，$f_1\to f_r$，$f_2\to f_\theta$，$f_3\to f_z$，さらに，$h_r=1$，$h_\theta=r$，$h_z=1$ より

$$\nabla\cdot\boldsymbol{f}=\frac{1}{r}\frac{\partial}{\partial r}(rf_r)+\frac{1}{r}\frac{\partial f_\theta}{\partial\theta}+\frac{1}{r}\frac{\partial}{\partial z}(rf_z) \tag{6.51}$$

あるいは，r と z は独立であるから（問 4.31 参照）

$$\nabla\cdot\boldsymbol{f}=\frac{1}{r}\frac{\partial}{\partial r}(rf_r)+\frac{1}{r}\frac{\partial f_\theta}{\partial\theta}+\frac{\partial f_z}{\partial z} \tag{6.52}$$

【例 6.4】　球 座 標 系

$u_1\to r$，$u_2\to\theta$，$u_3\to\phi$，さらに，$f_1\to f_r$，$f_2\to f_\theta$，$f_3\to f_\phi$，$h_r=1$，$h_\theta=r$，$h_\phi=r\sin\theta$ より

$$\nabla\cdot\boldsymbol{f}=\frac{1}{r^2\sin\theta}\frac{\partial}{\partial r}(r^2\sin\theta f_r)+\frac{1}{r^2\sin\theta}\frac{\partial}{\partial\theta}(r\sin\theta f_\theta)+\frac{1}{r^2\sin\theta}\frac{\partial}{\partial\phi}(rf_\phi) \tag{6.53}$$

あるいは，r，θ，ϕ は独立であるから

$$\nabla\cdot\boldsymbol{f}=\frac{1}{r^2}\frac{\partial}{\partial r}(r^2f_r)+\frac{1}{r\sin\theta}\frac{\partial}{\partial\theta}(\sin\theta f_\theta)+\frac{1}{r\sin\theta}\frac{\partial f_\phi}{\partial\phi} \tag{6.54}$$

〈式（6.50）の略証〉

まず，式（6.49）

$$\boldsymbol{f}=\boldsymbol{f}(u_1,u_2,u_3)=f_1\boldsymbol{e}_1+f_2\boldsymbol{e}_2+f_3\boldsymbol{e}_3$$

を基本ベクトルと座標の勾配ベクトルの関係式（6.28）

$$\boldsymbol{e}_1=\boldsymbol{e}_2\times\boldsymbol{e}_3=h_2h_3(\nabla u_2\times\nabla u_3)$$

$$\boldsymbol{e}_2=\boldsymbol{e}_3\times\boldsymbol{e}_1=h_3h_1(\nabla u_3\times\nabla u_1) \tag{6.55}$$
$$\boldsymbol{e}_3=\boldsymbol{e}_1\times\boldsymbol{e}_2=h_1h_2(\nabla u_1\times\nabla u_2)$$

を用いて，次のように書き直す。

$$\begin{aligned}\boldsymbol{f}=&f_1[h_2h_3(\nabla u_2\times\nabla u_3)]\\&+f_2[h_3h_1(\nabla u_3\times\nabla u_1)]\\&\quad+f_3[h_1h_2(\nabla u_1\times\nabla u_2)]\end{aligned} \tag{6.56}$$

ゆえに，発散は次式となる。

$$\begin{aligned}\nabla\cdot\boldsymbol{f}=&\nabla\cdot f_1[h_2h_3(\nabla u_2\times\nabla u_3)] &\cdots①\\&+\nabla\cdot f_2[h_3h_1(\nabla u_3\times\nabla u_1)] &\cdots②\\&\quad+\nabla\cdot f_3[h_1h_2(\nabla u_1\times\nabla u_2)] &\cdots③\end{aligned} \tag{6.57}$$

ここで，右辺の第一項①

$$\nabla\cdot[f_1h_2h_3(\nabla u_2\times\nabla u_3)]$$

を考える。$a=f_1h_2h_3$：スカラー，$\boldsymbol{A}=\nabla u_2\times\nabla u_3$：ベクトルであるから，ベクトル演算子に関する公式

$$\nabla\cdot(a\boldsymbol{A})=(\nabla a)\cdot\boldsymbol{A}+a\nabla\cdot\boldsymbol{A} \tag{6.58}$$

を使うことができる。これから，式（6.57）の①は次式となる。

$$\begin{aligned}\nabla\cdot[f_1h_2h_3(\nabla u_2\times\nabla u_3)]=&\nabla(f_1h_2h_3)\cdot(\nabla u_2\times\nabla u_3)\\&+f_1h_2h_3\nabla\cdot(\nabla u_2\times\nabla u_3)\end{aligned}$$

さらに，この第一項の$\nabla(f_1h_2h_3)$は，勾配ベクトルの略証，式（6.47）でみたように，次式となる。

$$\nabla(f_1h_2h_3)=\frac{\partial}{\partial u_1}(f_1h_2h_3)\nabla u_1+\frac{\partial}{\partial u_2}(f_1h_2h_3)\nabla u_2+\frac{\partial}{\partial u_3}(f_1h_2h_3)\nabla u_3$$

したがって

$$\begin{aligned}\text{式（6.57）の右辺①}=&\frac{\partial}{\partial u_1}(f_1h_2h_3)\nabla u_1\cdot(\nabla u_2\times\nabla u_3)\\&+f_1h_2h_3\nabla\cdot(\nabla u_2\times\nabla u_3)\end{aligned}$$

ただし，以下の関係を用いた。

$$\nabla u_2\perp(\nabla u_2\times\nabla u_3)\ \rightarrow\ \nabla u_2\cdot(\nabla u_2\times\nabla u_3)=0,$$

$$\nabla u_3 \perp (\nabla u_2 \times \nabla u_3) \;\rightarrow\; \nabla u_3 \cdot (\nabla u_2 \times \nabla u_3) = 0$$

さらに，式（6.48）から

$$\nabla u_1 \cdot (\nabla u_2 \times \nabla u_3) = \frac{\boldsymbol{e}_1}{h_1} \cdot \left(\frac{\boldsymbol{e}_2}{h_2} \times \frac{\boldsymbol{e}_3}{h_3} \right) = \frac{1}{h_1 h_2 h_3}$$

であるから

$$\text{式 (6.57) の右辺①} = \frac{1}{h_1 h_2 h_3} \frac{\partial}{\partial u_1}(f_1 h_2 h_3) + \underline{f_1 h_2 h_3 \nabla \cdot (\nabla u_2 \times \nabla u_3)}$$

を得る。ここで，上式の下線部はゼロになる。すなわち，$\boldsymbol{a} = \nabla u_2$，$\boldsymbol{b} = \nabla u_3$ として，ベクトル演算子に関する次の公式

$$\nabla \cdot (\boldsymbol{a} \times \boldsymbol{b}) = (\nabla \times \boldsymbol{a}) \cdot \boldsymbol{b} - \boldsymbol{a} \cdot (\nabla \times \boldsymbol{b})$$

を用いると，下線部は以下のようになる。

$$\text{下線部} = \nabla \cdot (\nabla u_2 \times \nabla u_3) = (\nabla \times \nabla u_2) \cdot \nabla u_3 - \nabla u_2 \cdot (\nabla \times \nabla u_3)$$

ここで，勾配ベクトルの回転は恒等的にゼロであることを思い出す（4.6 節）と，下線部はゼロになることがわかる。以上から，結局

$$\text{式 (6.57) の右辺①} = \frac{1}{h_1 h_2 h_3} \frac{\partial}{\partial u_1}(f_1 h_2 h_3) \tag{6.59}$$

同様にして

$$\text{式 (6.57) の右辺②} = \frac{1}{h_1 h_2 h_3} \frac{\partial}{\partial u_2}(f_2 h_3 h_1) \tag{6.60}$$

$$\text{式 (6.57) の右辺③} = \frac{1}{h_1 h_2 h_3} \frac{\partial}{\partial u_3}(f_3 h_1 h_2) \tag{6.61}$$

以上から，式（6.50）が成立することが確かめられた。

問 6.10　中空のパイプを流れる流体の運動を考える。このとき，流体の密度を ρ，流体の速度を $\boldsymbol{v}$ とするとき，先に 4 章で導いた密度連続の式

$$\frac{\partial \rho}{\partial t} + \nabla \cdot (\rho \boldsymbol{v}) = 0$$

が一般に成立する。この密度連続の式を，パイプの径方向，円周方向および軸方向を，各々 r，θ および z 方向として，円柱座標系で表現せよ。

問 6.11　電磁気学では，電場 $\boldsymbol{E}$ と電荷密度 ρ の間に次の関係が成立する。

$$\nabla \cdot \boldsymbol{E}(\boldsymbol{r}) = \frac{\rho(\boldsymbol{r})}{\varepsilon_0}$$

ただし，ε_0 は真空の誘電率と呼ばれる定数である。この式を球座標系で表現せよ。

問 6.12　式（6.57）の右辺②および③が，各々，式（6.60），式（6.61）となることを確かめよ。

6.3.3　曲線座標系におけるベクトル場の回転

曲線座標系 (u_1, u_2, u_3) において，ベクトル場の回転は次式で与えられる。

$$\nabla\times\boldsymbol{f}=\frac{\boldsymbol{e}_1}{h_2h_3}\left[\frac{\partial(h_3f_3)}{\partial u_2}-\frac{\partial(h_2f_2)}{\partial u_3}\right]+\frac{\boldsymbol{e}_2}{h_3h_1}\left[\frac{\partial(h_1f_1)}{\partial u_3}-\frac{\partial(h_3f_3)}{\partial u_1}\right]+\frac{\boldsymbol{e}_3}{h_1h_2}\left[\frac{\partial(h_2f_2)}{\partial u_1}-\frac{\partial(h_1f_1)}{\partial u_2}\right] \tag{6.62}$$

【例 6.5】　円柱座標系

$u_1\to r$，$u_2\to\theta$，$u_3\to z$，$\boldsymbol{e}_1\to\boldsymbol{e}_r$，$\boldsymbol{e}_2\to\boldsymbol{e}_\theta$，$\boldsymbol{e}_3\to\boldsymbol{e}_z$，$f_1\to f_r$，$f_2\to f_\theta$，$f_3\to f_z$，さらに，$h_r=1$，$h_\theta=r$，$h_z=1$ より

$$\nabla\times\boldsymbol{f}=\left(\frac{1}{r}\frac{\partial f_z}{\partial\theta}-\frac{\partial f_\theta}{\partial z}\right)\boldsymbol{e}_r+\left(\frac{\partial f_r}{\partial z}-\frac{\partial f_z}{\partial r}\right)\boldsymbol{e}_\theta+\frac{1}{r}\left[\frac{\partial(rf_\theta)}{\partial r}-\frac{\partial f_r}{\partial\theta}\right]\boldsymbol{e}_z \tag{6.63}$$

【例 6.6】　球 座 標 系

$u_1\to r$，$u_2\to\theta$，$u_3\to\phi$，$\boldsymbol{e}_1\to\boldsymbol{e}_r$，$\boldsymbol{e}_2\to\boldsymbol{e}_\theta$，$\boldsymbol{e}_3\to\boldsymbol{e}_\phi$，$f_1\to f_r$，$f_2\to f_\theta$，$f_3\to f_\phi$，さらに，$h_r=1$，$h_\theta=r$，$h_\phi=r\sin\theta$ より

$$\nabla\times\boldsymbol{f}=\frac{\boldsymbol{e}_r}{r^2\sin\theta}\left[\frac{\partial(r\sin\theta f_\phi)}{\partial\theta}-\frac{\partial(rf_\theta)}{\partial\phi}\right]+\frac{\boldsymbol{e}_r}{r\sin\theta}\left[\frac{\partial f_r}{\partial\phi}-\frac{\partial(r\sin\theta f_\phi)}{\partial r}\right]+\frac{\boldsymbol{e}_\phi}{r}\left[\frac{\partial(rf_\theta)}{\partial r}-\frac{\partial f_r}{\partial\theta}\right] \tag{6.64}$$

〈式（6.62）の略証〉

式（6.30）より

$$\boldsymbol{e}_1 = h_1 \nabla u_1, \qquad \boldsymbol{e}_2 = h_2 \nabla u_2, \qquad \boldsymbol{e}_3 = h_3 \nabla u_3$$

したがって，ベクトル $\boldsymbol{f}$ は

$$\boldsymbol{f} = f_1 h_1 \nabla u_1 + f_2 h_2 \nabla u_2 + f_3 h_3 \nabla u_3$$

これから，ベクトル $\boldsymbol{f}$ の回転は

$$\begin{aligned} \nabla \times \boldsymbol{f} = \nabla \times (f_1 h_1 \nabla u_1) & \quad \cdots ① \\ + \nabla \times (f_2 h_2 \nabla u_2) & \quad \cdots ② \\ + \nabla \times (f_3 h_3 \nabla u_3) & \quad \cdots ③ \end{aligned} \tag{6.65}$$

ここで，まず，上式の①を考える。$a = f_1 h_1$（スカラー），$\boldsymbol{A} = \nabla u_1$（ベクトル）として，次のベクトル演算子に関する恒等式を用いる。

$$\nabla \times (a\boldsymbol{A}) = a(\nabla \times \boldsymbol{A}) + (\nabla a) \times \boldsymbol{A} \tag{6.66}$$

このとき

式（6.65）の① $= f_1 h_1 (\nabla \times \nabla u_1) + \nabla (f_1 h_1) \times \nabla u_1$

右辺の第一項は，恒等的に $\nabla \times \nabla u_1 \equiv 0$ であるから

式（6.65）の① $= \nabla (f_1 h_1) \times \nabla u_1$

ここで，式（6.47）と同様に

$$\nabla (f_1 h_1) = \frac{\partial (f_1 h_1)}{\partial u_1} \nabla u_1 + \frac{\partial (f_1 h_1)}{\partial u_2} \nabla u_2 + \frac{\partial (f_1 h_1)}{\partial u_3} \nabla u_3$$

したがって

$$\text{式（6.65）の①} = \frac{\partial (f_1 h_1)}{\partial u_1} (\nabla u_1 \times \nabla u_1) + \frac{\partial (f_1 h_1)}{\partial u_2} (\nabla u_2 \times \nabla u_1) + \frac{\partial (f_1 h_1)}{\partial u_3} (\nabla u_3 \times \nabla u_1)$$

となる。ここで，右辺の第一項は，$\nabla u_1 \times \nabla u_1 = 0$ であるから

$$\text{式（6.65）の①} = \frac{\partial (f_1 h_1)}{\partial u_2} (\nabla u_2 \times \nabla u_1) + \frac{\partial (f_1 h_1)}{\partial u_3} (\nabla u_3 \times \nabla u_1)$$

さらに，式（6.48）より，$\nabla u_1 = \boldsymbol{e}_1 / h_1$，$\nabla u_2 = \boldsymbol{e}_2 / h_2$，$\nabla u_3 = \boldsymbol{e}_3 / h_3$ であるから

$$(\nabla u_2\times\nabla u_1)=\left(\frac{\boldsymbol{e}_2}{h_2}\times\frac{\boldsymbol{e}_1}{h_1}\right)=-\frac{\boldsymbol{e}_3}{h_1h_2},\qquad(\nabla u_3\times\nabla u_1)=\left(\frac{\boldsymbol{e}_3}{h_3}\times\frac{\boldsymbol{e}_1}{h_1}\right)=\frac{\boldsymbol{e}_2}{h_1h_3}$$

となるから

$$\text{式 (6.65) の ①}=-\frac{\boldsymbol{e}_3}{h_1h_2}\frac{\partial(f_1h_1)}{\partial u_2}+\frac{\boldsymbol{e}_2}{h_1h_3}\frac{\partial(f_1h_1)}{\partial u_3} \tag{6.67}$$

同様にして

$$\text{式 (6.65) の ②}=\frac{\boldsymbol{e}_3}{h_1h_2}\frac{\partial(f_2h_2)}{\partial u_1}-\frac{\boldsymbol{e}_1}{h_2h_3}\frac{\partial(f_2h_2)}{\partial u_3} \tag{6.68}$$

$$\text{式 (6.65) の ③}=-\frac{\boldsymbol{e}_2}{h_1h_3}\frac{\partial(f_3h_3)}{\partial u_1}+\frac{\boldsymbol{e}_1}{h_2h_3}\frac{\partial(f_3h_3)}{\partial u_2} \tag{6.69}$$

以上，①，②，③ をすべて加えれば，式 (6.62) が得られる。

問 6.13 電磁気学の基本法則の一つであるファラデーの電磁誘導の法則は，電場ベクトル $\boldsymbol{E}$，および磁束密度ベクトル $\boldsymbol{B}$ を用いて

$$\nabla\times\boldsymbol{E}=-\frac{\partial\boldsymbol{B}}{\partial t}$$

と表される。この式を，円柱座標系，球座標系で表現せよ。

問 6.14 式 (6.67) を導いたのと同様にして，式 (6.68) および 式 (6.69) を導き，式 (6.62) が成り立つことを確かめよ。

6.4 曲線座標系におけるラプラシアン

電磁気学などでは，ここまで説明した勾配，発散，回転に加えて，ラプラシアンをいろいろな座標系のもとで表現して用いられることが多い。直角座標系において，ラプラシアン ∇^2 が問 4.28 のように与えられることは，すでに学んだ。曲線座標系 (u_1, u_2, u_3) では，ラプラシアンは次のように表現される。

$$\boxed{\nabla^2 f=\frac{1}{h_1h_2h_3}\left[\frac{\partial}{\partial u_1}\left(\frac{h_2h_3}{h_1}\frac{\partial f}{\partial u_1}\right)+\frac{\partial}{\partial u_2}\left(\frac{h_3h_1}{h_2}\frac{\partial f}{\partial u_2}\right)+\frac{\partial}{\partial u_3}\left(\frac{h_1h_2}{h_3}\frac{\partial f}{\partial u_3}\right)\right]} \tag{6.70}$$

【例 6.7】 円柱座標系

$u_1\to r$，$u_2\to\theta$，$u_3\to z$，さらに，$h_r=1$，$h_\theta=r$，$h_z=1$ より

$$\nabla^2 f=\frac{1}{r}\left[\frac{\partial}{\partial r}\left(r\frac{\partial f}{\partial r}\right)+\frac{\partial}{\partial \theta}\left(\frac{1}{r}\frac{\partial f}{\partial \theta}\right)+\frac{\partial}{\partial z}\left(r\frac{\partial f}{\partial z}\right)\right] \tag{6.71}$$

あるいは，r，θ，z は独立であるから

$$\nabla^2 f=\frac{1}{r}\frac{\partial}{\partial r}\left(r\frac{\partial f}{\partial r}\right)+\frac{1}{r^2}\frac{\partial^2 f}{\partial \theta^2}+\frac{\partial^2 f}{\partial z^2} \tag{6.72}$$

【例 6.8】 球座標系

$u_1\to r$，$u_2\to\theta$，$u_3\to\phi$，さらに，$h_r=1$，$h_\theta=r$，$h_\phi=r\sin\theta$ より

$$\nabla^2 f=\frac{1}{r^2\sin\theta}\left[\frac{\partial}{\partial r}\left(r^2\sin\theta\frac{\partial f}{\partial r}\right)+\frac{\partial}{\partial \theta}\left(\sin\theta\frac{\partial f}{\partial \theta}\right)+\frac{\partial}{\partial \phi}\left(\frac{1}{\sin\theta}\frac{\partial f}{\partial \phi}\right)\right] \tag{6.73}$$

あるいは，r，θ，ϕ は独立であるから

$$\nabla^2 f=\frac{1}{r^2}\frac{\partial}{\partial r}\left(r^2\frac{\partial f}{\partial r}\right)+\frac{1}{r^2\sin\theta}\left[\frac{\partial}{\partial \theta}\left(\sin\theta\frac{\partial f}{\partial \theta}\right)\right]+\frac{1}{r^2\sin^2\theta}\frac{\partial^2 f}{\partial \phi^2} \tag{6.74}$$

〈式（6.70）の略証〉

4 章で説明したように，ラプラシアンは勾配ベクトルの発散からでてきた。

$$\nabla^2 f=\nabla\cdot(\nabla f) \tag{6.75}$$

直交曲線座標系においてスカラー場 f の勾配は，式（6.39）より

$$\nabla f=\frac{1}{h_1}\frac{\partial f}{\partial u_1}\boldsymbol{e}_1+\frac{1}{h_2}\frac{\partial f}{\partial u_2}\boldsymbol{e}_2+\frac{1}{h_3}\frac{\partial f}{\partial u_3}\boldsymbol{e}_3 \tag{6.76}$$

一方，ベクトル $\boldsymbol{A}$ の発散は，式（6.50）より

$$\nabla\cdot\boldsymbol{A}=\frac{1}{h_1h_2h_3}\left[\frac{\partial}{\partial u_1}(h_2h_3A_1)+\frac{\partial}{\partial u_2}(h_3h_1A_2)+\frac{\partial}{\partial u_3}(h_1h_2A_3)\right] \tag{6.77}$$

ここで，$\boldsymbol{A}=\nabla f$ と考えると，$\nabla^2 f=\nabla\cdot(\nabla f)=\nabla\cdot\boldsymbol{A}$ であり，一方，式（6.76）から

$$A_1=\frac{1}{h_1}\frac{\partial f}{\partial u_1},\qquad A_2=\frac{1}{h_2}\frac{\partial f}{\partial u_2},\qquad A_3=\frac{1}{h_3}\frac{\partial f}{\partial u_3}$$

となる。これらを，式（6.77）に代入すると，式（6.70）を得る。

問 6.15　電磁気学では，電荷のない空間の電位 V は次の**ラプラスの方程式**に従う。

$$\nabla^2 V=0$$

これを，円柱座標系，球座標系で表現せよ。

問 6.16　物体の比熱を c，密度を ρ，熱伝導率を κ で表すことにする。このとき，熱伝導方程式は，以下のように表される。

$$c\rho\frac{\partial T}{\partial t}=\kappa\nabla^2 T$$

ただし，$T=T(x,y,z,t)$ は，物体中の温度場を表す。この熱伝導の方程式を，円柱座標系で表現せよ。

問 6.17　速度 c で空間中を伝わる波は，次の**波動方程式**に従う。

$$\nabla^2\varphi=\frac{1}{c^2}\frac{\partial^2\varphi}{\partial t^2}$$

ただし，$\varphi=\varphi(x,y,z,t)$ は波の振幅を表す。この波動方程式を，球座標系で表現せよ。

6.5 ま と め

ここまで学んできた直角座標系，円柱座標系，球座標系における微分演算を以下にまとめておく。

（1） 直角座標系

勾配：$\nabla f=\dfrac{\partial f}{\partial x}\boldsymbol{i}+\dfrac{\partial f}{\partial y}\boldsymbol{j}+\dfrac{\partial f}{\partial z}\boldsymbol{k}$

発散：$\nabla\cdot\boldsymbol{f}=\dfrac{\partial f_x}{\partial x}+\dfrac{\partial f_y}{\partial y}+\dfrac{\partial f_z}{\partial z}$

回転：$\nabla\times\boldsymbol{f}=\left(\dfrac{\partial f_z}{\partial y}-\dfrac{\partial f_y}{\partial z}\right)\boldsymbol{i}+\left(\dfrac{\partial f_x}{\partial z}-\dfrac{\partial f_z}{\partial x}\right)\boldsymbol{j}+\left(\dfrac{\partial f_y}{\partial x}-\dfrac{\partial f_x}{\partial y}\right)\boldsymbol{k}$

ラプラシアン：$\nabla^2 f=\dfrac{\partial^2 f}{\partial x^2}+\dfrac{\partial^2 f}{\partial y^2}+\dfrac{\partial^2 f}{\partial z^2}$

（2） 円柱座標系

勾配：$\nabla f=\dfrac{\partial f}{\partial r}\boldsymbol{e}_r+\dfrac{1}{r}\dfrac{\partial f}{\partial\theta}\boldsymbol{e}_\theta+\dfrac{\partial f}{\partial z}\boldsymbol{e}_z$

発散：$\nabla\cdot\boldsymbol{f}=\dfrac{1}{r}\dfrac{\partial}{\partial r}(rf_r)+\dfrac{1}{r}\dfrac{\partial f_\theta}{\partial\theta}+\dfrac{\partial f_z}{\partial z}$

回転：$\nabla\times\boldsymbol{f}=\left(\dfrac{1}{r}\dfrac{\partial f_z}{\partial\theta}-\dfrac{\partial f_\theta}{\partial z}\right)\boldsymbol{e}_r+\left(\dfrac{\partial f_r}{\partial z}-\dfrac{\partial f_z}{\partial r}\right)\boldsymbol{e}_\theta+\dfrac{1}{r}\left[\dfrac{\partial(rf_\theta)}{\partial r}-\dfrac{\partial f_r}{\partial\theta}\right]\boldsymbol{e}_z$

ラプラシアン：$\nabla^2 f=\dfrac{1}{r}\dfrac{\partial}{\partial r}\left(r\dfrac{\partial f}{\partial r}\right)+\dfrac{1}{r^2}\dfrac{\partial^2 f}{\partial\theta^2}+\dfrac{\partial^2 f}{\partial z^2}$

（3）　**球座標系**

勾配：$\nabla f=\dfrac{\partial f}{\partial r}\boldsymbol{e}_r+\dfrac{1}{r}\dfrac{\partial f}{\partial\theta}\boldsymbol{e}_\theta+\dfrac{1}{r\sin\theta}\dfrac{\partial f}{\partial\phi}\boldsymbol{e}_\phi$

発散：$\nabla\cdot\boldsymbol{f}=\dfrac{1}{r^2}\dfrac{\partial}{\partial r}(r^2 f_r)+\dfrac{1}{r\sin\theta}\dfrac{\partial}{\partial\theta}(\sin\theta f_\theta)+\dfrac{1}{r\sin\theta}\dfrac{\partial f_\phi}{\partial\phi}$

回転：
$$\nabla\times\boldsymbol{f}=\left[\frac{1}{r\sin\theta}\frac{\partial(\sin\theta f_\phi)}{\partial\theta}-\frac{1}{r\sin\theta}\frac{\partial f_\theta}{\partial\phi}\right]\boldsymbol{e}_r$$
$$+\left[\frac{1}{r\sin\theta}\frac{\partial f_r}{\partial\phi}-\frac{1}{r}\frac{\partial(rf_\phi)}{\partial r}\right]\boldsymbol{e}_\theta+\left[\frac{1}{r}\frac{\partial(rf_\theta)}{\partial r}-\frac{1}{r}\frac{\partial f_r}{\partial\theta}\right]\boldsymbol{e}_\phi$$

ラプラシアン：
$$\nabla^2 f=\frac{1}{r^2}\frac{\partial}{\partial r}\left(r^2\frac{\partial f}{\partial r}\right)+\frac{1}{r^2\sin\theta}\left[\frac{\partial}{\partial\theta}\left(\sin\theta\frac{\partial f}{\partial\theta}\right)\right]$$
$$+\frac{1}{r^2\sin^2\theta}\frac{\partial^2 f}{\partial\phi^2}$$

まとめの Quiz

1 直交曲線座標系

（1）　曲線座標系（u_1, u_2, u_3）において

$$u_1(x,y,z)=C_1,\qquad u_2(x,y,z)=C_2,\qquad u_3(x,y,z)=C_3$$
$$(C_1, C_2, C_3=\text{const.})$$

は，空間の曲面の式を表す。先の円柱座標系の例（図 6.2）で考えると

$r=r(x,y)=\sqrt{\boxed{}}=C_1$　　：円筒面

$\theta=\theta(x,y)=\tan^{-1}\left(\boxed{}\right)=C_2$　　：平面

$z=z=C_3$　　：平面

を表す。

（2） 曲線座標（u_1, u_2, u_3）では，この3本の曲線の交点として，座標が定まる。特に，これら3本の曲線（交線）の接線が，空間の任意の点で直交するとき，[　　　　]と呼ぶ。

（3） 直交曲線座標系において，その基本単位ベクトル $\boldsymbol{e}_1$，$\boldsymbol{e}_2$ および $\boldsymbol{e}_3$ は，次の直交関係を満たす。

$$\boldsymbol{e}_i \cdot \boldsymbol{e}_j = \boxed{}$$

（4） 直交曲線座標系において，任意のベクトルは，これら基本単位ベクトル $\boldsymbol{e}_1$，$\boldsymbol{e}_2$ および $\boldsymbol{e}_3$ を用いて

$$\boldsymbol{f}(u_1, u_2, u_3) = \boxed{}$$

と表すことができる。この場合，ベクトルの成分，f_1，f_2 および f_3 は，次のように求めることができる。

$$f_j = \boxed{} \quad (j=1,\ 2,\ 3)$$

（5） 基本単位ベクトル $\boldsymbol{e}_1$，$\boldsymbol{e}_2$ および $\boldsymbol{e}_3$ は，∇u_1，∇u_2，∇u_3，スケールファクター h_1，h_2，h_3 を用いて

$$\boldsymbol{e}_1 = \boxed{}, \quad \boldsymbol{e}_2 = \boxed{}, \quad \boldsymbol{e}_3 = \boxed{}$$

と表すことができる。

（6） 曲線座標の微小変化 du_1，du_2，du_3 に対応する変位の大きさ ds_1，ds_2，ds_3 は，スケールファクター h_1，h_2，h_3 を用いて

$$ds_1 = \boxed{}, \quad ds_2 = \boxed{}, \quad ds_3 = \boxed{}$$

（7） 線素 ds_1，ds_2，ds_3 によって囲まれる微小体積要素の体積は，du_1，du_2，du_3 およびスケール h_1，h_2，h_3 次式で与えられる。

$$dV = ds_1 ds_2 ds_3 = \boxed{}$$

（8） 円柱座標系のスケールファクターは

$$h_r = \boxed{}, \quad h_\theta = \boxed{}, \quad h_z = \boxed{}$$

したがって，微小体積要素は

$$dV = \boxed{}$$

（9）球座標系のスケールファクターは

$h_r = \boxed{}$,　$h_\theta = \boxed{}$,　$h_\phi = \boxed{}$

したがって，微小体積要素は

$dV = \boxed{}$

2 直交曲線座標系における微分演算

直交曲線座標系において，その基本単位ベクトルを $\boldsymbol{e}_1$，$\boldsymbol{e}_2$ および $\boldsymbol{e}_3$，スケールファクター h_1，h_2 および h_3 を用いて表す。

（1）勾配：この座標系におけるスカラー場 $f(u_1, u_2, u_3)$ の勾配は，以下のように表される。

$$\nabla f = \frac{1}{h_1}\frac{\partial f}{\partial u_1}\boldsymbol{e}_1 + \frac{1}{h_2}\frac{\partial f}{\partial u_2}\boldsymbol{e}_2 + \frac{1}{h_3}\frac{\partial f}{\partial u_3}\boldsymbol{e}_3$$

したがって

i）円柱座標系では

$$\nabla f = \boxed{}$$

ii）球座標系では

$$\nabla f = \boxed{}$$

（2）発散：この座標系におけるベクトル場 $\boldsymbol{f}(u_1, u_2, u_3)$ の成分を，各々，f_1, f_2, f_3 とする。このとき，このベクトル場の発散は，以下のように表される。

$$\nabla \cdot \boldsymbol{f} = \frac{1}{h_1 h_2 h_3}\left[\frac{\partial}{\partial u_1}(h_2 h_3 f_1) + \frac{\partial}{\partial u_2}(h_3 h_1 f_2) + \frac{\partial}{\partial u_3}(h_1 h_2 f_3)\right]$$

i）円柱座標系では

$$\nabla \cdot \boldsymbol{f} = \boxed{}$$

ii）球座標系では

$$\nabla \cdot \boldsymbol{f} = \boxed{}$$

（3） 回転：この座標系におけるベクトル場 $\boldsymbol{f}(u_1, u_2, u_3)$ の成分を，各々，f_1, f_2, f_3 とする。このとき，このベクトル場の回転は，以下のように表される。

$$\nabla\times\boldsymbol{f}=\frac{\boldsymbol{e}_1}{h_2h_3}\left[\frac{\partial(h_3f_3)}{\partial u_2}-\frac{\partial(h_2f_2)}{\partial u_3}\right]+\frac{\boldsymbol{e}_2}{h_3h_1}\left[\frac{\partial(h_1f_1)}{\partial u_3}-\frac{\partial(h_3f_3)}{\partial u_1}\right]+\frac{\boldsymbol{e}_3}{h_1h_2}\left[\frac{\partial(h_2f_2)}{\partial u_1}-\frac{\partial(h_1f_1)}{\partial u_2}\right]$$

ｉ） 円柱座標系では

$$\nabla\times\boldsymbol{f}=\boxed{\quad}$$

ii） 球座標系では

$$\nabla\times\boldsymbol{f}=\boxed{\quad}$$

（4） ラプラシアン：この座標系におけるスカラー場 $f(u_1, u_2, u_3)$ に対して，ラプラシアンを演算したものは

$$\nabla^2 f=\frac{1}{h_1h_2h_3}\left[\frac{\partial}{\partial u_1}\left(\frac{h_2h_3}{h_1}\frac{\partial f}{\partial u_1}\right)+\frac{\partial}{\partial u_2}\left(\frac{h_3h_1}{h_2}\frac{\partial f}{\partial u_2}\right)+\frac{\partial}{\partial u_3}\left(\frac{h_1h_2}{h_3}\frac{\partial f}{\partial u_3}\right)\right]$$

したがって

ｉ） 円柱座標系では

$$\nabla^2 f=\boxed{\quad}$$

ii） 球座標系では

$$\nabla^2 f=\boxed{\quad}$$

7. 基本事項のまとめと主な公式

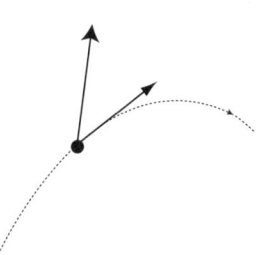

7.1 ベクトルに関する基本事項

（1） 基本単位ベクトル

x 軸，y 軸，z 軸方向の大きさが 1 であるベクトル，$\boldsymbol{i}$，$\boldsymbol{j}$，$\boldsymbol{k}$ を基本単位ベクトルと呼ぶ（図 7.1）。

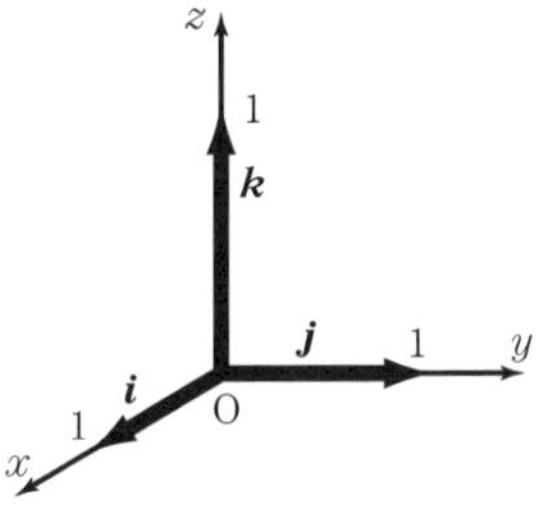

図 7.1 基本単位ベクトル

（2） ベクトルの成分表示

$$\boldsymbol{A} = A_x\boldsymbol{i} + A_y\boldsymbol{j} + A_z\boldsymbol{k}$$

・ベクトルの大きさ

$$A \equiv |\boldsymbol{A}| = \sqrt{A_x^2 + A_y^2 + A_z^2}$$

・位置ベクトル：点 P の座標を（x, y, z）とするとき

$$\boldsymbol{r} = x\boldsymbol{i} + y\boldsymbol{j} + z\boldsymbol{k}$$

（3） 内積（スカラー積）

・内積の定義（図 7.2）

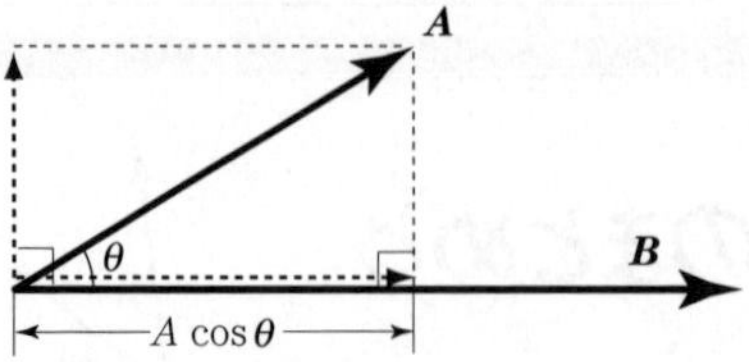

図 7.2　内積（スカラー積）

$\boldsymbol{A}\cdot\boldsymbol{B}=|\boldsymbol{A}||\boldsymbol{B}|\cos\theta$　（内積結果はスカラー量となる）

・基本単位ベクトルの内積

$$\begin{cases}\boldsymbol{i}\cdot\boldsymbol{i}=\boldsymbol{j}\cdot\boldsymbol{j}=\boldsymbol{k}\cdot\boldsymbol{k}=1\\ \boldsymbol{i}\cdot\boldsymbol{j}=\boldsymbol{j}\cdot\boldsymbol{k}=\boldsymbol{k}\cdot\boldsymbol{i}=0\end{cases}$$

・内積の成分表示：$\boldsymbol{A}=A_x\boldsymbol{i}+A_y\boldsymbol{j}+A_z\boldsymbol{k}$，$\boldsymbol{B}=B_x\boldsymbol{i}+B_y\boldsymbol{j}+B_z\boldsymbol{k}$ のとき

$$\boldsymbol{A}\cdot\boldsymbol{B}=A_xB_x+A_yB_y+A_zB_z$$

（4） 外積（ベクトル積）

・外積の定義（図 7.3）

$\boldsymbol{C}=\boldsymbol{A}\times\boldsymbol{B}=|\boldsymbol{A}||\boldsymbol{B}|\sin\theta\boldsymbol{I}$　（外積結果はベクトル量となる）

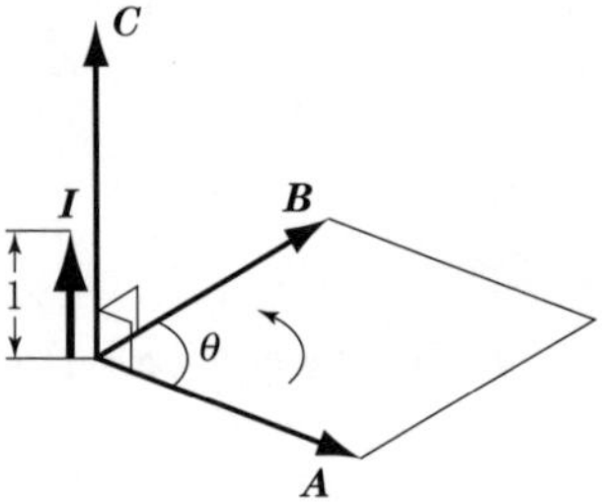

図 7.3　外積（ベクトル積）

・基本単位ベクトルの外積

$$\begin{cases}\boldsymbol{i}\times\boldsymbol{i}=\boldsymbol{j}\times\boldsymbol{j}=\boldsymbol{k}\times\boldsymbol{k}=0\\ \boldsymbol{i}\times\boldsymbol{j}=\boldsymbol{k},\quad \boldsymbol{j}\times\boldsymbol{k}=\boldsymbol{i},\quad \boldsymbol{k}\times\boldsymbol{i}=\boldsymbol{j}\end{cases}$$

・外積の成分表示

$\boldsymbol{A}=A_x\boldsymbol{i}+A_y\boldsymbol{j}+A_z\boldsymbol{k}$，$\boldsymbol{B}=B_x\boldsymbol{i}+B_y\boldsymbol{j}+B_z\boldsymbol{k}$ のとき

$$\boldsymbol{A}\times\boldsymbol{B}=(A_yB_z-A_zB_y)\,\boldsymbol{i}+(A_zB_x-A_xB_z)\,\boldsymbol{j}+(A_xB_y-A_yB_x)\,\boldsymbol{k}$$

$$= \begin{vmatrix} \boldsymbol{i} & \boldsymbol{j} & \boldsymbol{k} \\ A_x & A_y & A_z \\ B_x & B_y & B_z \end{vmatrix}$$

（5） **スカラー三重積**

$$\boldsymbol{A}\cdot(\boldsymbol{B}\times\boldsymbol{C})=\boldsymbol{B}\cdot(\boldsymbol{C}\times\boldsymbol{A})=\boldsymbol{C}\cdot(\boldsymbol{A}\times\boldsymbol{B})$$

（6） **ベクトル三重積**

$$\begin{cases} \boldsymbol{A}\times(\boldsymbol{B}\times\boldsymbol{C})=(\boldsymbol{A}\cdot\boldsymbol{C})\boldsymbol{B}-(\boldsymbol{A}\cdot\boldsymbol{B})\boldsymbol{C} \\ (\boldsymbol{A}\times\boldsymbol{B})\times\boldsymbol{C}=(\boldsymbol{A}\cdot\boldsymbol{C})\boldsymbol{B}-(\boldsymbol{B}\cdot\boldsymbol{C})\boldsymbol{A} \end{cases}$$

（7） **線素ベクトルと面積ベクトル**

・線素ベクトル：$d\boldsymbol{r}=\boldsymbol{t}ds$

$\boldsymbol{t}$：単位接線ベクトル，ds：線素の長さ

・面積（面素）ベクトル：$d\boldsymbol{S}=\boldsymbol{n}dS$

$\boldsymbol{n}$：単位法線ベクトル，dS：面積の大きさ

7.2 ベクトルの微分

（1） **ベクトルの微分**

ベクトル $\boldsymbol{A}(t)$ の成分を A_x，A_y，A_z とすると

$$\frac{d\boldsymbol{A}}{dt}=\frac{dA_x}{dt}\boldsymbol{i}+\frac{dA_y}{dt}\boldsymbol{j}+\frac{dA_z}{dt}\boldsymbol{k}$$

（2） **ベクトルの積の微分**

・スカラーとベクトルとの積の微分

$$\frac{d(f\boldsymbol{A})}{dt}=\frac{df}{dt}\boldsymbol{A}+f\frac{d\boldsymbol{A}}{dt}$$

・ベクトルの内積の微分

$$\frac{d(\boldsymbol{A}\cdot\boldsymbol{B})}{dt}=\frac{d\boldsymbol{A}}{dt}\cdot\boldsymbol{B}+\boldsymbol{A}\cdot\frac{d\boldsymbol{B}}{dt}$$

・ベクトルの外積の微分

$$\frac{d(\boldsymbol{A}\times\boldsymbol{B})}{dt}=\frac{d\boldsymbol{A}}{dt}\times\boldsymbol{B}+\boldsymbol{A}\times\frac{d\boldsymbol{B}}{dt}$$

（3） 近似式（テイラー展開）

$$f(t+\Delta t)=f(t)+\frac{df(t)}{dt}\Delta t+\frac{1}{2!}\frac{d^2f(t)}{dt^2}\Delta t^2+\frac{1}{3!}\frac{d^3f(t)}{dt^3}\Delta t^3+\cdots$$

7.3 ベクトル場，スカラー場の微分

（1） 全微分

$$df=\frac{\partial f}{\partial x}dx+\frac{\partial f}{\partial y}dy+\frac{\partial f}{\partial z}dz$$

（2） ベクトル演算子（ナブラ演算子）

$$\nabla=\boldsymbol{i}\frac{\partial}{\partial x}+\boldsymbol{j}\frac{\partial}{\partial y}+\boldsymbol{k}\frac{\partial}{\partial z}$$

（3） スカラー場の勾配

$$\nabla\varphi=\frac{\partial\varphi}{\partial x}\boldsymbol{i}+\frac{\partial\varphi}{\partial y}\boldsymbol{j}+\frac{\partial\varphi}{\partial z}\boldsymbol{k}$$

（4） ベクトルの発散

$$\mathrm{div}\,\boldsymbol{A}=\nabla\cdot\boldsymbol{A}=\frac{\partial A_x}{\partial x}+\frac{\partial A_y}{\partial y}+\frac{\partial A_z}{\partial z}$$

（5） ラプラシアン

$$\nabla^2=\frac{\partial^2}{\partial x^2}+\frac{\partial^2}{\partial y^2}+\frac{\partial^2}{\partial z^2}$$

（6） ベクトルの回転

$$\mathrm{rot}\,\boldsymbol{A}=\mathrm{curl}\,\boldsymbol{A}=\nabla\times\boldsymbol{A}=\left(\frac{\partial A_z}{\partial y}-\frac{\partial A_y}{\partial z}\right)\boldsymbol{i}+\left(\frac{\partial A_x}{\partial z}-\frac{\partial A_z}{\partial x}\right)\boldsymbol{j}$$

$$+\left(\frac{\partial A_y}{\partial x}-\frac{\partial A_x}{\partial y}\right)\boldsymbol{k}$$

$$\text{行列式による表現：}\nabla\times\boldsymbol{A}=\begin{vmatrix}\boldsymbol{i} & \boldsymbol{j} & \boldsymbol{k}\\ \dfrac{\partial}{\partial x} & \dfrac{\partial}{\partial y} & \dfrac{\partial}{\partial z}\\ A_x & A_y & A_z\end{vmatrix}$$

（7） ∇の演算公式

・$\boldsymbol{r}$ が位置ベクトルのとき，$\nabla\left(\dfrac{1}{r^n}\right)=-n\dfrac{\boldsymbol{r}}{r^{n+2}}$

・スカラー量：ψ，ϕ の和と積の勾配

$$\nabla(\psi+\phi)=\nabla\psi+\nabla\phi$$

$$\nabla(\psi\phi)=\psi\nabla\phi+\phi\nabla\psi$$

・$\boldsymbol{A}+\boldsymbol{B}$ の発散，回転

$$\nabla\cdot(\boldsymbol{A}+\boldsymbol{B})=\nabla\cdot\boldsymbol{A}+\nabla\cdot\boldsymbol{B}$$

$$\nabla\times(\boldsymbol{A}+\boldsymbol{B})=\nabla\times\boldsymbol{A}+\nabla\times\boldsymbol{B}$$

・$\nabla\phi$ の発散，回転

$$\nabla\cdot(\nabla\phi)=\nabla^2\phi$$

$$\nabla\times(\nabla\phi)=\boldsymbol{0}$$

・$\nabla\times\boldsymbol{A}$ の発散，回転

$$\nabla\cdot(\nabla\times\boldsymbol{A})=0$$

$$\nabla\times(\nabla\times\boldsymbol{A})=\nabla(\nabla\cdot\boldsymbol{A})-\nabla^2\boldsymbol{A}$$

・$\psi\boldsymbol{A}$ の発散，回転

$$\nabla\cdot(\psi\boldsymbol{A})=(\nabla\psi)\cdot\boldsymbol{A}+\psi\nabla\cdot\boldsymbol{A}$$

$$\nabla\times(\psi\boldsymbol{A})=(\nabla\psi)\times\boldsymbol{A}+\psi\nabla\times\boldsymbol{A}$$

・$\boldsymbol{A}\times\boldsymbol{B}$ の発散，回転

$$\nabla\cdot(\boldsymbol{A}\times\boldsymbol{B})=(\nabla\times\boldsymbol{A})\cdot\boldsymbol{B}-\boldsymbol{A}\cdot(\nabla\times\boldsymbol{B})$$

$$\nabla\times(\boldsymbol{A}\times\boldsymbol{B})=(\boldsymbol{B}\cdot\nabla)\boldsymbol{A}-(\boldsymbol{A}\cdot\nabla)\boldsymbol{B}+(\nabla\cdot\boldsymbol{B})\boldsymbol{A}-(\nabla\cdot\boldsymbol{A})\boldsymbol{B}$$

・$\boldsymbol{A}\cdot\boldsymbol{B}$ の勾配

$$\nabla(\boldsymbol{A}\cdot\boldsymbol{B})=(\boldsymbol{B}\cdot\nabla)\boldsymbol{A}+(\boldsymbol{A}\cdot\nabla)\boldsymbol{B}+\boldsymbol{B}\times(\nabla\times\boldsymbol{A})+\boldsymbol{A}\times(\nabla\times\boldsymbol{B})$$

7.4　ベクトルの積分と主な定理

（1）　線積分

$$\int_C \boldsymbol{A}\cdot d\boldsymbol{r}=\lim_{N\to\infty}\sum_{i=0}^{N-1}\boldsymbol{A}(x_i, y_i, z_i)\cdot\Delta\boldsymbol{r}_i$$

（2）　面積分

$$\int_S \boldsymbol{h}\cdot d\boldsymbol{S}=\lim_{N\to\infty}\sum_{i=1}^{N}\boldsymbol{h}_i\cdot\Delta\boldsymbol{S}_i$$

（3）　ガウスの定理

$$\int_S \boldsymbol{A}\cdot d\boldsymbol{S}=\int_V \nabla\cdot\boldsymbol{A}dV \quad \left(=\int_V \mathrm{div}\,\boldsymbol{A}dV\right)$$

（4）　ストークスの定理

$$\oint_C \boldsymbol{A}\cdot d\boldsymbol{r}=\int_S \nabla\times\boldsymbol{A}\cdot d\boldsymbol{S} \quad \left(=\int_S \mathrm{rot}\,\boldsymbol{A}\cdot d\boldsymbol{S}\right)$$

（5）　グリーンの定理

$$\int_V (u\nabla^2 v-v\nabla^2 u)\,dV=\int_S (u\nabla v-v\nabla u)\cdot d\boldsymbol{S}$$

7.5　曲線座標系におけるベクトル微分演算

曲線座標系 (u_1, u_2, u_3) におけるスカラー場 $f(u_1, u_2, u_3)$ あるいはベクトル場 $\boldsymbol{f}(u_1, u_2, u_3)$ について

勾配：$\nabla f=\dfrac{1}{h_1}\dfrac{\partial f}{\partial u_1}\boldsymbol{e}_1+\dfrac{1}{h_2}\dfrac{\partial f}{\partial u_2}\boldsymbol{e}_2+\dfrac{1}{h_3}\dfrac{\partial f}{\partial u_3}\boldsymbol{e}_3$

発散：$\nabla\cdot\boldsymbol{f}=\dfrac{1}{h_1h_2h_3}\left[\dfrac{\partial}{\partial u_1}(h_2h_3f_1)+\dfrac{\partial}{\partial u_2}(h_3h_1f_2)+\dfrac{\partial}{\partial u_3}(h_1h_2f_3)\right]$

回転：$\nabla\times\boldsymbol{f}=\dfrac{\boldsymbol{e}_1}{h_2h_3}\left[\dfrac{\partial(h_3f_3)}{\partial u_2}-\dfrac{\partial(h_2f_2)}{\partial u_3}\right]+\dfrac{\boldsymbol{e}_2}{h_3h_1}\left[\dfrac{\partial(h_1f_1)}{\partial u_3}-\dfrac{\partial(h_3f_3)}{\partial u_1}\right]$

$$+\frac{\boldsymbol{e}_3}{h_1h_2}\left[\frac{\partial(h_2f_2)}{\partial u_1}-\frac{\partial(h_1f_1)}{\partial u_2}\right]$$

ラプラシアン：$\nabla^2 \boldsymbol{f} = \dfrac{1}{h_1 h_2 h_3}\left[\dfrac{\partial}{\partial u_1}\left(\dfrac{h_2 h_3}{h_1}\dfrac{\partial f}{\partial u_1}\right) + \dfrac{\partial}{\partial u_2}\left(\dfrac{h_3 h_1}{h_2}\dfrac{\partial f}{\partial u_2}\right)\right.$

$\left.\qquad + \dfrac{\partial}{\partial u_3}\left(\dfrac{h_1 h_2}{h_3}\dfrac{\partial f}{\partial u_3}\right)\right]$

h_1，h_2，h_3：スケールファクター

（1）　直角座標系

勾配：$\nabla f = \dfrac{\partial f}{\partial x}\,\boldsymbol{i} + \dfrac{\partial f}{\partial y}\,\boldsymbol{j} + \dfrac{\partial f}{\partial z}\,\boldsymbol{k}$

発散：$\nabla \cdot f = \dfrac{\partial f_x}{\partial x} + \dfrac{\partial f_y}{\partial y} + \dfrac{\partial f_z}{\partial z}$

回転：$\nabla \times \boldsymbol{f} = \left(\dfrac{\partial f_z}{\partial y} - \dfrac{\partial f_y}{\partial z}\right)\boldsymbol{i} + \left(\dfrac{\partial f_x}{\partial z} - \dfrac{\partial f_z}{\partial x}\right)\boldsymbol{j} + \left(\dfrac{\partial f_y}{\partial x} - \dfrac{\partial f_x}{\partial y}\right)\boldsymbol{k}$

ラプラシアン：$\nabla^2 f = \dfrac{\partial^2 f}{\partial x^2} + \dfrac{\partial^2 f}{\partial y^2} + \dfrac{\partial^2 f}{\partial z^2}$

（2）　円柱座標系

勾配：$\nabla f = \dfrac{\partial f}{\partial r}\,\boldsymbol{e}_r + \dfrac{1}{r}\dfrac{\partial f}{\partial \theta}\,\boldsymbol{e}_\theta + \dfrac{\partial f}{\partial z}\,\boldsymbol{e}_z$

発散：$\nabla \cdot \boldsymbol{f} = \dfrac{1}{r}\dfrac{\partial}{\partial r}(r f_r) + \dfrac{1}{r}\dfrac{\partial f_\theta}{\partial \theta} + \dfrac{\partial f_z}{\partial z}$

回転：$\nabla \times \boldsymbol{f} = \left(\dfrac{1}{r}\dfrac{\partial f_z}{\partial \theta} - \dfrac{\partial f_\theta}{\partial z}\right)\boldsymbol{e}_r + \left(\dfrac{\partial f_r}{\partial z} - \dfrac{\partial f_z}{\partial r}\right)\boldsymbol{e}_\theta + \dfrac{1}{r}\left[\dfrac{\partial (r f_\theta)}{\partial r} - \dfrac{\partial f_r}{\partial \theta}\right]\boldsymbol{e}_z$

ラプラシアン：$\nabla^2 f = \dfrac{1}{r}\dfrac{\partial}{\partial r}\left(r\dfrac{\partial f}{\partial r}\right) + \dfrac{1}{r^2}\dfrac{\partial^2 f}{\partial \theta^2} + \dfrac{\partial^2 f}{\partial z^2}$

（3）　球座標系

勾配：$\nabla f = \dfrac{\partial f}{\partial r}\,\boldsymbol{e}_r + \dfrac{1}{r}\dfrac{\partial f}{\partial \theta}\,\boldsymbol{e}_\theta + \dfrac{1}{r\sin\theta}\dfrac{\partial f}{\partial \phi}\,\boldsymbol{e}_\phi$

発散：$\nabla \cdot \boldsymbol{f} = \dfrac{1}{r^2}\dfrac{\partial}{\partial r}(r^2 f_r) + \dfrac{1}{r\sin\theta}\dfrac{\partial}{\partial \theta}(\sin\theta f_\theta) + \dfrac{1}{r\sin\theta}\dfrac{\partial f_\phi}{\partial \phi}$

回転：$\nabla \times \boldsymbol{f} = \left[\dfrac{1}{r\sin\theta}\dfrac{\partial(\sin\theta f_\phi)}{\partial \theta} - \dfrac{1}{r\sin\theta}\dfrac{\partial f_\theta}{\partial \phi}\right]\boldsymbol{e}_r$

$\qquad + \left[\dfrac{1}{r\sin\theta}\dfrac{\partial f_r}{\partial \phi} - \dfrac{1}{r}\dfrac{\partial (r f_\phi)}{\partial r}\right]\boldsymbol{e}_\theta + \left[\dfrac{1}{r}\dfrac{\partial (r f_\theta)}{\partial r} - \dfrac{1}{r}\dfrac{\partial f_r}{\partial \theta}\right]\boldsymbol{e}_\phi$

ラプラシアン：$\nabla^2 f=\frac{1}{r^2}\frac{\partial}{\partial r}\left(r^2\frac{\partial f}{\partial r}\right)+\frac{1}{r^2\sin\theta}\left[\frac{\partial}{\partial\theta}\left(\sin\theta\frac{\partial f}{\partial\theta}\right)\right]$

$$+\frac{1}{r^2\sin^2\theta}\frac{\partial^2 f}{\partial\phi^2}$$

7.6 ベクトルの応用

（1） ニュートンの運動方程式

$$\boldsymbol{F}=m\frac{d^2\boldsymbol{r}}{dt^2}$$

（2） 極座標で表した速度成分

$$\boldsymbol{v}=(v_r, v_\theta)=\left(\frac{dr}{dt}, r\frac{d\theta}{dt}\right)$$

（3） 極座標で表した加速度成分

$$\boldsymbol{\alpha}=(\alpha_r, \alpha_\theta)=\left(\frac{d^2r}{dt^2}-r\left(\frac{d\theta}{dt}\right)^2, \frac{1}{r}\frac{d}{dt}\left(r^2\frac{d\theta}{dt}\right)\right)$$

（4） 流束密度ベクトル

$$\boldsymbol{f}=\frac{\Delta M_f}{\Delta S}\boldsymbol{e}_v$$

ΔM_f：速度ベクトル $\boldsymbol{v}$ に垂直な微小面積 ΔS を通過する流束

$\boldsymbol{e}_v$：流れの方向の単位ベクトル

（5） 流束の内積による表現

$$\Delta M_f=\boldsymbol{f}\cdot\Delta\boldsymbol{S}=\rho\boldsymbol{v}\cdot\Delta\boldsymbol{S}$$

ρ：流体の密度，$\boldsymbol{v}$：流速ベクトル

（6） 密度連続の式

$$\frac{\partial\rho}{\partial t}+\nabla\cdot(\rho\boldsymbol{v})=0$$

（7） 熱伝導に関するフーリエの法則と熱伝導方程式

$\boldsymbol{h}=-\kappa\nabla T$　（κ：熱伝導率）

$\frac{\partial T}{\partial t}=\kappa'\nabla^2 T$　（κ'：熱拡散率）

（8） **クーロンの法則と電場，電位**

原点に置かれた点電荷 q_1 が，位置 $\boldsymbol{r}$ にある点電荷 q_2 に及ぼすクーロン力（クーロンの法則）

$$\boldsymbol{F}=\frac{1}{4\pi\varepsilon_0}\frac{q_1q_2}{r^2}\frac{\boldsymbol{r}}{r}=\frac{1}{4\pi\varepsilon_0}\frac{q_1q_2}{r^2}\boldsymbol{e}_r \quad (\varepsilon_0\text{：真空の誘電率})$$

原点に置かれた点電荷 q によってつくられる電場 $\boldsymbol{E}$ および電位 ϕ

$$\boldsymbol{E}=\frac{1}{4\pi\varepsilon_0}\frac{q}{r^2}\boldsymbol{e}_r, \qquad \phi=\frac{1}{4\pi\varepsilon_0}\frac{q}{r}$$

電場 $\boldsymbol{E}$ と電位 ϕ との関係

$$\boldsymbol{E}=-\nabla\phi$$

電場 $\boldsymbol{E}$ と電荷密度 ρ との関係

$$\nabla\cdot\boldsymbol{E}=\frac{\rho}{\varepsilon_0}$$

（9） **ローレンツ力**

$$\boldsymbol{F}=q\boldsymbol{E}+q(\boldsymbol{v}\times\boldsymbol{B})$$

（10） **アンペールの法則**

$$\nabla\times\boldsymbol{B}=\mu_0\boldsymbol{j}_e \quad (\mu_0\text{：真空の透磁率})$$

（11） **ファラデーの電磁誘導の法則**

$$\nabla\times\boldsymbol{E}=-\frac{\partial\boldsymbol{B}}{\partial t}$$

参　考　文　献

1）　安達忠次：ベクトルとテンソル，培風館（1957）

2）　阿部龍蔵：ベクトル解析入門，サイエンス社（2002）

3）　小出昭一郎：物理と微積分，共立出版（1981）

4）　小出昭一郎：量子力学（Ⅰ）（改訂版），裳華房（1990）

5）　小西栄一，深見哲造，遠藤静男：線形代数・ベクトル解析，培風館（1978）

6）　田島一郎，天野　滋：微分積分，培風館（1967）

7）　中野義映：プラズマ工学，コロナ社（1970）

8）　ジョージ・アルフケン，ハンス・ウェーバー（権平健一郎，神原武志，小山直人 訳）：ベクトルとテンソルと行列，講談社（1999）

9）　リチャード・ファインマン，ロバート・レイトン，マシュー・サンズ（坪井忠二 訳）：ファインマン物理学Ⅰ 力学，岩波書店（1967）

10）　リチャード・ファインマン，ロバート・レイトン，マシュー・サンズ（宮島龍興 訳）：ファインマン物理学Ⅲ 電磁気学，岩波書店（1969）

11）　Harry Lass：Vector and Tensor Analysis, McGRAW-HILL Book Company Inc.（1950）

問　の　略　解

問の詳しい解答をコロナ社ホームページ（http://www.coronasha.co.jp）の本書関連ページに掲載しています。

★1章

問1.2　$\boldsymbol{A}$ の方向の基本単位ベクトル。

問1.3　〈ヒント〉$\dfrac{\boldsymbol{r}}{r}$ を計算し，大きさ1であることを確かめる。

問1.4　〈ヒント〉問1.3参照。

問1.5　$\boldsymbol{A}=A\left(\dfrac{\boldsymbol{r}}{r}\right)=\dfrac{K}{r^2}\dfrac{\boldsymbol{r}}{r}$

問1.6　（1）　$\overrightarrow{\mathrm{PQ}}=\overrightarrow{\mathrm{OQ}}-\overrightarrow{\mathrm{OP}}=\boldsymbol{r}_2-\boldsymbol{r}_1$

（2）　$|\overrightarrow{\mathrm{PQ}}|=|\boldsymbol{r}_2-\boldsymbol{r}_1|=\sqrt{(x_2-x_1)^2+(y_2-y_1)^2+(z_2-z_1)^2}$

（3）　〈ヒント〉$\boldsymbol{A}=A\left(\dfrac{\boldsymbol{r}}{r}\right)=\dfrac{K}{r^2}\dfrac{\boldsymbol{r}}{r}$ に $\boldsymbol{r}=\boldsymbol{r}_2-\boldsymbol{r}_1$ を代入する。

$$\boldsymbol{A}=\frac{K}{|\boldsymbol{r}_2-\boldsymbol{r}_1|^2}\frac{\boldsymbol{r}_2-\boldsymbol{r}_1}{|\boldsymbol{r}_2-\boldsymbol{r}_1|}$$

問1.7　（1）　$\boldsymbol{A}\cdot\boldsymbol{B}=11$　　（2）　$\boldsymbol{A}\cdot\boldsymbol{B}=5$

問1.8　（1）　$\cos\theta=\dfrac{\sqrt{2}}{2}$　　（2）　$\cos\theta=\dfrac{1}{3}$

問1.9　〈ヒント〉$\boldsymbol{A}\cdot\boldsymbol{B}=0$ を示せばよい。

問1.10　〈ヒント〉交換法則　$A_xB_x+A_yB_y+A_zB_z=B_xA_x+B_yA_y+B_zA_z$

〈ヒント〉分配法則　$A_xB_x+A_xC_x+A_yB_y+A_yC_y+A_zB_z+A_zC_z$

$=(A_xB_x+A_yB_y+A_zB_z)+(A_xC_x+A_yC_y+A_zC_z)$

問1.11　$\Delta W=\boldsymbol{F}\cdot\Delta\boldsymbol{r}$

問1.12　（1）　$\boldsymbol{A}\cdot\dfrac{\boldsymbol{B}}{B}=\sqrt{2}$　　（2）　$\boldsymbol{A}\cdot\dfrac{\boldsymbol{B}}{B}=-2$

問1.13　ベクトル $\boldsymbol{A}$ を平行方向と垂直方向に分解して　$\boldsymbol{A}=\boldsymbol{A}_{\parallel}+\boldsymbol{A}_{\perp}$

したがって，$\boldsymbol{A}_{\perp}=\boldsymbol{A}-\boldsymbol{A}_{\parallel}=\boldsymbol{A}-(\boldsymbol{A}\cdot\boldsymbol{e}_B)\boldsymbol{e}_B$

問1.14　（1）　$\boldsymbol{F}$ を単位接線ベクトル $\boldsymbol{t}$ に投影する。$F_t=\boldsymbol{F}\cdot\boldsymbol{t}$

（2）　問1.13から $\boldsymbol{F}_n=\boldsymbol{F}-\boldsymbol{F}_t=\boldsymbol{F}-(\boldsymbol{F}\cdot\boldsymbol{t})\boldsymbol{t}$

問1.15　〈ヒント〉$\boldsymbol{F}$ を位置ベクトル $\boldsymbol{r}$ の方向に投影する。

問 1.16　$\boldsymbol{h}$ を $\boldsymbol{n}$ に投影する。$h_n=\boldsymbol{h}\cdot\boldsymbol{n}$

問 1.17　（1）$\boldsymbol{A}\times\boldsymbol{B}=(4,\ -22,\ -17)$　（2）$\boldsymbol{A}\times\boldsymbol{B}=(5,\ -19,\ -3)$

問 1.18　$\sin\theta=\dfrac{|\boldsymbol{A}\times\boldsymbol{B}|}{|\boldsymbol{A}||\boldsymbol{B}|}$ により計算する。

（1）$\boldsymbol{A}\times\boldsymbol{B}=(1,\ -1,\ 0)$, $\sin\theta=\dfrac{\sqrt{2}}{\sqrt{2}\cdot 1}=1$

（2）$\boldsymbol{A}\times\boldsymbol{B}=(-2,\ 2,\ 0)$, $\sin\theta=\dfrac{2\sqrt{2}}{\sqrt{2}\cdot\sqrt{3}}=\dfrac{2\sqrt{2}}{3}$

問 1.19　$\boldsymbol{A}\times\boldsymbol{B}=(4,\ -22,\ -17)$, $|\boldsymbol{A}\times\boldsymbol{B}|=\sqrt{789}$

$$\therefore\quad \boldsymbol{n}_1=\frac{\boldsymbol{A}\times\boldsymbol{B}}{|\boldsymbol{A}\times\boldsymbol{B}|}=\left(\frac{4}{\sqrt{789}},\ \frac{-22}{\sqrt{789}},\ \frac{-17}{\sqrt{789}}\right)$$

逆向きのベクトル $\boldsymbol{B}\times\boldsymbol{A}=-\boldsymbol{A}\times\boldsymbol{B}$ も考えて

$$\therefore\quad \boldsymbol{n}_2=-\boldsymbol{n}_1=\left(\frac{-4}{\sqrt{789}},\ \frac{22}{\sqrt{789}},\ \frac{17}{\sqrt{789}}\right)$$

問 1.20　（1）$\boldsymbol{A}\times\boldsymbol{B}=(-6,\ 0,\ -3)$,　面積：$|\boldsymbol{A}\times\boldsymbol{B}|=3\sqrt{5}$

（2）$\boldsymbol{n}=\dfrac{\boldsymbol{A}\times\boldsymbol{B}}{|\boldsymbol{A}\times\boldsymbol{B}|}=\left(-\dfrac{2}{\sqrt{5}},\ 0,\ -\dfrac{1}{\sqrt{5}}\right)$

問 1.21　$\boldsymbol{k}\times\boldsymbol{r}$

問 1.22　粒子の速度 $\boldsymbol{v}$ の大きさを v とする。v は，$v=$(円軌道の半径)×(単位時間当りの回転角)。ここで，(円軌道の半径)$=r\sin\alpha$。ただし，図 1.11 から α は粒子の位置ベクトル $\boldsymbol{r}$ と z 軸とのなす角。ゆえに，$v=r\omega\sin\alpha$。一方，$\boldsymbol{v}$ の方向は円軌道の接線方向。問 1.21 から接線方向の単位ベクトルは，$(\boldsymbol{k}\times\boldsymbol{r})/|\boldsymbol{k}\times\boldsymbol{r}|$。以上から

$$\boldsymbol{v}=v\frac{\boldsymbol{k}\times\boldsymbol{r}}{|\boldsymbol{k}\times\boldsymbol{r}|}=\frac{r\omega\sin\alpha(\boldsymbol{k}\times\boldsymbol{r})}{r\sin\alpha}=(\omega\boldsymbol{k})\times\boldsymbol{r}$$

問 1.23　角運動量，力のモーメント，ポインティングベクトルなど。

問 1.24
$$\begin{aligned}\boldsymbol{A}\times(\boldsymbol{B}+\boldsymbol{C})&=\begin{vmatrix}\boldsymbol{i} & \boldsymbol{j} & \boldsymbol{k}\\ A_x & A_y & A_z\\ B_x+C_x & B_y+C_y & B_z+C_z\end{vmatrix}\\&=\{(A_yB_z-A_zB_y)\boldsymbol{i}+(A_zB_x-A_xB_z)\boldsymbol{j}+(A_xB_y-A_yB_x)\boldsymbol{k}\}\\&\quad+\{(A_yC_z-A_zC_y)\boldsymbol{i}+(A_zC_x-A_xC_z)\boldsymbol{j}+(A_xC_y-A_yC_x)\boldsymbol{k}\}\\&=\boldsymbol{A}\times\boldsymbol{B}+\boldsymbol{A}\times\boldsymbol{C}\end{aligned}$$

問 1.25　（2）$\boldsymbol{A}\times\boldsymbol{B}=(-6,\ 0,\ -3)$, $|\boldsymbol{A}\times\boldsymbol{B}|=26$

（3）高さ：$h=\boldsymbol{C}\cdot\dfrac{\boldsymbol{A}\times\boldsymbol{B}}{|\boldsymbol{A}\times\boldsymbol{B}|}=5$　（4）体積：$V=130$

（5）$(\boldsymbol{A}\times\boldsymbol{B})\cdot\boldsymbol{C}=130$

問 1.26 (1) $\boldsymbol{P}=\boldsymbol{B}\times\boldsymbol{C}=(B_yC_z-B_zC_y,\ B_zC_x-B_xC_z,\ B_xC_y-B_yC_x)$

(2) $\boldsymbol{Q}=\boldsymbol{A}\times\boldsymbol{P}$

$$
\begin{aligned}
&=(A_yB_xC_y-A_yB_yC_x-A_zB_zC_x+A_zB_xC_z)\,\boldsymbol{i}\\
&\quad+(A_zB_yC_z-A_zB_zC_y-A_xB_xC_y+A_xB_yC_x)\,\boldsymbol{j}\\
&\quad+(A_xB_zC_x-A_xB_xC_z-A_yB_yC_z+A_yB_zC_y)\,\boldsymbol{k}
\end{aligned}
$$

(3)
$$
\begin{aligned}
&\boldsymbol{Q}+\{(A_xB_xC_x-A_xB_xC_x)\,\boldsymbol{i}+(A_yB_yC_y-A_yB_yC_y)\,\boldsymbol{j}\\
&\quad+(A_zB_zC_z-A_zB_zC_z)\,\boldsymbol{k}\}\\
&=\{(A_xB_xC_x+A_yB_xC_y+A_zB_xC_z)\\
&\qquad-(A_xB_xC_x+A_yB_yC_x+A_zB_zC_x)\}\,\boldsymbol{i}\\
&\quad+\{(A_yB_yC_y+A_zB_yC_z+A_xB_yC_x)\\
&\qquad-(A_yB_yC_y+A_zB_zC_y+A_xB_xC_y)\}\,\boldsymbol{j}\\
&\quad+\{(A_zB_zC_z+A_xB_zC_x+A_yB_zC_y)\\
&\qquad-(A_zB_zC_z+A_xB_xC_z+A_yB_yC_z)\}\,\boldsymbol{k}
\end{aligned}
$$

(4)
$$
\begin{aligned}
\boldsymbol{Q}&=(\boldsymbol{A}\cdot\boldsymbol{C})\,B_x\boldsymbol{i}-(\boldsymbol{A}\cdot\boldsymbol{B})\,C_x\boldsymbol{i}+(\boldsymbol{A}\cdot\boldsymbol{C})\,B_y\boldsymbol{j}-(\boldsymbol{A}\cdot\boldsymbol{B})\,C_y\boldsymbol{j}\\
&\quad+(\boldsymbol{A}\cdot\boldsymbol{C})\,B_z\boldsymbol{k}-(\boldsymbol{A}\cdot\boldsymbol{B})\,C_z\boldsymbol{k}\\
&=(\boldsymbol{A}\cdot\boldsymbol{C})\,\boldsymbol{B}-(\boldsymbol{A}\cdot\boldsymbol{B})\,\boldsymbol{C}
\end{aligned}
$$

★2章

問 2.1 (1) 3 m/s　(3) t　(4) t となることを確認する。

(5) 瞬間の速さ：2 m/s，4 m/s

問 2.2 (1) 〈ヒント〉図 2.3

(2) 〈ヒント〉式 (2.6) を用いる。$f(\theta)$ の微分係数を求め，$t=0$，$\Delta t=\theta$ を代入する。

問 2.3 (1) $\dfrac{d\boldsymbol{A}}{dt}=2t\boldsymbol{i}+a\omega\cos\omega t\boldsymbol{j}$，$\dfrac{d\boldsymbol{B}}{dt}=\boldsymbol{i}-b\exp(-t)\,\boldsymbol{j}-\omega\sin\omega t\boldsymbol{k}$，

$$\frac{d\boldsymbol{A}}{dt}+\frac{d\boldsymbol{B}}{dt}=(2t+1)\,\boldsymbol{i}+\{a\omega\cos\omega t-b\exp(-t)\}\boldsymbol{j}-\omega\sin\omega t\boldsymbol{k}$$

$$\left|\frac{d\boldsymbol{A}}{dt}\right|=\sqrt{4t^2+a^2\omega^2\cos^2\omega t},\quad \left|\frac{d\boldsymbol{B}}{dt}\right|=\sqrt{1+b^2\exp(-2t)+\omega^2\cos^2\omega t}$$

(2) $\boldsymbol{C}=(t^2+t)\,\boldsymbol{i}+\{a\sin\omega t+b\exp(-t)\}\boldsymbol{j}+\cos\omega t\boldsymbol{k}$

$$\frac{d\boldsymbol{C}}{dt}=(2t+1)\,\boldsymbol{i}+\{a\omega\cos\omega t-b\exp(-t)\}\boldsymbol{j}-\omega\sin\omega t\boldsymbol{k}$$

$$\therefore\frac{d\boldsymbol{C}}{dt}=\frac{d\boldsymbol{A}}{dt}+\frac{d\boldsymbol{B}}{dt}$$

(3) $\dfrac{d\boldsymbol{A}}{dt}=2\boldsymbol{i}-2\pi\boldsymbol{j}$，$\dfrac{d\boldsymbol{B}}{dt}=\boldsymbol{i}$

問 2.4　（1）　$\dfrac{d\boldsymbol{r}}{dt}$ を計算する。

（2）　〈ヒント〉 $\boldsymbol{r}\cdot\boldsymbol{u}=0\rightarrow\boldsymbol{r}\perp\boldsymbol{u}$ を示す。図 2.8 参照。

（3）　$\boldsymbol{a}=\dfrac{d\boldsymbol{u}}{dt}=r\omega\dfrac{d}{dt}\{-\sin\theta\boldsymbol{i}+\cos\theta\boldsymbol{j}\}=r\omega\dfrac{d\theta}{dt}\dfrac{d\{-\sin\theta\boldsymbol{i}+\cos\theta\boldsymbol{j}\}}{d\theta}$ を計算する。

問 2.5　（1）　$\boldsymbol{u}=v\boldsymbol{i}+gt\boldsymbol{i}$　　（2）　$\boldsymbol{a}=g\boldsymbol{j}$　　（3）　$u\approx 9.9,\ a=g=9.8$

（4）　〈ヒント〉 与式より t を消去する。

問 2.6　$\dfrac{d(f\boldsymbol{A})}{dt}=e^{-at}\{-a(\sin\omega t\boldsymbol{i}+\cos\omega t\boldsymbol{j})+\omega(\cos\omega t\boldsymbol{i}-\sin\omega t\boldsymbol{j})\}$

問 2.7　（3）　$\dfrac{d\boldsymbol{e}_r}{dt}=\dfrac{d\theta}{dt}\dfrac{d\boldsymbol{e}_r}{d\theta}$　　（4）　〈ヒント〉 $\boldsymbol{e}_\theta$ と $\boldsymbol{e}_r$ の内積を考える。

（6）　〈ヒント〉 一定半径であるから $\dfrac{dr}{dt}=0$ である。

問 2.8　（2）　〈ヒント〉 式 (2.42) を（1）の右辺に代入する。

（3）　$\dfrac{d\boldsymbol{e}_\theta}{dt}=\dfrac{d\theta}{dt}\dfrac{d}{d\theta}(-\sin\theta\boldsymbol{i}+\cos\theta\boldsymbol{j})=\dfrac{d\theta}{dt}(-\cos\theta\boldsymbol{i}-\sin\theta\boldsymbol{j})$

（4）　〈ヒント〉 $\dfrac{d}{dt}\left(r^2\dfrac{d\theta}{dt}\right)=2r\dfrac{dr}{dt}\dfrac{d\theta}{dt}+r^2\dfrac{d^2\theta}{dt^2}$

（6）　〈ヒント〉（5）より $\left(r^2\dfrac{d\theta}{dt}\right)=\text{const.}$，一定半径を考慮し，式 (2.47) に適用する。

問 2.9　（1）　$\boldsymbol{A}(t)\cdot\boldsymbol{B}(t)=t\exp(-t)+\dfrac{1}{3}t^5,$

$$\frac{d(\boldsymbol{A}(t)\boldsymbol{B}(t))}{dt}=(1-t)\exp(-t)+\frac{5}{3}t^4$$

（2）　$\dfrac{d\boldsymbol{A}(t)}{dt}=-\exp(-t)\boldsymbol{i}+2t\boldsymbol{j},\ \dfrac{d\boldsymbol{B}(t)}{dt}=\boldsymbol{i}+t^2\boldsymbol{j},$

$$\frac{d\boldsymbol{A}(t)}{dt}\cdot\boldsymbol{B}(t)+\boldsymbol{A}(t)\cdot\frac{d\boldsymbol{B}(t)}{dt}=\left\{-t\exp(-t)+\frac{2}{3}t^4\right\}+\{\exp(-t)+t^4\}$$

問 2.10　〈ヒント〉 式 (2.51) において，$\boldsymbol{A}=\boldsymbol{u},\ \boldsymbol{B}=\boldsymbol{u},\ u^2=\text{const.}$ とする。$\boldsymbol{F}\cdot\boldsymbol{u}=0$ を確かめる。

問 2.11　〈ヒント〉 $\boldsymbol{F}\cdot\boldsymbol{u}=m\dfrac{d\boldsymbol{u}}{dt}\cdot\boldsymbol{u}=\dfrac{1}{2}m\dfrac{d\boldsymbol{u}}{dt}\cdot\boldsymbol{u}+\dfrac{1}{2}m\dfrac{d\boldsymbol{u}}{dt}\cdot\boldsymbol{u}$ とし，式 (2.51) を適用する。$\boldsymbol{F}\perp\boldsymbol{u}\rightarrow\boldsymbol{F}\cdot\boldsymbol{u}=0$ から考える。

問 2.12　(1)　$\boldsymbol{A}(t)\times\boldsymbol{B}(t)=\left(-\frac{1}{2}t^2\cos t\right)\boldsymbol{i}+\left(\frac{1}{2}t^2\sin t-t\exp(t)\right)\boldsymbol{j}+t\cos t\boldsymbol{k}$,

$$\frac{d\boldsymbol{C}(t)}{dt}=\left(-t\cos t+\frac{1}{2}t^2\sin t\right)\boldsymbol{i}+\left(t\sin t+\frac{1}{2}t^2\cos t-\exp(t)-t\exp(t)\right)\boldsymbol{j}+(\cos t-t\sin t)\boldsymbol{k}$$

(2)　$\frac{d\boldsymbol{A}(t)}{dt}=\boldsymbol{i}+t\boldsymbol{k}$,　$\frac{d\boldsymbol{B}(t)}{dt}=\cos t\boldsymbol{i}-\sin t\boldsymbol{j}+\exp(t)\boldsymbol{k}$,

$$\frac{d\boldsymbol{A}(t)}{dt}\times\boldsymbol{B}(t)+\boldsymbol{A}(t)\times\frac{d\boldsymbol{B}(t)}{dt}=(-t\cos t)\boldsymbol{i}+\{t\sin t-\exp(t)\}\boldsymbol{j}+(\cos t)\boldsymbol{k}+\left(\frac{1}{2}t^2\sin t\right)\boldsymbol{i}+\left\{\frac{1}{2}t^2\cos t-t\exp(t)\right\}\boldsymbol{j}+(-t\sin t)\boldsymbol{k}$$

問 2.13　$$\frac{d}{dt}[\boldsymbol{A}\times(\boldsymbol{B}\times\boldsymbol{C})]=\frac{d\boldsymbol{A}}{dt}\times(\boldsymbol{B}\times\boldsymbol{C})+\boldsymbol{A}\times\frac{d(\boldsymbol{B}\times\boldsymbol{C})}{dt}=\frac{d\boldsymbol{A}}{dt}\times(\boldsymbol{B}\times\boldsymbol{C})+\boldsymbol{A}\times\left\{\frac{d\boldsymbol{B}}{dt}\times\boldsymbol{C}+\boldsymbol{B}\times\frac{d\boldsymbol{C}}{dt}\right\}$$

問 2.14　(1)　$\frac{d\boldsymbol{L}}{dt}=\frac{d(\boldsymbol{r}\times\boldsymbol{p})}{dt}=\frac{d\boldsymbol{r}}{dt}\times m\boldsymbol{u}+\boldsymbol{r}\times m\frac{d\boldsymbol{u}}{dt}=\boldsymbol{u}\times m\boldsymbol{u}+\boldsymbol{r}\times m\frac{d\boldsymbol{u}}{dt}$

(2)　〈ヒント〉 $\boldsymbol{r}/\!/\boldsymbol{F}$ のとき $\boldsymbol{N}=0$。

(3)　〈ヒント〉中心力と（2）で導いた式を考える。$\boldsymbol{u}=r\omega\boldsymbol{e}_u$, $\boldsymbol{r}=r\boldsymbol{e}_r$ とすると $\boldsymbol{k}=\boldsymbol{e}_r\times\boldsymbol{e}_u$ である。

★3章

問 3.3　$\varphi=0$：$x^2+y^2=16$,　$\varphi=7$：$x^2+y^2=9$,　$\varphi=12$：$x^2+y^2=4$

問 3.6　(1)　$W_f=50$ W　　(2)　$h=20$ W/m^2

問 3.7　(1)　$\Delta S=\pi a^2$,　$\boldsymbol{n}=(1)\boldsymbol{i}+(0)\boldsymbol{j}+(0)\boldsymbol{k}$

(2)　$\Delta S=\frac{3}{2}$,　$\boldsymbol{n}=\left(\frac{2}{3}\right)\boldsymbol{i}+\left(\frac{1}{3}\right)\boldsymbol{j}+\left(\frac{2}{3}\right)\boldsymbol{k}$

問 3.8　(1)　$\Delta\boldsymbol{S}_1=+\Delta x\Delta y\boldsymbol{k}$,　$\Delta\boldsymbol{S}_2=-\Delta x\Delta y\boldsymbol{k}$,　$\Delta\boldsymbol{S}_3=+\Delta z\Delta x\boldsymbol{j}$,　$\Delta\boldsymbol{S}_4=-\Delta z\Delta x\boldsymbol{j}$,　$\Delta\boldsymbol{S}_5=+\Delta y\Delta z\boldsymbol{i}$,　$\Delta\boldsymbol{S}_6=-\Delta y\Delta z\boldsymbol{i}$

(2)　$\Delta W_f{}^1=2$,　$\Delta W_f{}^2=-5$,　$\Delta W_f{}^3=-10$,　$\Delta W_f{}^4=10$,　$\Delta W_f{}^5=10$,　$\Delta W_f{}^6=-20$

(3)　$\Delta W_f=-13$　　(4)　$\Delta W_f=-13<0$ より，エネルギーは流入しているので増える。

問3.9　（1）$\dfrac{\Delta Q}{\Delta t}=-\Delta W+\left(\dfrac{\Delta Q}{\Delta t}\right)_{cell}$

（2）$\Delta W_f{}^{TOP}=\boldsymbol{h}_T\cdot\Delta\boldsymbol{S}^{TOP}=-10\pi a_1{}^2$,

$\Delta W_f{}^{BOTTOM}=\boldsymbol{h}_T\cdot\Delta\boldsymbol{S}^{BOTTOM}=10\pi(a_1{}^2-a_2{}^2)$

（3）$\left(\dfrac{\Delta Q}{\Delta t}\right)_{cell}=-10\pi a_2{}^2$

問3.10　（1）$\boldsymbol{n}=\sin\alpha\boldsymbol{i}+0\boldsymbol{j}+\cos\alpha\boldsymbol{k}$　（2）$W_e=\eta S(-h_x\sin\alpha+h_z\cos\alpha)$

（3）$W_e=\eta W_f=5\sqrt{3}$

問3.11　（1）$h=\dfrac{W_f}{4\pi r^2}$　（2）$\boldsymbol{h}=\dfrac{W_f}{4\pi r^2}\dfrac{\boldsymbol{r}}{r}$

問3.12　$f_x=\dfrac{\Delta M_x}{\Delta t}=\dfrac{\rho\{(v_x\Delta t)(\Delta y\Delta z)\}}{\Delta t}=\rho v_x\Delta y\Delta z$

問3.13　面積ベクトルが外向きの場合：$\dfrac{\Delta M}{\Delta t}=\sum_{i=1}^{6}(-\rho\boldsymbol{v}_i\cdot\Delta\boldsymbol{S}_i)$

面積ベクトルが内向きの場合：$\dfrac{\Delta M}{\Delta t}=\sum_{i=1}^{6}(+\rho\boldsymbol{v}_i\cdot\Delta\boldsymbol{S}_i)$

問3.14　〈ヒント〉$\dfrac{\Delta M}{\Delta t}=\sum_i\boldsymbol{f}_i\cdot\Delta\boldsymbol{S}_i+\left(\dfrac{\Delta M}{\Delta t}\right)_{source}$をもとに考える。

問3.15　（2）〈ヒント〉速度ベクトルを円柱座標で表すと $\boldsymbol{v}=\dfrac{K}{r}\boldsymbol{e}_r$ である。もしくは，速度ベクトル自身の内積をとることにより求めてもよい。

（3）〈ヒント〉（2）を参考にする。

（4）〈ヒント〉$\rho\boldsymbol{v}\cdot\boldsymbol{S}=2\pi\rho K$ を示す。　（5）$M_f=\dfrac{2\pi\rho KL}{L}=2\pi\rho K$

問3.16　（1）$\dfrac{\boldsymbol{r}}{r}$ より明らか。　（2）$|v|^2=\boldsymbol{v}\cdot\boldsymbol{v}$ を計算する。

（3）$\int_A\boldsymbol{f}\cdot d\boldsymbol{S}=4\pi\rho K$ を示す。　（4）$M_f=4\pi\rho K$

★4章

問4.1　（1）$\dfrac{\partial f}{\partial x}=10xy^3+10y$，$\dfrac{\partial f}{\partial y}=15x^2y^2+10x+8y^3$

（2）$\dfrac{\partial f}{\partial x}=6x(x^2+y^2)^2$，$\dfrac{\partial f}{\partial y}=6y(x^2+y^2)^2$

（3）$\dfrac{\partial f}{\partial x}=-\dfrac{\log y}{x(\log x)^2}$，$\dfrac{\partial f}{\partial y}=\dfrac{1}{y\log x}$

（4）$\dfrac{\partial f}{\partial x}=\sin 2x\cos 2y$，$\dfrac{\partial f}{\partial y}=-2\sin^2 x\sin 2y$

（5）$\dfrac{\partial f}{\partial x}=\dfrac{y^3-x^2y}{(x^2+y^2)^2}$, $\dfrac{\partial f}{\partial y}=\dfrac{x^3-xy^2}{(x^2+y^2)^2}$

問 4.2 （1）$\dfrac{\partial r}{\partial x}=\dfrac{x}{r}$, $\dfrac{\partial r}{\partial y}=\dfrac{y}{r}$ （2）$\dfrac{\partial f}{\partial x}=\dfrac{x}{x^2+y^2}$, $\dfrac{\partial f}{\partial y}=\dfrac{y}{x^2+y^2}$

（3）$\dfrac{\partial^2 f}{\partial x^2}=\dfrac{y^2-x^2}{(x^2+y^2)^2}$, $\dfrac{\partial^2 f}{\partial y^2}=\dfrac{x^2-y^2}{(x^2+y^2)^2}$

（4）〈ヒント〉（3）を利用する。

問 4.3 （1）$\dfrac{\partial X}{\partial x}=k$, $\dfrac{\partial X}{\partial t}=-\omega$

（2）$\dfrac{\partial u}{\partial x}=\dfrac{\partial X}{\partial x}\dfrac{\partial u}{\partial X}=kA\cos X$, $\dfrac{\partial u}{\partial t}=\dfrac{\partial X}{\partial t}\dfrac{\partial u}{\partial X}=-\omega A\cos X$,

$\dfrac{\partial^2 u}{\partial x^2}=-k^2u$, $\dfrac{\partial^2 u}{\partial t^2}=-\omega^2 u$

（3）〈ヒント〉（2）より，$V^2\dfrac{\partial^2 u}{\partial x^2}=-\omega^2 u$ $\therefore V^2\dfrac{\partial^2 u}{\partial x^2}=\dfrac{\partial^2 u}{\partial t^2}$

問 4.4 $\Delta V=2\pi rh\Delta r+\pi r^2\Delta h$

問 4.5 （1）〈ヒント〉$\Delta V=V(a+\Delta a, b+\Delta b, c+\Delta c)-V(a,b,c)$ を計算する。

（2）〈ヒント〉$\dfrac{\partial V}{\partial a}=bc$, $\dfrac{\partial V}{\partial b}=ca$, $\dfrac{\partial V}{\partial c}=ab$ を（1）に適用する。

問 4.6 （1）$\nabla\varphi(x,y)=2x\boldsymbol{i}-\boldsymbol{j}$, $|\nabla\varphi|=\sqrt{4x^2+1}$, $\boldsymbol{e}_\varphi=-\boldsymbol{j}$

（2）$\nabla\varphi(x,y)=\dfrac{2x}{a^2}\boldsymbol{i}+\dfrac{2y}{b^2}\boldsymbol{j}$, $|\nabla\varphi|=2\sqrt{\dfrac{x^2}{a^4}+\dfrac{y^2}{b^4}}$, $\boldsymbol{e}_\varphi=\boldsymbol{i}$

（3）$\nabla\varphi(x,y)=2x\boldsymbol{i}-2y\boldsymbol{j}$, $|\nabla\varphi|=2\sqrt{x^2+y^2}$, $\boldsymbol{e}_\varphi=\boldsymbol{i}$

問 4.7 （1）$T=3T_0$, $|\nabla T|=\dfrac{4T_0}{a}$, $-\boldsymbol{i}$ 方向 （2）点Qに変位したときのほうが $2T_0$ だけ大きい温度差を感じる。 （3）$\boldsymbol{e}_T=-\dfrac{1}{\sqrt{2}}(\boldsymbol{i}+\boldsymbol{j})$

問 4.8 （1）$|\boldsymbol{h}|=1.6$, $\boldsymbol{i}$ 方向 （2）$|\boldsymbol{h}|=1.6\sqrt{2}$,（$\boldsymbol{i}-\boldsymbol{j}$）方向

〈ヒント〉点光源から離れた点でのエネルギー流束密度は，$\boldsymbol{h}=\dfrac{W_f}{4\pi r^2}\dfrac{\boldsymbol{r}}{r}$ より $|\boldsymbol{h}|=\dfrac{100}{4\pi}$ として計算する。

問 4.9 （1）〈ヒント〉中心が原点，半径 $\sqrt{2}$ の円。 （2）$\nabla\varphi=-2x\boldsymbol{i}-2y\boldsymbol{j}$

（3）例：$(x,y)=(\sqrt{2},0)$ では，$\nabla\varphi=-2\sqrt{2}\,\boldsymbol{i}$

$\therefore -\boldsymbol{i}$ 方向，$|\nabla\varphi|=2\sqrt{2}$ 他の点も同様。

（4）〈ヒント〉各点で勾配ベクトルは原点の方向を向く。

問 4.11 $\nabla\varphi=2(x+y)\boldsymbol{i}+2(x+y)\boldsymbol{j}+2z\boldsymbol{k}$, $|\nabla\varphi|_{(x,y,z)=(1,1,1)}=4$

問 4.12　$\dfrac{1}{\sqrt{2}}(\boldsymbol{j}+\boldsymbol{k})$

問 4.13　$\nabla r=\dfrac{x}{r}\boldsymbol{i}+\dfrac{y}{r}\boldsymbol{j}+\dfrac{z}{r}\boldsymbol{k}$

問 4.14　〈ヒント〉 $\dfrac{\partial}{\partial x}\dfrac{1}{r}=\dfrac{\partial r}{\partial x}\dfrac{\partial}{\partial r}\left(\dfrac{1}{r}\right)=-\dfrac{1}{r^2}\dfrac{\partial r}{\partial x}$　問 4.13 より $\dfrac{\partial r}{\partial x}=\dfrac{x}{r}$

$\therefore\quad \dfrac{\partial}{\partial x}\left(\dfrac{1}{r}\right)=-\dfrac{x}{r^3}$

問 4.15　$\boldsymbol{F}=-mg\boldsymbol{k}$

問 4.16　(1)，(2)　問 4.14 より $\boldsymbol{E}=-\dfrac{K}{r^2}\left(\dfrac{\boldsymbol{r}}{r}\right)$　方向 $\dfrac{\boldsymbol{r}}{r}$，大きさ $E=\dfrac{K}{r^2}$

問 4.17　$\nabla\varphi=a_x\dfrac{\partial x}{\partial x}\boldsymbol{i}+a_y\dfrac{\partial y}{\partial y}\boldsymbol{j}+a_z\dfrac{\partial z}{\partial z}\boldsymbol{k}$ を得る。

問 4.18　(1)　$|\boldsymbol{a}|=d$，$\boldsymbol{k}$ 方向　(2)　$\nabla(\boldsymbol{a}\cdot\boldsymbol{r})=d\boldsymbol{k}$　(3)　$\nabla\varphi=\dfrac{Kd}{r^3}\boldsymbol{k}$

問 4.19　(1)　$\nabla\cdot\boldsymbol{A}=6$　(2)　$\nabla\cdot\boldsymbol{A}=0$　(3)　$\nabla\cdot\boldsymbol{A}=-\dfrac{a}{\lambda}-2c$

問 4.20　$\nabla\cdot\boldsymbol{r}=\dfrac{\partial x}{\partial x}+\dfrac{\partial y}{\partial y}+\dfrac{\partial z}{\partial z}=3$

問 4.21　(1)　例えば，電場ベクトル $\boldsymbol{E}=\dfrac{K}{r^2}\left(\dfrac{\boldsymbol{r}}{r}\right)$ など。

(2)　〈ヒント〉 $\dfrac{\partial}{\partial x}\left(\dfrac{x}{r^3}\right)=\dfrac{r^2-3x^2}{r^5}$，$y$，$z$ についても同様に考える。

$\therefore\quad \nabla\cdot\left(\dfrac{\boldsymbol{r}}{r^3}\right)=\dfrac{3r^2-3(x^2+y^2+z^2)}{r^5}=0$

問 4.22　$\nabla\cdot\boldsymbol{E}=K\nabla\cdot\left(\dfrac{\boldsymbol{r}}{r^3}\right)=0$

問 4.23　(1)　〈ヒント〉式 (4.48) の導出参照。

(2)　〈ヒント〉式 (4.51) の導出参照。

(3)　〈ヒント〉式 (4.51)，式 (4.53)，式 (4.55) の両辺の和を各々計算すると

$$\Delta W_f=\Delta W_f^{\,1}+\Delta W_f^{\,2}+\cdots+\Delta W_f^{\,6}=\left(\frac{\partial h_x}{\partial x}+\frac{\partial h_y}{\partial y}+\frac{\partial h_z}{\partial z}\right)\Delta V$$

$\Delta W_f^j=\boldsymbol{h}_j\cdot\Delta\boldsymbol{S}_j$ より $\sum_{j=1}^{6}\boldsymbol{h}_j\cdot\Delta\boldsymbol{S}_j$

問 4.24　この点においてエネルギーの生成・消滅がある。

問 4.25　(1)　$\rho\boldsymbol{v}$　(2)　〈ヒント〉式 (4.58) の導出参照。

(3)　式 (4.60) と同様の考え方から $\dfrac{\Delta M}{\Delta t}=-\Delta M_f$　一方

$\Delta M_f = -(\nabla \cdot \boldsymbol{f})\Delta V$　（4）　$M = \rho \Delta V$

（5）〈ヒント〉（4）を（3）の式に代入する。

（6）$\dfrac{\partial \rho}{\partial t} + \nabla \cdot (\rho \boldsymbol{v}) = S_M$

問 4.26　〈ヒント〉問 4.25（6）より定常 $\dfrac{\partial \rho}{\partial t} = 0$ でかつ $\nabla \cdot (\rho \boldsymbol{v}) = 0$ を考える。

問 4.27　$\nabla \cdot (\varphi \boldsymbol{v}) = \dfrac{\partial}{\partial x}(\varphi v_x) + \dfrac{\partial}{\partial y}(\varphi v_y) + \dfrac{\partial}{\partial z}(\varphi v_z)$

問 4.28　$\nabla \cdot (\varphi \boldsymbol{v}) = \left(\boldsymbol{i}\dfrac{\partial}{\partial x} + \boldsymbol{j}\dfrac{\partial}{\partial y} + \boldsymbol{k}\dfrac{\partial}{\partial z}\right) \cdot \left(\dfrac{\partial \varphi}{\partial x}\boldsymbol{i} + \dfrac{\partial \varphi}{\partial y}\boldsymbol{j} + \dfrac{\partial \varphi}{\partial z}\boldsymbol{k}\right)$

問 4.29　$\nabla^2\left(\dfrac{1}{r}\right) = \nabla \cdot \nabla\left(\dfrac{1}{r}\right) = 0$

問 4.30　（1）〈ヒント〉熱流について連続の式を適用する

$$\frac{\partial q}{\partial t} + \nabla \cdot \boldsymbol{h} = 0 \rightarrow \frac{\partial q}{\partial t} - \kappa \nabla^2 T = 0$$

（2）〈ヒント〉$\dfrac{\partial (\rho C T)}{\partial t} = \kappa \nabla^2 T \rightarrow \dfrac{\partial T}{\partial t} = \dfrac{\kappa}{C\rho}\nabla^2 T$

問 4.31　（2）〈ヒント〉$W_f = \boldsymbol{h} \cdot \Delta \boldsymbol{S}$ を用いる。　（5）〈ヒント〉式（4.49），式（4.50）参照。　（11）〈ヒント〉式（4.57）参照。

問 4.32　（1）〈ヒント〉$\nabla \times \boldsymbol{A} = \left(\boldsymbol{i}\dfrac{\partial}{\partial x} + \boldsymbol{j}\dfrac{\partial}{\partial y} + \boldsymbol{k}\dfrac{\partial}{\partial z}\right) \times (A_x\boldsymbol{i} + A_y\boldsymbol{j} + A_z\boldsymbol{k})$ を計算する。

（2）〈ヒント〉$\nabla \times \boldsymbol{A} = \begin{vmatrix} \boldsymbol{i} & \boldsymbol{j} & \boldsymbol{k} \\ \dfrac{\partial}{\partial x} & \dfrac{\partial}{\partial y} & \dfrac{\partial}{\partial z} \\ A_x & A_y & A_z \end{vmatrix}$ を計算する。

問 4.33　（1）$\nabla \times \boldsymbol{A} = \boldsymbol{0}$ なので $|\nabla \times \boldsymbol{A}| = 0$　（2）$|\nabla \times \boldsymbol{A}| = 2(b-a)$，$\boldsymbol{k}$

問 4.34

$$\nabla \times \boldsymbol{r} = \begin{vmatrix} \boldsymbol{i} & \boldsymbol{j} & \boldsymbol{k} \\ \dfrac{\partial}{\partial x} & \dfrac{\partial}{\partial y} & \dfrac{\partial}{\partial z} \\ x & y & z \end{vmatrix} \text{ を計算する。}$$

問 4.35　（1）〈ヒント〉（a）左回転の同心円状　（b）放射状

（2）（a）$\nabla \times \boldsymbol{v} = 2\omega \boldsymbol{k}$　（b）$\nabla \times \boldsymbol{v} = \boldsymbol{0}$

（a）の場合は，回転のある場である。（b）の場合，速度ベクトルは空間の各点で位置ベクトルの方向を向いている。この場合発散はゼロにならないが，回転はゼロベクトルとなる。

問 4.36 （1） $|\boldsymbol{v}|=|\boldsymbol{\omega}\times\boldsymbol{r}|=\omega r\sin\alpha$

（2） $\boldsymbol{v}=(\omega_y z-\omega_z y)\,\boldsymbol{i}+(\omega_z x-\omega_x z)\,\boldsymbol{j}+(\omega_x y-\omega_y x)\,\boldsymbol{k}$

（3） $\nabla\times\boldsymbol{v}=2(\omega_x\boldsymbol{i}+\omega_y\boldsymbol{j}+\omega_z\boldsymbol{k})$

（4） 〈ヒント〉 $\omega=\omega_x\boldsymbol{i}+\omega_y\boldsymbol{j}+\omega_z\boldsymbol{k}$ であることを利用。

問 4.38

$$\nabla\times(\varphi\boldsymbol{A})=\begin{vmatrix}\boldsymbol{i} & \boldsymbol{j} & \boldsymbol{k}\\ \dfrac{\partial}{\partial x} & \dfrac{\partial}{\partial y} & \dfrac{\partial}{\partial z}\\ \varphi A_x & \varphi A_y & \varphi A_z\end{vmatrix}$$

$$=\varphi(\nabla\times\boldsymbol{A})+\frac{\partial\varphi}{\partial x}\boldsymbol{i}\times(A_x\boldsymbol{i}+A_y\boldsymbol{j}+A_z\boldsymbol{k})$$

$$+\frac{\partial\varphi}{\partial y}\boldsymbol{j}\times(A_x\boldsymbol{i}+A_y\boldsymbol{j}+A_z\boldsymbol{k})+\frac{\partial\varphi}{\partial z}\boldsymbol{k}\times(A_x\boldsymbol{i}+A_y\boldsymbol{j}+A_z\boldsymbol{k})$$

問 4.39 （1） 0　　（2） 0　　（3） 0

問 4.40 （1） $\nabla\times(\nabla\times\boldsymbol{A})=\nabla(\nabla\cdot\boldsymbol{A})-(\nabla\cdot\nabla)\,\boldsymbol{A}$

（2） 〈ヒント〉 x 成分だけを示すと

$$\nabla\times(\nabla\times\boldsymbol{A})=\begin{vmatrix}\boldsymbol{i} & \boldsymbol{j} & \boldsymbol{k}\\ \dfrac{\partial}{\partial x} & \dfrac{\partial}{\partial y} & \dfrac{\partial}{\partial z}\\ \dfrac{\partial A_z}{\partial y}-\dfrac{\partial A_y}{\partial z} & \dfrac{\partial A_x}{\partial z}-\dfrac{\partial A_z}{\partial x} & \dfrac{\partial A_y}{\partial x}-\dfrac{\partial A_x}{\partial y}\end{vmatrix}$$

$$(x\text{ 成分})=\frac{\partial}{\partial x}\left(\frac{\partial A_x}{\partial x}+\frac{\partial A_y}{\partial y}+\frac{\partial A_z}{\partial z}\right)-\left(\frac{\partial^2 A_x}{\partial x^2}+\frac{\partial^2 A_x}{\partial y^2}+\frac{\partial^2 A_x}{\partial z^2}\right)$$

$$=\{\nabla(\nabla\cdot\boldsymbol{A})\}_x-\{\nabla^2\boldsymbol{A}\}_x$$

問 4.41 x 成分の計算を示す。

$$(\boldsymbol{B}\cdot\nabla)\,\boldsymbol{A}-(\boldsymbol{A}\cdot\nabla)\,\boldsymbol{B}+\boldsymbol{A}(\nabla\cdot\boldsymbol{B})-\boldsymbol{B}(\nabla\cdot\boldsymbol{A})$$

$$=(\boldsymbol{B}\cdot\nabla)(A_x\boldsymbol{i}+A_y\boldsymbol{j}+A_z\boldsymbol{k})-(\boldsymbol{A}\cdot\nabla)(B_x\boldsymbol{i}+B_y\boldsymbol{j}+B_z\boldsymbol{k})$$

$$+(\nabla\cdot\boldsymbol{B})(A_x\boldsymbol{i}+A_y\boldsymbol{j}+A_z\boldsymbol{k})-(\nabla\cdot\boldsymbol{A})(B_x\boldsymbol{i}+B_y\boldsymbol{j}+B_z\boldsymbol{k})$$

この x 成分は

$$(\boldsymbol{B}\cdot\nabla)\,A_x-(\boldsymbol{A}\cdot\nabla)\,B_x+(\nabla\cdot\boldsymbol{B})\,A_x-(\nabla\cdot\boldsymbol{A})\,B_x$$

$$=\left(B_y\frac{\partial A_x}{\partial y}+B_z\frac{\partial A_x}{\partial z}\right)-\left(A_y\frac{\partial B_x}{\partial y}+A_z\frac{\partial B_x}{\partial z}\right)+A_x\left(\frac{\partial B_y}{\partial y}+\frac{\partial B_z}{\partial z}\right)$$

$$-B_x\left(\frac{\partial A_y}{\partial y}+\frac{\partial A_z}{\partial z}\right)$$

一方

$$\{\nabla\times(\boldsymbol{A}\times\boldsymbol{B})\}_x=B_y\frac{\partial A_x}{\partial y}+A_x\frac{\partial B_y}{\partial y}-B_x\frac{\partial A_y}{\partial y}-A_y\frac{\partial B_x}{\partial y}-B_x\frac{\partial A_z}{\partial z}-A_z\frac{\partial B_x}{\partial z}+B_z\frac{\partial A_x}{\partial z}+A_x\frac{\partial B_z}{\partial z}$$

として比較する。

問 4.43　〈ヒント〉0 になることを確かめる。

問 4.45　（3）　〈ヒント〉$\dfrac{\partial A_x}{\partial y}=-\dfrac{1}{2}B_0$，$\dfrac{\partial A_y}{\partial x}=\dfrac{1}{2}B_0$ を用いる。

（4）　〈ヒント〉左回転の同心円状となる。

★ 5 章

問 5.2　（1）　0　　（2）　2

問 5.3　（A）　$(1/3)\omega$　　（B）　2　　（C）　0

問 5.4　〈ヒント〉式（5.15）の導出過程を参考にせよ。

問 5.5　（1）　積分路 1：$\int_{C_1}\boldsymbol{A}\cdot d\boldsymbol{r}+\int_{C_2}\boldsymbol{A}\cdot d\boldsymbol{r}=\int_0^1 2xdx+\int_0^1 2ydy=2$

積分路 2：$\int_{C_3}\boldsymbol{A}\cdot d\boldsymbol{r}=\int_0^1 2xdx+\int_0^1 4x^3dy=2$

（3）　2

問 5.6　（5）　2π　　（6）　〈ヒント〉$\boldsymbol{A}=K(x\boldsymbol{i}+y\boldsymbol{j})/r^2=(K/r)\boldsymbol{e}_r$

問 5.7　（1）　B_0/r　　（3）　$2\pi B_0$　〈ヒント〉$\int_C\boldsymbol{B}\cdot d\boldsymbol{r}=\int_0^{2\pi}(B_0/a)\,\boldsymbol{e}_\theta\cdot(ad\theta)\,\boldsymbol{e}_\theta$，問 5.6 の場合 $\boldsymbol{A}\perp d\boldsymbol{r}$ で線積分の値は 0 であったのに対して，この問では，$\boldsymbol{B}\,/\!/\,d\boldsymbol{r}$ であり線積分は 0 にはならない　　（4）　πB_0

問 5.8　（1）　$2\pi aB_0$　　（2）　$-2\pi aB_0$

問 5.9　（1）　$\boldsymbol{A}=(1/r^2)(\boldsymbol{r}/r)$

（2）　積分路 C_1，C_2，C_3 について，線積分の値は等しく，$1/2r_1$ となる〈ヒント〉円周に沿っての積分路については，円周上で $\boldsymbol{A}\perp d\boldsymbol{r}$ より，$\boldsymbol{A}\cdot d\boldsymbol{r}=0$ である。したがって，径方向の積分のみを考えればよい。このとき，$\int_{C_1}\boldsymbol{A}\cdot d\boldsymbol{r}=\int_{C_2}\boldsymbol{A}\cdot d\boldsymbol{r}=\int_{C_3}\boldsymbol{A}\cdot d\boldsymbol{r}=\int_{r_1}^{r_2}dr/r^2$ となる。

問 5.10　（1）　$U(\mathrm{P})-U(\mathrm{Q})$　　（2）　$q\{(K/r_{\mathrm{P}})-(K/r_{\mathrm{Q}})\}$

問 5.11　（1）　問 5.6 参照。　（2）　〈ヒント〉$\boldsymbol{r}=a(\cos\theta\boldsymbol{i}+\sin\theta\boldsymbol{j})$，$\boldsymbol{e}_r=\cos\theta\boldsymbol{i}+\sin\theta\boldsymbol{j}$　　（3）　$a^2d\theta\boldsymbol{k}$　　（4）　$2\pi a^2\boldsymbol{k}$

問 5.12　（2）　$(2/3)\,h_0ab$　　（3）　80 W

問 5.13　（1）　$h_0ab\{1-(1/e)\}$〈ヒント〉問 5.12 参照。

（2）　約 126 W〈ヒント〉$e\approx 2.7$ とした

問 5.14　（２）　$\boldsymbol{k}$　（３）〈ヒント〉（１），（２）および $\boldsymbol{f}=\rho v_2\boldsymbol{k}$

（４）　$(\pi a^2)(1/2)\rho v_0$　（５）〈ヒント〉$\Phi_{Mf}=\int_0^a\int_0^{2\pi} rdrd\theta$

問 5.15　（１）〈ヒント〉図 5.15 に示した微小面積を考える。この面の法線ベクトルは，r 方向を向き，面積は $rd\theta dz$。

（２）　$f(r)\,rd\theta dz$ ［ただし，$f(r)=\rho(K/r)$］

（３）〈ヒント〉（２）を図 5.15 の側面全体にわたって積分すると，$\Phi_{Mf}=\int_z^{z+L}\int_0^{2\pi} f(r)\,rdzd\theta=2\pi L\rho K$。上面，底面は流れに平行であり，面積分には寄与しない。また，定常状態では，湧出し量と面を横切る流束とは等しくなっているから，$M_f=\Phi_{Mf}/L$（M_f は単位長さ当りの湧出し量であることに注意）。これから $K=M_f/(2\pi\rho)$ となる。

（４）　0

問 5.16　（１）〈ヒント〉図 5.17 参照（半径 a の球面上では位置ベクトルの大きさは，$r=a$，また，$\boldsymbol{r}/r=\boldsymbol{a}/a$ は径方向の単位ベクトルを表す）。図 5.17 から，一般に (x,y,z) 座標と球座標 (r,θ,ϕ) の間には，$x=r\sin\theta\cos\phi$，$y=r\sin\theta\cos\phi$，$z=r\cos\theta$ の関係がある。容易に，$r=\sqrt{x^2+y^2+z^2}$ であることが確かめられる。

（２）　図 5.18 参照。

（３）　略（ベクトル場 $\boldsymbol{E}$ がこの問のように与えられるとき，その球面上の面積分は，球面の半径 a に依存しない。これは，$\boldsymbol{E}$ の大きさが，r^2 に比例して減少するのに対して，球の面積は r^2 で増大することによる。重要な結果である。）

（４）　0

問 5.17　1 kg

問 5.18　（１）　$4\pi\rho K$〈ヒント〉問 5.16 参照。$\boldsymbol{E}\to\rho\boldsymbol{v}$ に対応すると考える

（２）　$K=M_f/(4\pi\rho)$（考え方は，問 5.15（３）と同じ。定常状態では，点源における単位時間当りの湧出し量と球面を横切る流束はつり合っている）

（３）　0.1 m/s〈ヒント〉（２）より $v=M_f/(4\pi\rho r^2)$，$\rho=10^3\ \mathrm{kg/m^3}$

（４）〈ヒント〉問 4.21（２）参照，意味：原点以外で湧出しがない。

（５）　0〈ヒント〉原点を含まない任意の閉曲面についてガウスの定理を適用し，問 5.18（４）$\nabla\cdot(\rho\boldsymbol{v})=0$ を用いる

問 5.19　（１）　例：問 3.9 参照　（２）　問 4.22 参照

問 5.20 （1） $S_W V (V = \pi r^2 L)$ （2） $2\pi r L h(r)$ （3） $(1/2) S_W L r$
（4） $(1/2)(S_W L a^2)(1/r)$

問 5.21 （1） 〈ヒント〉 問 4.2 参照。
（3） 〈ヒント〉（1）より $\nabla\cdot\boldsymbol{A}_1 - \nabla\cdot\boldsymbol{A}_2 = u\nabla^2 v - v\nabla^2 u$，さらに，ガウスの定理と（2）の結果を用いる。

問 5.22 （1） 〈ヒント〉 問 5.1～問 5.4 参照。積分路上の変位ベクトルは，その方向を考えて以下のようになる。
C_1：$d\boldsymbol{r} = dx\boldsymbol{i}$，$C_2$：$d\boldsymbol{r} = dy\boldsymbol{j}$，$C_3$：$d\boldsymbol{r} = -dx\boldsymbol{i}$，$C_4$：$d\boldsymbol{r} = -dy\boldsymbol{j}$
〈注〉 C_3，C_4 については，積分の上限，下限に注意する必要がある。上のように変位をベクトルとして扱い，その向き（正，負）まで考えた場合には，積分の上限，下限は変位が正の向きとした場合のままでよい。
（2） 2ω

問 5.24 （1） -2ω （2） 0 （3） 0 〈ヒント〉 $\boldsymbol{B} = B_0\boldsymbol{k}$，したがって，$\boldsymbol{B}$ はつねに積分路に垂直

問 5.25 （1） 問 4.35 参照 （2） 速度場 1：8ω，速度場 2：0

問 5.26 問 5.9 参照

問 5.27 図 5.31 参照（C_1，C_2 に共通な積分路は，始点と終点が同じで，向きが逆のため，たがいに打ち消す）

問 5.28 （2） 問 5.27（1）のヒント参照 （3）（2）の和をとる
（4） $\left(\dfrac{\partial A_y}{\partial x} - \dfrac{\partial A_x}{\partial y}\right)\boldsymbol{k}$ （5） 〈ヒント〉 $\Delta\boldsymbol{S} = \Delta x \Delta y \boldsymbol{k}$

問 5.29 〔1〕 （1）および（2）〈ヒント〉 式（4.82）および問 4.36 参照。$\boldsymbol{\omega} = \omega\boldsymbol{k}$，$\boldsymbol{r} = x\boldsymbol{i} + y\boldsymbol{i} + z\boldsymbol{k}$ として，式（4.82）に代入し，実際に $\boldsymbol{v}$ を計算してみる。あるいは，“剛体かつ z 軸まわりの回転であるから，剛体の各点の運動は (x, y) 平面内になる”などの直感的な説明でもよい。
（3） z 方向を向く。 （4）（1），（2）より，$v = \sqrt{v_x^2 + v_y^2} = \omega r$ を確かめる。 （5） $\nabla\times\boldsymbol{v} = 2\omega\boldsymbol{k}$
〔2〕 （1） $I/(\pi a^2)$ （2） $\boldsymbol{B}$ は，I を取り巻く同心円の接線方向を向く〈ヒント〉〔1〕と比較して考えるとよい。$\boldsymbol{j}\to\boldsymbol{\omega}$，$\boldsymbol{B}\to\boldsymbol{v}$ に対応する

問 5.30 （1） $B = \mu_0 (I/2\pi a)(r/a)$ （2） $B = \mu_0 (I/2\pi a)(a/r)$
〈注〉 $0 < r < a$ では，r に比例し，$a < r$ では $1/r$ に比例。

問 5.31 〈ヒント〉 $\oint_C \boldsymbol{E}\cdot d\boldsymbol{r}$ をストークスの定理を用い，書き換える。一方，$\partial\Phi_B/\partial t=\int_S(\partial\boldsymbol{B}/\partial t)\cdot d\boldsymbol{S}$（時間微分と空間積分の順序の入れ替え）。

問 5.32 （1）〈ヒント〉式（1.36）参照，さらに，$\boldsymbol{\omega}=\omega\boldsymbol{k}$，$\boldsymbol{r}=x\boldsymbol{i}+y\boldsymbol{j}$
（2） $2\omega\boldsymbol{k}$ （3）〈ヒント〉$d\boldsymbol{S}=dxdy\boldsymbol{k}$，$\nabla\times\boldsymbol{v}=2\omega\boldsymbol{k}$
（5）（1）から $\boldsymbol{f}=\boldsymbol{v}/\omega$，と（4）の関係を用いる。

問 5.33 〈ヒント〉ベクトル $\boldsymbol{A}$ にストークスの定理を適用し，$\boldsymbol{A}\perp d\boldsymbol{r}$ の場合を考えると，$\int_S\nabla\times\boldsymbol{A}\cdot d\boldsymbol{S}=0$ となる。

問 5.34 〈ヒント〉ベクトル $\boldsymbol{A}=\nabla\times\nabla\varphi$ にストークスの定理を適用し，さらに，問5.25 参照のこと。

問 5.35 （1）〈ヒント〉**解図 1** のように，まず，閉曲線 C で囲まれる開曲面を考える。つぎに，この閉曲線を C'，さらには，C'' のように絞っていくことを考える。最後には，閉曲線の開口部はゼロとなり，曲面は閉じた曲面にすることができる。

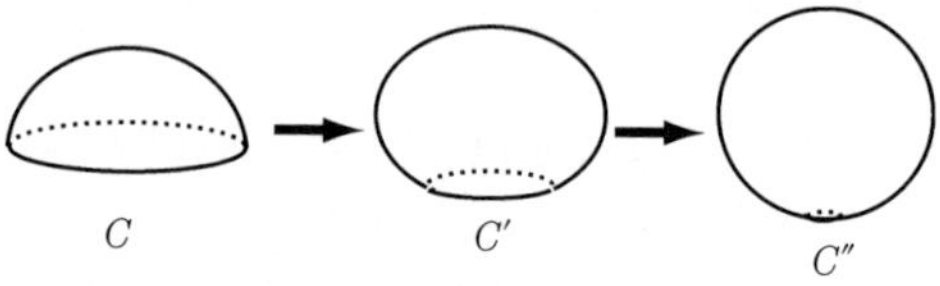

解図 1

問 5.36 （1）〈ヒント〉問 5.25 参照のこと （2） -8ω
（3） $-2\omega\boldsymbol{k}$ （4） -8ω

問 5.37 〈ヒント〉5.5 節ストークスの定理の説明と見比べながら，順番に解いていく。

★ 6 章

問 6.1 〈ヒント〉直角座標系と円柱座標系との関係 $x=r\cos\theta$，$y=r\sin\theta$，$z=z$

問 6.2 式（6.11）〜式（6.15）までの部分を熟読のこと。

問 6.3 $A_r=\boldsymbol{A}\cdot\boldsymbol{e}_r$，$A_\theta=\boldsymbol{A}\cdot\boldsymbol{e}_\theta$，$A_z=\boldsymbol{A}\cdot\boldsymbol{e}_z$

問 6.4 （1） $d\boldsymbol{s}_r=h_r dr\boldsymbol{e}_r$，$d\boldsymbol{s}_\theta=h_\theta d\theta\boldsymbol{e}_\theta$，$d\boldsymbol{s}_z=h_z dz\boldsymbol{e}_z$
（2） $d\boldsymbol{s}_r\cdot(d\boldsymbol{s}_\theta\times d\boldsymbol{s}_z)=h_r h_\theta h_z dr d\theta dz\boldsymbol{e}_r\cdot(\boldsymbol{e}_\theta\times\boldsymbol{e}_z)=h_r h_\theta h_z dr d\theta dz$，式（6.10）より，結局 $d\boldsymbol{s}_r\cdot(d\boldsymbol{s}_\theta\times d\boldsymbol{s}_z)=r dr d\theta dz$

問 6.5 〈ヒント〉直角座標系と球座標系との関係

$x=r\sin\theta\cos\phi$, $y=r\sin\theta\sin\phi$, $z=r\cos\theta$

問 6.6 式 (6.11)～式 (6.15) までの部分を熟読のこと。

問 6.7 $A_r=\boldsymbol{A}\cdot\boldsymbol{e}_r$, $A_\theta=\boldsymbol{A}\cdot\boldsymbol{e}_\theta$, $A_\phi=\boldsymbol{A}\cdot\boldsymbol{e}_\phi$

問 6.8 (1) $d\boldsymbol{s}_r=h_r dr\boldsymbol{e}_r$, $d\boldsymbol{s}_\theta=h_\theta d\theta\boldsymbol{e}_\theta$, $d\boldsymbol{s}_\phi=h_\phi d\phi\boldsymbol{e}_\phi$

(2) $d\boldsymbol{s}_r\cdot(d\boldsymbol{s}_\theta\times d\boldsymbol{s}_\phi)=h_r h_\theta h_\phi drd\theta d\phi\boldsymbol{e}_r\cdot(\boldsymbol{e}_\theta\times\boldsymbol{e}_\phi)=h_r h_\theta h_\phi drd\theta d\phi$, 式 (6.21) より，結局 $d\boldsymbol{s}_r\cdot(d\boldsymbol{s}_\theta\times d\boldsymbol{s}_z)=r^2\sin\theta drd\theta d\phi$

問 6.10 $\dfrac{\partial\rho}{\partial t}+\dfrac{1}{r}\dfrac{\partial}{\partial r}(r\rho v_r)+\dfrac{1}{r}\dfrac{\partial}{\partial\theta}(\rho v_\theta)+\dfrac{\partial}{\partial z}(\rho v_z)=0$

問 6.11 式 (6.53) または式 (6.54) 参照。

$$\frac{1}{r^2}\frac{\partial}{\partial r}(r^2E_r)+\frac{1}{r\sin\theta}\frac{\partial}{\partial\theta}(\sin\theta\,E_\theta)+\frac{1}{r\sin\theta}\frac{\partial E_\phi}{\partial\phi}=\frac{\rho}{\varepsilon_0}$$

問 6.12 〈ヒント〉式 (6.57)～式 (6.59) の導出過程を参考にするとよい。

問 6.15 円柱座標系では式 (6.72)，球座標系では式 (6.73) あるいは式 (6.74) を，各々，参照のこと。

問 6.16 式 (6.72) から

$$c\rho\frac{\partial T}{\partial t}=\kappa\left[\frac{1}{r}\frac{\partial}{\partial r}\left(r\frac{\partial T}{\partial r}\right)+\frac{1}{r^2}\frac{\partial^2 T}{\partial\theta^2}+\frac{\partial^2 T}{\partial z^2}\right]$$

問 6.17 式 (6.73) から

$$\frac{1}{r^2}\frac{\partial}{\partial r}\left(r^2\frac{\partial\varphi}{\partial r}\right)+\frac{1}{r^2\sin\theta}\frac{\partial}{\partial\theta}\left(\sin\theta\frac{\partial\varphi}{\partial\theta}\right)+\frac{1}{r^2\sin^2\theta}\frac{\partial^2\varphi}{\partial\phi^2}=\frac{1}{c^2}\frac{\partial^2\varphi}{\partial t^2}$$

索　　引

――著者略歴――

畑山　明聖（はたやま　あきよし）

1976年　慶應義塾大学工学部計測工学科卒業
1978年　慶應義塾大学大学院修士課程修了（計測工学専攻）
1982年　慶應義塾大学大学院博士課程修了（計測工学専攻）
　　　　工学博士
1982年　東京芝浦電気（株）勤務
1992年　慶應義塾大学専任講師
1993年　慶應義塾大学助教授
2001年　慶應義塾大学教授
2013年　九州大学客員教授（併任，～2016年）
2015年　自然科学研究機構核融合科学研究所客員教授（併任，～2017年）
2019年　慶應義塾大学名誉教授

櫻林　　徹（さくらばやし　とおる）

1999年　慶應義塾大学理工学部計測工学科卒業
2001年　慶應義塾大学大学院前期博士課程修了（計測工学専攻）
2004年　慶應義塾大学理工学部助手（有期）
2005年　慶應義塾大学大学院後期博士課程修了（基礎理工学専攻）
　　　　博士（工学）
2006年　共立女子高等学校数学科教諭
　　　　現在に至る

工学・物理のための **基礎ベクトル解析**

Basic Vector Analysis for Engineering and Physics

2009年 3月25日　初版第1刷発行
2021年 2月 5日　初版第7刷発行

検印省略

著　者　畑　山　明　聖
　　　　櫻　林　　　徹
発行者　株式会社　コロナ社
　　　　代表者　牛来真也
印刷所　萩原印刷株式会社
製本所　有限会社　愛千製本所

112-0011　東京都文京区千石4-46-10
発行所　株式会社　**コロナ社**
CORONA PUBLISHING CO., LTD.
Tokyo Japan
振替 00140-8-14844・電話(03)3941-3131(代)
ホームページ https://www.coronasha.co.jp

ISBN 978-4-339-06098-0　C3041　Printed in Japan　（新宅）

配本順				頁	本体
C-6	(第17回)	インターネット工学	後藤滋樹・外山勝保 共著	162	2800円
C-7	(第3回)	画像・メディア工学	吹抜敬彦著	182	2900円
C-8	(第32回)	音声・言語処理	広瀬啓吉著	140	2400円
C-9	(第11回)	コンピュータアーキテクチャ	坂井修一著	158	2700円
C-13	(第31回)	集積回路設計	浅田邦博著	208	3600円
C-14	(第27回)	電子デバイス	和保孝夫著	198	3200円
C-15	(第8回)	光・電磁波工学	鹿子嶋憲一著	200	3300円
C-16	(第28回)	電子物性工学	奥村次徳著	160	2800円

展開

D-3	(第22回)	非線形理論	香田徹著	208	3600円
D-5	(第23回)	モバイルコミュニケーション	中川正雄・大槻知明 共著	176	3000円
D-8	(第12回)	現代暗号の基礎数理	黒澤馨・尾形わかは 共著	198	3100円
D-11	(第18回)	結像光学の基礎	本田捷夫著	174	3000円
D-14	(第5回)	並列分散処理	谷口秀夫著	148	2300円
D-15	(第37回)	電波システム工学	唐沢好男・藤井威生 共著	228	3900円
D-16		電磁環境工学	徳田正満著	近刊	
D-17	(第16回)	VLSI工学 —基礎・設計編—	岩田穆著	182	3100円
D-18	(第10回)	超高速エレクトロニクス	中村徹・三島友義 共著	158	2600円
D-23	(第24回)	バイオ情報学 —パーソナルゲノム解析から生体シミュレーションまで—	小長谷明彦著	172	3000円
D-24	(第7回)	脳工学	武田常広著	240	3800円
D-25	(第34回)	福祉工学の基礎	伊福部達著	236	4100円
D-27	(第15回)	VLSI工学 —製造プロセス編—	角南英夫著	204	3300円